UWE DOST

Das KosmosBuch der Terraristik

Einrichtung
Tiere
Pflanzen

KOSMOS

Das Terrarium als Lebensraum 5

Terrarientypen 7
- Das Aquarium 7
- Das Aquaterrarium 7
- Das Paludarium 8
- Das Feuchtterrarium 8
- Das Trockenterrarium 9
- Das Großterrarium 10
- Das Freilandgehege 10
- Gewächshäuser und Wintergärten 11

Der Behälter 11
- Der Standort 11
- Die Größe 11

Klimabedürfnisse der Tiere 13
- Jahreszeiten- und Tageszeitenklima 13
- Groß- und Kleinklima 15
- Lebensraum, Aktivitätszeit und Klimaansprüche 15
- Terrarienklima 16
- Temperaturansprüche 17
- Wärmeregulation durch Sonnenlicht 17
- Wärmeregulation durch Verhaltensweisen 18
- Wärmeregulation durch Farbwechsel 19

Die Heizung 19
- Bodenheizungen 19
- Heizmatten 20
- Heizkabel 20
- Heizsteine und -äste 20
- Abwärme der Beleuchtung 21
- Heizung von Großterrarien 21
- Strahler und Beleuchtung als Wärmequellen 21
- Infrarot-Wärmelampen 21

Die Beleuchtung 22
- Der Lichtbedarf der Tiere 22
- Die Lichtfarbe 23
- UV-Licht 24
- Beleuchtungskörper 26
- Glühlampen 26
- Halogen-Glühlampen 26
- Leuchtstofflampen 27
- HQL-Lampen 27
- HQI-Lampen 27
- Beleuchtungsbeispiele 28

Die Feuchtigkeit 29
- Feuchtigkeitsbedarf der Tiere 29
- Luftfeuchtigkeit im Terrarium 30
- Die Technik 30
- Lüftung 30

Den Lebensraum gestalten 31
- Bodengrund 31
- Vor- und Nachteile gängiger Substrate 32
- Rück- und Seitenwände 33
- Kletteräste 34
- Trinkgefäße und Wasserbecken 34

Rechtliche Bestimmungen 35

Terrarientiere richtig pflegen 37

Biologische Abläufe 37
   Alter, Körpergröße und Wachstum 37
   Die Häutung 38
   Geschlechtsunterschiede 39
   Vergesellschaftung 40
Die Pflege 41
   Die Säuberung 41
   Pflegekalender 43
   Während der Urlaubszeit 43
Die Fütterung 44
   Futtertips 46
   Futtertiere 47
   Vegetarische Futtermittel 48
Überwinterung 49
   Vorbereitung zur Überwinterung 50
   Während der Überwinterung 50
   Nach der Überwinterung 51
   Trockenruhe 51
Die Zucht 52
   Eiablage und Inkubation bei Reptilien 52
Krankheiten 53
   Krankheitsübertragung auf den Menschen 53
   Allgemeines 54
   Vor der Anschaffung 55
   Nach der Anschaffung 55
   Erkrankungen bei Reptilien 56
   Erkrankungen bei Amphibien 62
   Erkrankungen bei Wirbellosen 63

Pflanzen im Terrarium 65

Die Auswahl 65
Licht 66
Temperatur 68
Luftfeuchtigkeit 68
Wasserversorgung 68
Düngen 69
Pflanzen für feuchtwarme Regenwaldterrarien 69
Pflanzen für Savannen- und Steppenterrarien 77
Pflanzen für Wüstenterrarien 79

Tiere im Terrarium 81

Reptilien 81
Systematik der Reptilien 81
Merkmale der Reptilien 82
Schildkröten 83
Leguane 86
Basilisken 90
Anolis 90
Agamen 92
Chamäleons 96
Warane 98
Geckos 99
Skinke, Glattechsen 103
Gürtelschweife 104
Schlangen 106

Amphibien 119
Geschichte der Amphibien 119
Merkmale der Amphibien 119
Schwanzlurche 120
Froschlurche 124

Gliederfüßer 138
Spinnentiere 138
Skorpione 144
Hundertfüßer 146
Insekten 146
Krebse 151

Serviceteil 153

Zum Weiterlesen 153
Nützliche Adressen 153
Register 154

Das Terrarium als Lebensraum

Unsere Terrarientiere stammen aus den verschiedensten Lebensräumen und haben sich an unterschiedliche Klimate angepaßt.

Neben den Klimawerten ihrer Heimat ist vor allem die Anpassungsfähigkeit der einzelnen Arten für die Terrarienhaltung von großer Bedeutung. Es gibt sehr anpassungsfähige Arten (Bahama-Anolis, Tokehs), die in unterschiedlichen Terrarientypen gehalten werden können, sofern die grundlegenden Lebensbedingungen erfüllt werden, da sie mit verschiedensten Bedingungen gut zurechtkommen und auch große Klimaschwankungen problemlos meistern. Darunter finden sich u.a. Arten mit großen Verbreitungsgebieten oder „Kulturfolger", die auch in Vorgärten innerhalb menschlicher Siedlungen oder sogar in oder an Häusern leben.

Auf der anderen Seite stehen die an eng begrenzte Klimabedingungen angepaßten, hochspezialisierten Tiere, die bereits kleinste Abweichungen von den Bedingungen ihrer Lebensräume schlecht vertragen. Deshalb ist es wichtig, soviel wie möglich über die Pfleglinge und ihre Haltungsbedingungen in Erfahrung zu bringen. Die Großklimawerte sind für die Terrarienhaltung nur mit Vorsicht als grobe Anhaltspunkte zu verwenden (siehe Klima, Seite 14), da die Kleinklimawerte oft beachtlich davon abweichen.

Grundsätzlich ist bei der Haltung von Terrarientieren zu bedenken:
Der Haltungserfolg steigt und der Pflegeaufwand sinkt, je größer das Terrarium konzipiert wird. Größere Becken ermöglichen einerseits ein stabileres, nicht von krassen Schwankungen beeinträchtigtes Terrarienklima und andererseits die Ausbildung von Klimagradienten. Die Technik muß dabei immer dem Terrarienvolumen angepaßt sein, damit ein Ausfall der Regeltechnik, z.B. eines Thermostaten oder einer Zeitschaltuhr, nicht gleich zum Verlust der Tiere oder Pflanzen führt.

In einem großvolumigen Becken mit Wärmeplatz (selbst durch einen 125-Watt-HQL-Strahler) und unbeheizten Zonen führt ein technischer Defekt, falls überhaupt, erst nach längerer Zeit zu Schäden. Die größere Fläche ermöglicht längere Gießintervalle (z.B. für Urlaubsvertretung), die Tiere können trockene oder feuchte Stellen oder den Wärmeplatz aufsuchen, wann immer sie das Bedürfnis dazu verspüren, und nicht erst, wenn es die Uhr ermöglicht oder der Pfleger gießt.

Da sich Lufttemperatur, Luftfeuchtigkeit und Lüftung gegenseitig beeinflussen, fällt es meist schwer, alle diese Werte in Kleinterrarien optimal einzustellen. Je kleiner das Terrarium ist, desto größer werden deshalb auch im Verhältnis die Ausgaben für die Regeltechnik, die notwendig ist, um die optimalen Klimawerte einzustellen oder aufrechtzuerhalten.

Andererseits tolerieren viele Terrarientiere kurzfristig Abweichungen von den im Buch aufgeführten Temperatur- und Feuchtigkeitswerten ohne Probleme. Auch in der Natur treten längere Schlechtwetterperioden mit kühlen Temperaturen (z.B. Hurrikans, naßkalte Sommer) oder lange, außergewöhnlich heiße Trockenperioden auf. Hier sei nur an den zyklisch auftretenden „El Niño" mit ungewöhnlicher Trockenheit in vielen Regenwäldern und andererseits sintflutartigen Regenfällen in eigentlich trockenen Regionen erinnert. Dies soll nun nicht als Aufforderung zur Ermittlung von Extrem- oder Grenzwerten der Haltungsparameter bei der Haltung von Terrarientieren verstanden werden, denn solche Klimaanomalien fordern naturgemäß hohe Opfer unter den Tieren und Pflanzen. Vielmehr soll den Terrarianern die Angst vor kleineren Schwankungen der Klimawerte im Terrarium genommen und darauf hingewiesen werden, daß kurzfristig außerhalb des optimalen Bereiches gelegene Klimawerte nicht zwangsläufig zu Schäden führen müssen, sondern oft sogar eher wünschenswert wären.

Besonders Terraristik-Neueinsteiger halten sich oft übergenau an Vorgaben, pflegen ihre Tiere dadurch auf Dauer zu monoton und gleichmäßig und sind erstaunt, daß auch säumigere Terrarianer Haltungserfolge bzw. z.T. außergewöhnlich gute Zuchterfolge erzielen.

Wie überall im Leben führen auch in der Terraristik viele Wege nach Rom. Beispielsweise kann immer wieder beobachtet werden, daß Arten, die eigentlich geringe Wärmeansprüche besitzen, dennoch gelegentliche Sonnenbäder nehmen oder eigentlich zu „warme" Stellen zur Eiablage aufsuchen. Zudem ist zu beachten, daß Infrarotstrahlung den Körper auch bei niedrigen Umgebungstemperaturen auf hohe Werte aufheizt. So manches Tier überlebt bei minimaler Erfüllung seiner Pflegeansprüche erstaunlich lange. Stirbt es, so sind viele Terrarianer nicht in der Lage, den Verlust in kausalen Zusammenhang zu ihren Pflegefehlern zu setzen. Die Krönung, die Nachzucht der Tiere, bleibt bei unzureichender Pflege, d.h. bei purer „Haltung" der Terrarientiere, allerdings versagt.

Ständig steigt das Wissen, und neue Erkenntnisse kommen hinzu. Deshalb sollte sich der engagierte Pfleger stets auf dem neuesten Wissensstand halten und bei auftretenden Problemen lieber mehrere Experten hören, denn oft sind absolutistische oder althergebrachte Meinungen inzwischen überholt oder stellen sich als falsch heraus.

Abschließend sei bemerkt und ermahnt, daß die Beschäftigung mit lebenden Wesen viel Einfühlungsvermögen und Fingerspitzengefühl erfordert, vor allem bei „wechselwarmen" Terrarientieren. Während viele Fische, Vögel und Kleinsäuger oft bei minimalstem Platz-, Zeit- und Tech-

Giftschlangen im Terrarium?

Einige Giftschlangen, wie die abgebildete *Bothriechis schlegelii,* können durchaus farblich sehr hübsch sein und Terrarianer auch optisch, nicht nur des Nervenkitzels wegen ansprechen. Das Gift etlicher Arten ist zwar für gesunde erwachsene Menschen nicht tödlich, dennoch sollte aber auf ihre Haltung besser verzichtet werden, zumal es genügend schöne, ungiftige Schlangen gibt. Denn wie aus Büchern, Artikeln oder Vorträgen von Giftschlangenhaltern zu entnehmen, kam es selbst bei den meisten „Spezialisten" schon zu Bißunfällen beim Umgang mit ihren Tieren. Zum Glück verlaufen die meisten Bißunfälle relativ glimpflich, ohne bleibende körperliche Beeinträchtigung, da Pfleger von Giftschlangen im eigenen Interesse stets noch wirksames Gegenserum für die jeweiligen Pfleglinge im Haus haben sollten. Dennoch kommt es, wenn auch nur sehr, sehr selten, immer wieder zu Unfällen mit schweren bleibenden gesundheitlichen Schäden oder gar mit Todesfolge, weshalb die Giftschlangenhaltung Zoos oder Instituten vorbehalten bleiben sollte.

nikaufwand relativ „einfach" gehalten werden können, führt dies bei den meisten Terrarientieren unweigerlich zu Verlusten. Zu berücksichtigen ist vor der Anschaffung, daß die Terrarientiere mehr als andere Haustiere dem Pfleger und damit seinen Launen, seiner Phantasie und seiner Ausdauer ausgeliefert sind. Terrarientiere können recht alt werden: Wohin z.B. bei persönlichen Veränderungen mit alten oder zu groß gewordenen Exemplaren?

Die Klimawerte im Terrarium optimal einzustellen, erfordert etwas Geduld, Tüftelei und z.T. mehrere Versuche mit verschiedenen technischen Hilfsmitteln, die Futterbeschaffung einige Mühen und Kosten.

Nur wer sich gewissenhaft, regelmäßig und ausdauernd mit seinen Pfleglingen beschäftigt, wird die Erfüllung in der Terraristik finden.

Terrarientypen

Entsprechend den Ansprüchen, der Körpergröße und des Bewegungsdranges der jeweiligen Pfleglinge ist die Terrariengröße zu wählen, die Einrichtung zu gestalten und das Terrarienklima optimal mit den verschiedenen technischen Hilfsmitteln einzustellen. Unter optimalen Lebensbedingungen zeigen die Tiere ihr gesamtes Verhaltensrepertoire, und meist gelingt sogar die Nachzucht.

In großen Terrarien lassen sich natürlich weitaus leichter Zonen unterschiedlicher Temperatur und Feuchtigkeit schaffen als in kleinen Becken. Ein Terrarium sollte immer übersichtlich gestaltet und die Einrichtungsgegenstände möglichst so gewählt werden, daß sie herausgenommen werden können. So können die Tiere gut beobachtet, Verhaltensänderungen leicht festgestellt werden, und eine optimale Hygiene bleibt gewährleistet. Total überladene Becken mit vielen unzugänglichen Ecken, in denen sich Unrat und Kotreste anhäufen können, sind schlecht zu kontrollieren und zu reinigen und deshalb zu vermeiden.

Eine strenge Einteilung in wenige genormte Terrarientypen ist aufgrund der Vielzahl der unterschiedlichen Anforderungen und Anpassungen der Tiere wenig sinnvoll. Zudem ist der Übergang zwischen den einzelnen Terrarientypen oft fließend. Die im folgenden vorgestellten Terrariengrundtypen werden in der Literatur oft genannt, stellen aber nur eine kleine Auswahl dar und müssen entsprechend der Spezialisierung der Pfleglinge und deren Anforderungen modifiziert und ausgestattet werden.

Das Aquarium

Aquarien ohne Landteil werden nur selten benötigt, z.B. für ausschließlich im Wasser lebende Amphibien wie Krallenfrösche, Wabenkröten oder Axolotl oder zur Aufzucht von Amphibienlarven.

Mein Tip: Der Handel bietet eine große Auswahl an Glasbecken in verschiedenen Formen und Größen zu günstigen Preisen an, so daß der Eigenbau kaum lohnt.

Viele wasserlebende Amphibien kommen bereits bei Zimmertemperatur gut zurecht, so daß auf eine Heizung meist verzichtet werden kann. Filterung, Beleuchtung, Wartung und Einrichtung (Boden, Pflanzen, Dekomaterial) unterscheiden sich nicht von „normalen" Aquarien. Wie bei der Fischpflege, sollte auch hier ein wöchentlicher Teilwasserwechsel durchgeführt werden.

Das Aquaterrarium

Entsprechend der Größe der Pfleglinge können Aquaterrarien ganz aus Glas (z.B. für Sumpfschildkröten) gefertigt oder für Großreptilien (z.B. Krokodile) größtenteils gemauert bzw. betoniert oder nur die Front mit Glasscheiben versehen werden. Die Größe, der Einbau, das Material und die Anforderungen an die Strapazierfähigkeit des Landteils sind selbstredend abhängig von den Bedürfnissen, der Körpergröße sowie dem Gewicht der Tiere.

Bei überwiegend im Wasser lebenden Tieren genügt oft das Einbringen eines Korkstückes, ein Steinaufbau oder ein aus dem Wasser ragendes Stück Moorkienholz als Sonneninsel. Mit eingehängten, sandgefüllten Kästen (z.B. Blumenkästen) können Eiablageplätze für Wasserschildkröten geschaffen werden. Der Landteil muß immer leicht zugänglich bleiben, auch wenn der Wasserstand durch Verdunstung absinkt. Umherdriftende Korkstücke, die beim Erklimmen kippen, sind ebenso ungeeignet wie extrem steile, glatte Flächen, an denen die Tiere ständig abgleiten. Suchen die Tiere das Wasser nur gelegentlich auf (z.B. Gelbrandscharnierschildkröten), kann der Landteil überwiegen.

Viele Wirbellose (z.B. Einsiedlerkrebse, Landkrabben) und Amphibien (z.B. Salamander) benötigen nicht oder nur schwach geheizte Aquaterrarien. Bei 18–22 °C Zimmertemperatur genügt oft bereits die Wärmeentwicklung der Leuchtstoffröhren und ihrer Vorschaltgeräte zur Erwärmung des Beckens. Auch einige Reptilien aus höheren Lagen oder den gemäßigten Breiten begnügen sich ebenfalls mit relativ niedrigen Lufttemperaturen und benötigen zum Teil nur tagsüber eine punktuelle Wärmestelle mit Temperaturen von 30–35 °C.

Die meisten am Wasser lebenden Reptilien und Wasserschildkröten der Tropen brauchen dagegen 20–25 °C Wassertemperatur, 25–30 °C Lufttemperatur und einen lokalen Sonnenplatz mit bis zu 40 °C.

Wird der Wasserteil durch einen mit Silikon eingeklebten Glassteg vom Landteil getrennt und fest im Becken installiert, ist der Einbau eines Grundabflusses von Vorteil, um das Wasserbecken zeitsparend und gründlich reinigen zu können. Auch ein Abfluß im Landteil ist sehr nützlich, z.B. zur Beseitigung des überschüssigen Gieß- und Sprühwassers, um ein Versumpfen des Landteiles zu vermeiden.

Das Paludarium

Das Paludarium ist eine Sonderform des Aquaterrariums, ein Aquarium mit aufgesetztem Terrarium. Das Hauptaugenmerk beim Paludarium lag ursprünglich auf der Haltung von Fischen. Der Wasserteil dominiert und geht über einen Uferteil in einen mehr oder weniger großen Landteil über, wo eventuell neben Pflanzen auch noch Wirbellose, Amphibien oder Reptilien gepflegt werden.

Das Feuchtterrarium

Häufig werden Feuchtterrarien dicht bepflanzt, etwa als „Zimmerregenwald". Die Luftfeuchtigkeit stellt erhöhte Anforderungen an die Bauweise der Feuchtterrarien. Glas und Kunststoffe (PVC) können gut zum Bau eingesetzt werden, Holz dagegen muß gegen die Feuchtigkeitseinwirkung durch Beschichtung mit Lack oder Kunstharz geschützt werden. Meist gelingt dies jedoch nicht vollständig, so daß doch früher oder später Wasserschäden auftreten.

Auch bei Feuchtterrarien reicht die Bandbreite der Temperatur je nach Pflegling von kühl bis warm. Um eine hohe Luftfeuchtigkeit zu erreichen, sollten die Lüftungsflächen nicht zu groß sein. Der Einbau von Wasserläufen oder Beregnungsanlagen dient der Erhöhung der Luftfeuchtigkeit, lohnt sich aber erst ab einer bestimmten Terrariengröße. In kleineren Becken genügt eine mehr oder weniger große Wasserschale

Bei den meisten Paludarien stehen die Fische im Vordergrund (hier Vieraugenfische), der Wasserteil dominiert.

Mit Feuchtterrarien holt man sich ein Stück Regenwald ins Haus.

oder ein Zimmerbrunnen. Wichtig ist auch hier immer eine mehrere Zentimeter dicke Drainageschicht aus Kies oder Blähton, um ein Versumpfen des Bodens zu vermeiden. Sehr vorteilhaft ist auch hier ein Abfluß, vor allem beim Einbau von Wasserläufen oder Beregnungsanlagen.

Das Trockenterrarium

Trockenterrarien können außer aus Glas oder Kunststoffen auch bis auf die Frontscheiben größtenteils aus Holz gebaut werden. Holz ist einfach zu verarbeiten, die Installation der Technik und auch nachträgliche Umbauten sind recht einfach vorzunehmen. Kann Sprühwasser schnell wieder abtrocknen, sind Holzterrarien sehr dauerhaft, dennoch sollte ein Schutzanstrich, besser noch eine Bodenschale aus Folie oder Kunststoff für einen gewissen Feuchtigkeitsschutz sorgen, denn die untersten Bodenschichten sollten auch in Trockenterrarien stets leicht feucht sein.

Bei normaler Zimmertemperatur (um 20 °C) kann bereits die Abwärme der Beleuchtung und des lokalen Wärmestrahlers genügen, um die gewünschten Lufttemperaturen zu erzielen. In sehr kühlen Zimmern oder bei Wüstenbewohnern mit extrem hohen Temperaturansprüchen kann der Einsatz von Bodenheizungen zur Erzeugung lokaler Wärmeplätze mit bis zu 60 °C nötig werden.

Wichtig ist eine ausreichende Belüftung, um Stickluft und Staunässe zu vermeiden. Auf eine Drainageschicht kann verzichtet werden. Bei grabenden Arten sollte eine Lehm-Sand-Mischung eingebracht werden, damit die selbstgegrabenen Gänge nicht gleich einstürzen. Sehr gut bewährt bei der Haltung von nur oberflächlich grabenden Steppen- und Wüstenbewohnern hat sich auch grober Flußsand.

Stachellose Sukkulenten und Ziergräser können die Einrichtung lebendiger gestalten. Zudem werden größere Steine, Kakteenskelette oder Wurzeln zur Strukturierung des Lebensraumes eingebracht. Auch Rück- und Seitenwände können durch Nachbildung von Felswänden mit in die Gestaltung einbezogen werden.

Die unterste Bodenschicht und eine Ecke im Terrarium werden immer etwas feucht gehalten. Tagsüber darf die relative Luftfeuchtigkeit ruhig unter 50% liegen, sollte nachts aber deutlich ansteigen.

Tagaktive Wüsten- und Steppentiere im Trockenterrarium benötigen viel mehr Licht als Regenwaldbewohner, zu dunkel gehalten werden sie schnell apathisch.

Offene Terrarien

Bei nicht kletternden Arten, z.B. Dornschwänzen und Landschildkröten, spielt die Höhe des Behälters nur eine untergeordnete Rolle. Er könnte auch oben offen bleiben. Offene Terrarien besitzen eine sehr gute Lüftung, überhitzen kaum, und die Beleuchtung kann leicht installiert werden (vor allem UV-Lichtquellen, deren Strahlung das Terrarienglas nicht passieren kann). Andererseits halten sich weder Wärme noch Feuchtigkeit, und das ganze Zimmer wird mitgeheizt, was die Energiekosten enorm erhöht. Dagegen können bei mehreren Terrarien in einem separaten Raum mit Zentralheizung offene Behälter durchaus eingesetzt werden.

Das Großterrarium

Für Großechsen, Krokodile, große Schildkröten und Riesenschlangen, die mehrere Quadratmeter Grundfläche benötigen, können die Wände des Zimmers beim Terrarienbau mit einbezogen bzw. sogar ganze Zimmer als Terrarium ausgebaut werden. Die Wände sollten in diesem Fall gut isoliert werden und gegen Feuchtigkeit durch entsprechende Anstriche oder Fliesen geschützt sein, ebenso der Boden.

Die Beheizung erfolgt energietechnisch am günstigsten und für die Tiere am ungefährlichsten über eine Fußbodenheizung, die am einfachsten gleich mit an die Zentralheizung angeschlossen und über einen Thermostaten geregelt wird. Eventuell können die Seitenwände bei der Installation der Heizung mit einbezogen werden, um den Raum gleichmäßig und mild zu erwärmen.

Große Wasserbecken werden, wenn möglich, gleich an die Kanalisation angeschlossen. Die Einrichtung und Beleuchtung richtet sich natürlich, wie bei allen bisherigen Terrarientypen, nach dem Licht- und Wärmebedarf der Pfleglinge.

Das Freilandgehege

Freilandgehege und Frühbeete eignen sich für viele Reptilienarten aus unseren Breiten, aber auch für den Sommeraufenthalt tropischer Arten. Vielen Tieren bekommt der Freilandaufenthalt bestens, ihre Farbenpracht steigert sich ebenso wie Aktivität und Vitalität. Deshalb kann die Freilandhaltung nur wärmstens empfohlen werden, wenn sich die Möglichkeit dazu bietet.

Offene, nur von einer mehr oder weniger hohen Mauer umgebene Gehege können für die Pflege von Landschildkröten und bodenlebenden Reptilien, z.B. Waranen, Bartagamen, Schlangen usw., eingesetzt werden. Frühbeete können schon im Frühling und noch im Herbst genützt werden, im Sommer müssen sie allerdings teilweise abschattiert oder geöffnet werden, um eine Überhitzung zu vermeiden.

Bei Freilandgehegen ist ein Schutz vor Zugriffen von Räubern (z.B. Katzen, Hunden, Raubvögeln oder Nagern) ratsam, um Verluste zu vermeiden. Im Boden eingesenkte, tiefer gelegene Anlagen benötigen zudem noch einen Überschwemmungsschutz, z.B. Sickergruben oder einen Ablauf, damit sie bei Wolkenbrüchen nicht vollaufen. Geschlossene Draht- oder Gazegehege können sehr gut als Sommerresidenzen für kletternde oder springende Arten aus Holzlatten und Draht zusammengebaut werden.

Je nach der geographischen Lage, den Wärmeansprüchen der Art und der Dauer des Freilandaufenthalts

Nicht nur für den Sommer-Aufenthalt von Land- und Wasserschildkröten empfiehlt sich der Bau einer Freilandanlage.

müssen/können die Schutzhäuser oder Frühbeete mit Bodenheizung und Wärmestrahlern ausgestattet werden, um den Tieren während der Übergangszeit oder bei langen Schlechtwetterperioden Wärmeplätze zu bieten.

Gewächshäuser und Wintergärten

Gewächshäuser und Wintergärten können außer als Terrarienstellplatz auch gut als „begehbare" Terrarien ausgebaut werden. Hier kann das natürliche Sonnenlicht zur Beleuchtung und Beheizung herangezogen werden. Allerdings muß im Hochsommer eine Überhitzung durch Schattierung und ausreichende Lüftung ausgeschlossen werden. Einrichtung und technische Ausstattung sind natürlich wieder den Bedürfnissen der Tiere entsprechend auszuwählen.

Der Behälter

Der Standort

Bei der Standortwahl sind einige Punkte zu beachten. Der wichtigste ist der Schutz vor Überhitzung durch Sonnenbestrahlung. Kleine Terrarien oder Becken in Räumen unter Glas, z.B. in Gewächshäusern, Wintergärten oder unter Dachfenstern, können sich bei direkter Sonnenbestrahlung im Sommer bereits nach wenigen Minuten so stark aufheizen, daß die Tiere irreparable Hitzeschäden davontragen oder gar den Hitzetod erleiden. Gefährliche Stellplätze sind z.B. auch Fensterbänke und während der Mittagszeit vollsonnige Zimmer auf der Südseite eines Hauses. Aber auch auf der Ost- und Westseite eines Hauses, auf Balkonen und Terrassen mit zeitweiser Sonnenbestrahlung am Vormittag oder Nachmittag kann die Aufheizung noch zu stark sein.

Terrarien auf Fensterbänken der Hausnordseite sind dagegen nicht gefährdet, hier kann die Helligkeit des natürlichen Lichtes genützt werden. Je größer das Volumen eines Terrariums ist, desto geringer wird die Überhitzungsgefahr. Oben offene Becken im Wintergarten, auf dem Balkon oder im Garten für nicht kletternde Pfleglinge (z.B. Schildkrötengehege) sowie Gaze- oder Drahtgehege (z.B. für Chamäleons oder Leguane) müssen teilweise beschattet sein, damit die Tiere kühlere Stellen aufsuchen und sich der Sonneneinstrahlung entziehen können.

In Dachwohnungen, die sich den ganzen Sommer hindurch tagsüber stark aufheizen und auch nachts kaum abkühlen, ist die Haltung z.B. von Bergchamäleons oder etlichen Amphibien, die tagsüber nur Zimmertemperatur oder knapp darüber vertragen und nachts eine starke Abkühlung verlangen, ohne großen technischen Aufwand nicht das ganze Jahr hindurch möglich. Hier sollten, wenn keine Ausweichmöglichkeit im Keller zur Verfügung steht, die Tiere den Voraussetzungen nach ausgewählt werden (z.B. Jemen-Chamäleons oder Bartagamen). Denn ein Terrarium künstlich zu erwärmen, ist erheblich einfacher, als es abzukühlen.

Terrarien in kühlen Zimmern oder Kellerräumen eignen sich dagegen auch gut für Arten aus höheren Lagen, die eine hohe Nachtabsenkung benötigen, oder für Tiere aus gemäßigten Breiten, die eine Winterruhe einlegen. Im günstigsten Fall muß hier z.B. während der Winterruhe nur die Heizung abgeschaltet und die Beleuchtungsdauer reduziert werden. In ungeheizten Räumen oder im Überwinterungskeller muß nur darauf geachtet werden, daß die Minimaltemperatur der jeweiligen Art nicht unterschritten wird.

Terrarien sind im Vergleich zu Aquarien wesentlich leichter, dennoch darf die Statik des Aufstellplatzes nicht außer acht gelassen werden, denn auch voll eingerichtete Aquaterrarien können etliche Kilogramm wiegen.

Mein Tip: Bei schweren Terrarien sollte man darauf achten, daß sie auf einem Unterschrank mit großer Standfläche stehen, der das Gewicht auf eine große Fläche verteilt.

Die Größe

Die Größe eines Terrariums muß sich immer nach den Bedürfnissen des Pfleglings richten. § 2 des Tierschutzgesetzes besagt unter anderem, daß die Möglichkeit eines Tieres zu artgemäßer Bewegung nicht so eingeschränkt werden darf, daß ihm Schmerzen, Leiden oder vermeidbare Schäden zugefügt werden.

Bei der Vielzahl von Terrarientieren, der Variationsbreite ihrer Endgröße, ihres Temperaments und Bewegungsdranges sind deshalb natürlich Kenntnisse über die jeweilige Art nötig, um die Terriengröße einschätzen zu können. Da man bei Jungtieren die genaue Endgröße schwer vorhersagen kann, weil sie von vielen Faktoren abhängt, sind immer nur ungefähre Größenangaben fürs Terrarium möglich. Gegebenenfalls muß später eben ein größeres Behältnis angeschafft werden.

Seit dem 10. 02. 1997 liegt ein Gutachten über die Mindestanforderung an die Haltung von Reptilien vor, das als Richtlinie für die Terrariengrößen der einzelnen Reptilienfamilien dient. Die Richtlinien können über den Zoofachhandel oder bei der Deutschen Gesellschaft für Herpetologie und Terrarienkunde (DGHT) bestellt werden (Adresse im Anhang). Hier auszugsweise eine kurze Übersicht. Genaue Angaben entnehmen Sie bitte den Artbeschreibungen.

Für **Chamäleons** wird für Einzeltiere eine Terrariengröße von 4 × 4 × 2,5 der Kopf-Rumpf-Länge (KRL) für Bodenbewohner und 4 × 2,5 × 4 der KRL für alle anderen Arten gefordert. Bei der Haltung von Paaren muß die Grundfläche um 20% vergrößert werden.

Für die Haltung von **Echsen** (außer Chamäleons) werden folgende Empfehlungen für Paare bzw. Einzelgänger gegeben: Für ruhige, bodenbewohnende Tiere mit geringem Bewegungsdrang (z.B. Leopardgeckos) 4 × 3 × 2 der KRL, bei ruhigen Baumbewohnern kann die Höhe bis zum 4- bis 6fachen der KRL betragen. Bei Tieren, die in Gruppen gehalten werden können, sollte sich die Grundfläche pro weiterem Tier um 15% erhöhen. Mit steigendem Bewegungsdrang der Echsen muß sich auch die Grundfläche auf bis 8 × 5 der KRL bzw. die Terrarienhöhe auf bis zur 8fachen KRL erhöhen.

Für **Schlangen** bei der paarweisen Haltung werden mindestens 1 × 0,5 × 0,5 der Gesamtlänge (GL) bei Bodenbewohnern vorgeschlagen. Bei Baumbewohnern ist naturgemäß die Terrarienhöhe bis auf die 1,5fache GL zu vergrößern. Bei großen Boas über 1,5 m und bei Pythons über 2,5 m sollte die Behältergröße 0,75 × 0,5 × 0,5 der GL betragen.

Für **Schildkröten** ist die Panzerlänge (PL) die maßgebende Größe. Bei sich nur wenig bewegenden Lauerjägern wie der Geierschildkröte genügt 3 × 1,5 der PL, für die meisten Wasserschildkröten 5 × 2,5 der PL und für Landschildkröten 8 × 4 der PL als Grundfläche des Aquariums bzw. Terrariums. Generell gilt auch hier: je größer desto besser.

Für **Amphibien** und **Wirbellose** liegen noch keine Ausarbeitungen über die Mindest-Terrariengröße vor. Hier richtet sich der Platzbedarf nach der Körpergröße, dem Bewegungsdrang und dem Sprungvermögen der einzelnen Arten. Kleine Fröschchen, z.B. Pfeilgiftfrösche, kommen bereits mit kleinen Terrarien ab 50 cm Kantenlänge gut zurecht, Jungtiere sollten in noch kleineren Behältern gehalten werden, damit sie immer gut im Futter stehen. Große Arten wie Korallenfinger benötigen geräumige, hohe Terrarien etwa mit den Maßen 60 × 50 × 80 cm oder größer.

Die Grundfläche von **Vogelspinnenterrarien** richtet sich nach der Endgröße und sollte mindestens 30 × 20 cm für Zwergvogelspinnen, 30 × 30 cm für mittelgroße Arten und wenigstens 50 × 40 cm für die groß werdenden Arten betragen. Bodenbewohnern genügt eine Höhe von 20–30 cm, auch Baumbewohner benötigen nicht mehr als 40 cm Höhe.

Auch die anderen Wirbellosen kommen, je nach Körpergröße, mit kleinen bis mittelgroßen Terrarien gut zurecht.

Große Platzansprüche

Panzerechsen, vor allem ihre niedlichen, knapp über 20 cm messenden, fiepsenden Babies, üben einen großen Kaufanreiz auf Terrarianer aus. Glattstirnkaimane (im Bild *Paleosuchus palpebrosus*) gehören mit einer Gesamtlänge von ca. 1,5 m zu den kleinsten heute lebenden Panzerechsen. Dennoch ist selbst ihre Haltung für die meisten Privatpersonen kaum möglich, denn als Grundfläche für das Gehege werden, bezogen auf die Kopf-Rumpflänge, 4 × 3 für den Landteil plus 5 × 4 × 0,3 für den Wasserteil als Mindestgröße gefordert. Ein Tier mit 0,75 m Kopf-Rumpflänge braucht demnach ein „Zimmerterrarium" mit 6,75 × 5,25 = 35,43 m² Fläche. Zudem kommt erschwerend hinzu, daß die Tiere bei optimaler Pflege sehr alt (40–100 Jahre) werden können und sich bei Platzproblemen (Familienzuwachs, Umzug) in späteren Jahren kaum andere Halter finden, die zu groß gewordene Panzerechsen aufnehmen wollen/können.

Klimabedürfnisse der Tiere

Das Klima bedingt die großräumige Verteilung der Ökosysteme auf der Erde, d.h. der Vegetation, und damit auch die der Tiere. Entscheidend für die Verteilung von allen Lebensformen sind nicht nur die reinen Klimaelemente und ihre Verknüpfung, sondern auch deren Verteilung übers Jahr hinweg.

Unter Wetter versteht man die augenblickliche Verteilung der meteorologischen Elemente und Erscheinungen wie z.B. Temperatur, Sonnenschein, Niederschläge, Luftfeuchtigkeit, Wind oder Luftdruck, während beim Klima die Häufigkeitsverteilung und die Mittelwerte derselben betrachtet werden. Klimawerte sind also Mittelwerte. Anhand dieser Klimawerte kann man das Klima unterschiedlicher Gebiete miteinander vergleichen oder Gebiete mit ähnlichem Klima zu Klimazonen zusammenfassen. Die Vielzahl der klimatologischen Faktoren, ihre Gewichtung und die Fragestellung der Bearbeiter führten deshalb zu einer großen Anzahl von Klimaeinteilungen und Klimamodellen der Erde.

Da die Werte in Klimadiagrammen Mittelwerte sind, ist, um Fehler bei der Interpretation zu vermeiden, zu beachten, daß der Mittelwert nicht der häufigste Wert zu sein braucht und auch keine Aussagen über Minimal- und Maximalwerte zuläßt. Zum Beispiel spricht man von einem milden Winter, wenn die Temperaturen im Mittel relativ hoch liegen – auch dann, wenn zwischendurch kurze Frostperioden mit sehr tiefen Temperaturen auftreten.

Es gibt zwei Extremklimate, zum einen den äquatorialen Tieflandregenwald mit fast konstanten Bedingungen das ganze Jahr über, zum anderen kontinentale Wüsten, in denen sowohl die Temperaturen als auch die Feuchtigkeit im Tages- und Jahresverlauf stark schwanken.

Jahreszeiten- und Tageszeitenklima

Die Rotationsachse der Erde ist um 23,5° aus der Senkrechten zur Umlaufbahnebene (Ekliptik) um die Sonne gekippt, und dieser Winkel bleibt beim Sonnenumlauf konstant. Dadurch ändert sich im Jahresverlauf der Winkel, mit dem die Sonnenstrahlen die Erdoberfläche erreichen. Wird in Richtung der Pole der Winkel der einfallenden Sonnenstrahlen immer flacher und die Sonne steht

In höher gelegenen Bergregenwäldern kommt es oft zu Wolkenbildung. Dabei fallen die Temperaturen zum Teil sehr stark ab.

Selbst im Regenwald unterscheidet sich das Mikroklima durch die Etagenbildung zum Teil sehr stark. In den Baumkronen ist es deutlich trockener und wärmer als am durch den Bewuchs geschützten Waldboden.

nur noch knapp über dem Horizont, nimmt die Tageslänge ab und die Temperatur sinkt. Im Extremfall an den Polen verschwindet die Sonne für ein halbes Jahr bzw. geht ein halbes Jahr nicht unter. Dies führt von den gemäßigten bis hin zur polaren Zone zur Ausbildung von Jahreszeiten mit zunehmend deutlicheren Temperaturunterschieden: Frühling, Sommer, Herbst und Winter. Von den Subtropen zu den Tropen hin in Richtung Äquator wird die Schwankung der Tageslänge immer geringer, bis zur Tagnachtgleiche direkt am Äquator. Die in diesen Breiten ganzjährig aus relativ steilem Winkel einfallenden Sonnenstrahlen sorgen dafür, daß die Temperatur keine jah-

Klima-Beispiele

Beispiel 1: Tageszeitenklima. Ganzjährig konstantes Klima ohne Jahreszeiten. Tropisches Regenklima mit über 2000 mm Niederschlag im Jahr und minimalen Jahresschwankungen der Temperatur besitzen die tropisch-feuchtwarmen Regenwälder des Amazonastieflandes oder des Kongobeckens. Die Schwankungen der Monatsdurchschnittstemperaturen übers Jahr sind in der Regel geringer (um 3 °C) als die der Tagestemperatur (6–10 °C), weshalb man hier vom Tageszeitenklima spricht. Täglich regnet es zu bestimmten Zeiten, es gibt keine ausgeprägte Trockenzeit. Die relative Luftfeuchte ist ganzjährig hoch.

Douala/Kamerun
Lage 4° 1' N / 9° 43' E   Höhe ü. NN: 11 m

		Jahr	J	F	M	A	M	J	J	A	S	O	N	D
Mittl. Temperatur	in °C	25,8	26,7	27,0	26,8	26,6	26,3	25,4	24,3	24,1	24,7	25,0	26,0	26,4
Mittl. Max. d. Temperatur	in °C	30,0	31,0	32,0	32,0	32,0	31,0	29,0	27,0	27,0	28,0	29,0	30,0	31,0
Mittl. Min. d. Temperatur	in °C	23,0	23,0	23,0	23,0	23,0	23,0	23,0	22,0	22,0	23,0	22,0	23,0	23,0
Absol. Max. d. Temperatur	in °C	36,0	34,0	35 0	34,0	36,0	35,0	33,0	310	32,0	32,0	33,0	34,0	34,0
Absol. Min. d. Temperatur	in °C	19,0	19,0	20,0	20,0	20,0	19,0	20,0	200	20,0	20,0	20,0	19,0	19,0
Mittl. relative Feuchte	in %	83	81	80	80	80	82	84	88	87	86	83	83	82
Mittl. Niederschlag	in mm	4150	57	82	216	243	337	486	725	776	638	388	150	52
Max. Niederschlag	in mm	5328	183	185	426	349	599	862	1154	1240	980	602	298	184
Min. Niederschlag	in mm	3238	1	5	58	130	141	226	277	248	315	259	36	4
Max. Niederschlag 24 h	in mm	238	93	72	193	123	160	217	223	238	193	167	120	76
Tage mit Niederschlag >0,1 mm		234	7	10	17	18	22	24	29	29	28	26	16	8
Sonnenscheindauer	in h	1274	124	140	134	149	132	88	41	39	68	110	122	127

Beispiel 2: Jahreszeitenklima mit ausgeprägten Tag-Nacht-Schwankungen, z. B. Halbwüsten- und Wüstenklima. Die Monatsdurchschnittstemperaturen schwanken im Jahresverlauf um 15 °C, die Schwankungen der Tagestemperatur können über 30 °C betragen. In Winternächten werden Minimaltemperaturen von -10 °C erreicht, auf dunklem Boden/Fels erreichen die Temperaturen im Sommer über 70 °C. Die Sonne scheint im Jahr über 3500 Stunden, ohne durch Wolken behindert zu werden. Im Sommer liegt die relative Luftfeuchtigkeit tagsüber zwischen 4 und 20%, kann nachts aber auf über 50% ansteigen.

Al-Qahira (Kairo)/Ägypten
Lage 30° 8' N / 31° 34' E   Höhe ü. NN: 95 m

		Jahr	J	F	M	A	M	J	J	A	S	O	N	D
Mittl. Temperatur	in °C	21,7	13,3	14,7	17,5	21,1	25,0	27,5	28,3	28,3	26,1	24,1	20,0	15,0
Mittl. max. d. Temperatur	in °C	28,0	19,0	21,0	24,0	28,0	33,0	35,0	35,0	35,0	32,0	30,0	26,0	21,0
Mittl. Min. d. Temperatur	in °C	16,0	9,0	9,0	11,0	14,0	18,0	20,0	22,0	22,0	20,0	18,0	14,0	10,0
absol. Max. d. Temperatur	in °C	47,0	30,0	35,0	40,0	42,0	47,0	46,0	46,0	42,0	41,0	43,0	40,0	32,0
absol. Min. d. Temperatur	in °C	1,0	2,0	1,0	4,0	7,0	10,0	14,0	18 0	16,0	15,0	11,0	5,0	4,0
Mittl. relative Feuchte	in %	47	55	i8	45	38	34	38	15	49	50	49	53	56
Mittl. Niederschlag	in mm	24	4	5	3	1	1	0	0	0	0	1	1	8
Max. Niederschlag	in mm	63	22	21	15	5	17	tr	tr	<1	tr	6	13	54
Min. Niederschlag	in mm	3	0	0	0	0	0	0	0	0	0	0	0	0
Max. Niederschlag 24 h	in mm	44	9	11	11	3	10	tr	tr	<1	tr	4	12	44
Tage mit Niederschlag >0,1 mm		10	3	2	2	<1	<1	0	0	0	0	<1	<1	3
Sonnenscheindauer	in h	3717	236	238	291	318	353	384	391	375	333	304	258	236

reszeitbildende Wirkung mehr besitzt. In Äquatornähe sind die Niederschläge verantwortlich für die Ausbildung der Jahreszeiten: Regen- und Trockenzeit. Schwanken die Temperaturen im Tagesverlauf mehr als die Monatsmittelwerte im Jahresverlauf, spricht man vom Tageszeitenklima.

Die Beispiele im Kasten (S. 14) zeigen, wie unterschiedlich das Klima und damit die Ansprüche der jeweiligen Terrarienpfleglinge sein können, wobei sich die Tiere allerdings meist nicht den extremen Temperaturspitzen aussetzen, sondern ganz spezifische Aktivitätstemperaturbereiche besitzen und sich den Extremtemperaturen durch Rückzug in den Boden, in Bauten und Höhlen entziehen. Entsprechend den Klimabedingungen ihres Lebensraumes haben Tiere unterschiedliche Strategien entwickelt, um dort überleben zu können. Bewohner eines Lebensraumes mit großen Schwankungen und ausgeprägten Jahreszeiten (Beispiel 2), z.B. Saharabewohner wie Wüstenagamen oder Dornschwanzagamen, können naturgemäß stärkere Temperatur- und Feuchtigkeitsschwankungen ertragen als z.B. Agamen (Winkelkopfagamen, Nackenstachler) aus Regenwäldern mit sehr konstantem Klima (Beispiel 1) mit nur geringen Schwankungen, ohne ausgeprägte Jahreszeiten sowie mit regelmäßigen Niederschlägen und hoher Luftfeuchtigkeit.

Groß- und Kleinklima

Das Großklima (Makroklima) der verschiedenen Landschafts- und Pflanzengürtel der Erde gibt zwar grobe Anhaltspunkte für die Pflege der Terrarientiere, aber weitaus wichtiger ist das Kleinklima des eigentlichen Lebensraumes der Tiere. Denn viele Terrarientiere (Wirbellose, Amphibien und Reptilien) besitzen im Gegensatz zu Vögeln und Säugetieren weitaus geringere Aktionsradien. Sie sind sehr eng an bestimmte Lebensräume gebunden.

Das Kleinklima (Klima auf kleinstem Raum oder Klima der bodennahen Luftschichten) am Boden im Regenwaldinneren, in einem Termitenbau in einer Savanne oder tagsüber in einem Wohnbau in der Wüste kann beträchtlich von den Werten des Großraumklimas an der Oberfläche bzw. über dem Gebiet abweichen, da die Großklimadaten international einheitlich in Wetterhäuschen 2 m über dem Erdboden gemessen werden.

Selbst die Mikroklimate im Tiefland-Regenwald, z.B. in den Kronen exponierter Baumriesen oder auf dem Urwaldboden, unterscheiden sich oft deutlich voneinander und bedingen eine Vielfalt ökologischer Nischen. In den Baumkronen kann die Temperatur ohne schützende Wolkendecke bei voller Sonnenglut auf über 35 °C ansteigen, nachts auf bis ca. 20 °C abkühlen. Die Luftfeuchtigkeit beträgt bei Sonnenschein oft nur 60%, bei Regen 100%.

Am Urwaldboden dagegen liegt die relative Luftfeuchtigkeit ohne Luftbewegung immer bei durchschnittlich 90%. Die Temperatur beträgt hier im Tagesmittel etwa 26 °C. Die Temperaturschwankungen sind mit 3–4 °C sehr gering. Tags werden bis 28 °C erreicht, nachts fällt die Temperatur in der Regel nicht unter 24 °C ab.

Lebensraum, Aktivitätszeit und Klimaansprüche

Wichtig ist neben der Kenntnis des Lebensraumes auch die der Aktivitätszeit und damit des benötigten Mikroklimas der Pfleglinge. Viele Arten sind in der Lage, Perioden

Trockener Lebensraum im Hochland von Mexiko.

schlechter Umweltbedingungen (Kälte, Hitze oder Trockenheit) durch das Einlegen von Ruhephasen (Winterruhe, Sommerruhe) unbeschadet zu überdauern. Nachtaktive Saharabewohner, z.B. Skorpione, benötigen weitaus geringere Temperaturen und eine höhere Luftfeuchtigkeit als tagaktive Wüstenreptilien. Tagsüber fliehen sie vor den hohen Temperaturen unter Steine und in Spalten. Dort ist es kühler und die Luftfeuchtigkeit höher als an der Oberfläche.

Kennt man das Herkunftsgebiet der Tiere nur in etwa, können durch falsche Schlüsse bezüglich der Landschaft und des Großraumklimas leicht Haltungsfehler gemacht werden. Beispielsweise stammt der Blaue Pfeilgiftfrosch (*D. azureus*) aus einem Savannengebiet in Französisch-Guyana. Dort lebt er aber nicht im trockenen, heißen Grasland, sondern in kleinen Regenwaldresten entlang von Bachläufen, wo niedrigere Temperaturen und eine höhere Luftfeuchtigkeit als in der umgebenden Savanne vorherrschen und die Temperaturschwankungen geringer ausfallen.

Ferner muß auch die Größe des Tieres und damit seine Mobilität oder Ortstreue sowie der Fangort für die Beurteilung seiner Klimaansprüche berücksichtigt werden. Der nur knapp 5 cm messende, relativ kleine Blaue Pfeilgiftfrosch besitzt ein nur wenige Quadratmeter großes Revier und verläßt den Regenwald sowie den Waldboden auch bei der Futtersuche kaum. Eine Großechse, z.B. ein Grüner Leguan, durchstreift je nach Nahrungsangebot auf der Futtersuche unter Umständen mehrere Hektar bzw. hält sich in Baumkronen auf, wo ein anderes Mikroklima herrscht als unten auf dem Waldboden. Wird der Leguan im Wald auf dem Boden gefangen und deshalb als reiner Bodenbewohner des Regenwaldes betrachtet, ist dies ebenso ein Fehlschluß, wie wenn er als Savannenbewohner bezeichnet wird, weil er in der an den Wald angrenzenden Savanne gefangen wurde, als er dort nur zufällig auf Nahrungssuche war oder in ein anderes Waldstück abwandern wollte.

Diese Beispiele zeigen, wie wichtig es ist, soviel wie möglich über die Ansprüche und Gewohnheiten des Terrarienpfleglings in Erfahrung zu bringen. Bleibt noch festzuhalten, daß auch Futtermangel, Überbevölkerung, Größe und Alter des Tieres oder ungünstige Klimaeinflüsse zu starken Verhaltensabweichungen oder gar zur Umstellung der Lebensweise führen können.

Andererseits wiederum werden viele Tiere aus Unwissenheit oder übertriebener Vorsicht das ganze Jahr über unter zu gleichmäßigen Klimabedingungen gehalten. In freier Natur sind die Tiere ja auch mehr oder weniger starken Klima- und Wetterschwankungen unterworfen. Bei der Aufzucht von Landschildkröten unterbleibt beispielsweise die Höckerbildung im Rückenpanzer bei Jungtieren, wenn unregelmäßige Ruhetage (entsprechend Schlechtwetterperioden) ohne Heizung und Fütterung eingelegt werden. Auch eine Nachtabsenkung der Temperatur auf artspezifisch unterschiedliche Mindestwerte ist für die erfolgreiche Pflege vieler Terrarientiere notwendig. Tiere aus höheren Lagen, z.B. Bergchamäleons, sind ohne eine starke nächtliche Temperaturabsenkung hinfällig und oft erst gar nicht über einen längeren Zeitraum hinweg gesund zu erhalten.

Klimaschwankungen, natürlich in artspezifisch unterschiedlichem Rahmen, erhöhen die Vitalität, die Widerstandskraft und verlängern somit auch die Lebenserwartung. Selbst in den Tropen, vor allem in höheren Lagen und außerhalb des Waldes, kann es nachts empfindlich abkühlen. Klimawechsel im Jahresverlauf, z.B. zwischen Trocken- und Regenzeit oder zwischen warmen und kalten Perioden, sind nicht selten erst unabdingbare Auslöser zur Reifung der Keimzellen, erhöhen die Paarungsbereitschaft und stimulieren die Tiere zur Fortpflanzung. Ohne diese Auslösereize bei ganzjährig konstantem Terrarienklima pflanzen sich die Tiere meist gar nicht fort.

Mein Tip:
Auch bei Tieren aus Lebensräumen mit relativ gleichmäßigen, warmen Klimabedingungen, z.B. Regenwaldbewohnern, ist eine mehrwöchige Haltung bei etwas niedrigeren Temperaturen (um 20 °C) empfehlenswert, damit vor allem die Weibchen nicht durch permanente Trächtigkeit und Eiablagen bald körperlich abbauen und früh sterben.

Terrarienklima

Die wichtigsten Klimafaktoren im Terrarium sind die Temperatur (Luft- und Bodentemperatur), das Licht (Beleuchtungsdauer und -intensität), die relative Luftfeuchtigkeit und die Luftzufuhr (Lüftung). Wie in freier Natur auch, beeinflussen sich die einzelnen Klimafaktoren gegenseitig und ändern sich meist im Tagesverlauf. Beispielsweise sinkt in der Regel die relative Luftfeuchtigkeit und erhöht sich die Temperatur mit zunehmender Beleuchtungsdauer. In kleinvolumigen Terrarien lassen sich deshalb nur bei großem technischen Aufwand alle Klimawerte annähernd optimal einstellen. Je größer ein Terrarium ist, desto einfacher lassen sich unterschiedliche Mikroklimazonen (z.B. mit unterschiedlicher Feuchtigkeit und Temperatur) schaffen, was den Pfleglingen ermöglicht, sich die Bereiche der ihnen zusagenden Klimawerte aufzusuchen. Da Terrarientiere nur bei bestimmten, artspezifischen Witterungsbedingungen aktiv werden, müssen selbstredend nicht sämtliche natürlichen Witterungsverläufe (z.B. extreme Hitze, Minustemperaturen, Hochwasser) nachgeahmt werden, denn auch in ihren Biotopen entziehen sich die Tiere diesen Extremwerten durch Rückzug an geschützte Stellen.

Temperaturansprüche

Unsere Terrarienpfleglinge, Wirbellose, Amphibien und Reptilien, sind als wechselwarme Tiere von der Temperatur ihrer Umgebung abhängig. Da sie nicht, wie gleichwarme Tiere, dauerhaft ihre Körpertemperatur durch Stoffwechselwärme im optimalen Bereich halten können, entwickeln sie andere Strategien zum Erreichen bzw. zum Erhalt ihrer optimalen Körpertemperatur. Artspezifisch natürlich sehr unterschiedlich ausgeprägt, besitzen wechselwarme Tiere einen ganz bestimmten Temperaturbereich, innerhalb dessen Grenzen sie Lebensäußerungen zeigen und aktiv sind. Innerhalb der Grenzen dieser Aktivitätstemperatur, meist knapp unterhalb deren Obergrenze, liegt der Bereich des Temperaturoptimums der jeweiligen Art. Das Temperaturoptimum bzw. die Vorzugstemperatur liegt übrigens bei vielen Reptilien weit über der Temperatur der sie umgebenden Luft. Fast alle wichtigen Stoffwechselvorgänge (z.B. die Verdauung) laufen erst mit Erreichen des Temperaturoptimums störungsfrei ab, und nur dann zeigen die Tiere ihr komplettes Verhaltensrepertoire (Balz, Revierkämpfe, Fortpflanzung). Vor allem bei der Pflege von Wüstenreptilien ist zu beachten, daß einige Arten zwar lokale (!) Stellen mit sehr hohen Temperaturen von bis zu 60 °C im Terrarium benötigen, sie dort aber nicht den ganzen Tag verweilen.

Auch ihr Körpertemperaturoptimum liegt wie bei vielen anderen Reptilien zwischen 30 und 43 °C. Ab einer Kerntemperatur von 42 °C beginnen bei vielen Arten bereits die ersten Eiweiße irreparabel zu denaturieren, d.h. funktionsuntüchtig zu werden. Der Großteil der Reptilien stirbt ab einer Kerntemperatur von 45 °C, kein Reptil überlebt Kerntemperaturen von 48 °C.

Sinkt die Temperatur unter die Untergrenze des Aktivitätstemperaturbereiches ab, werden die Tiere zunehmend apathischer, stellen die Nahrungsaufnahme ein und verfallen bei noch tieferer Temperatur in einen Ruhezustand (Winterruhe). Einige Arten überleben sogar „steifgefroren" kurzzeitig Temperaturen unter 0 °C. Wird eine artspezifische Minimaltemperatur unterschritten, erleiden sie den Kältetod. Nach oben begrenzt die Maximaltemperatur, bei deren Überschreiten sie den Hitzetod erleiden, den Temperaturbereich ihrer Lebensäußerungen. Bei einigen Tieren aus Trockengebieten, z.B. Skorpionen, gibt es kurz vor dem Hitzetod noch eine Art Hitzestarre.

Wärmeregulation durch Sonnenlicht

Die wichtigste Strategie zur Regulation der Körpertemperatur ist die Veränderung der Lage des Körpers zur Sonne. Während ihrer Aktivitätszeit wechseln wechselwarme Tiere häufig zwischen warmen, sonnigen und kühleren, schattigen Plätzen hin und her, um ihre Körpertemperatur optimal einzustellen. Vor allem tagaktive Tiere sind in ihren Reaktionen und ihrem Verhaltensinventar auf von oben kommende Sonnenwärme ausgerichtet. Morgens verlassen sie ihr Nachtversteck und suchen einen hellen, sonnenbestrahlten Platz auf, um sich zu erwärmen. Sie verbinden Wärme mit Helligkeit und Licht. In der Natur liefert, bis auf wenige Ausnahmen, die Sonnenstrahlung direkt oder indirekt die benötigte Wärme. Die Tiere reagieren darauf instinktiv mit einem bestimmten Verhaltensinventar.

Wasserschildkröten sonnen sich lange und ausgiebig.

Durch Abplatten des Körpers vergrößern viele Reptilien (hier Krötenechsen) morgens die Körperoberfläche, um schneller Wärme aufzunehmen.

Die Lichtwahrnehmung erfolgt bei den meisten Reptilien über die Augen. Manche Reptilien, z.B. der Grüne Leguan, besitzen noch ein gut entwickeltes unpaares Lichtsinnesorgan, das sog. Parietalauge, auf der Kopfoberseite. Mit diesem „Stirnauge" oder „dritten Auge" sind sie nicht nur in der Lage, Hell und Dunkel zu unterscheiden, sondern können sogar Farben erkennen.

Wichtig ist die Feststellung, daß die Strahlungswärme der Sonne sowie die dadurch erzeugte Temperatur auf der Haut und/oder der Unterlage für die Tiere oft wichtiger ist als die Lufttemperatur. In der Sahara kann sich schwarzes Felsgestein oder Metall bei 30–40 °C Lufttemperatur auf über 70 °C erwärmen. In höheren Lagen oder im Frühling oder Herbst der gemäßigten Zonen kann sich an wolkenlosen Tagen trotz niedriger Lufttemperaturen an windgeschützten, sonnenbestrahlten Stellen die Oberfläche von Felsen oder Baumrinden auf angenehm handwarme Temperaturen erwärmen. Messungen der Körpertemperatur bei sich dort sonnenden Reptilien ergaben trotz Lufttemperaturen von 12–15 °C Körpertemperaturen von 35–37 °C. Dieses Beispiel zeigt, daß vielen Reptilien die Erwärmung durch eine die Luft auf 26 °C erwärmende Leuchtstoffröhre oder ein schwaches Heizkabel nicht genügt, um ihre Vorzugstemperatur zu erreichen. Die Tiere sind zwar aktiv, weil die Temperatur innerhalb ihres Aktivitätstemperaturbereiches liegt, und überleben so auch längere Zeit, aber ein optimaler Stoffwechsel sowie ein lebhaftes Verhalten sind nicht möglich. So kann es zu Stoffwechselstörungen kommen, die die Organe schädigen, oder die Darmflora gerät aus dem Gleichgewicht, was früher oder später ernste Gesundheitsschäden hervorruft.

Wärmeregulation durch Verhaltensweisen

Viele Tiere platten zur besseren Wärmeaufnahme ihren Körper ab, indem sie die Rippen stark abspreizen und so die bestrahlte Fläche vergrößern. Dieses Verhalten zeigen einige Arten auch bei Hitze, allerdings sehr hell verfärbt, um die Wärme schneller an den Untergrund abzuführen. Bei hohen Untergrundtemperaturen versuchen die Tiere dagegen, die Kontaktfläche zum Untergrund zu minimieren. Die Wüstenechse *Meroles anchietae* aus der Namib-Wüste hat diese Verhaltensweise der Kontaktflächenreduzierung so perfektioniert, daß sie abwechselnd zwei Füße abhebt, während sie mit den anderen beiden das Gleichgewicht hält, um so die Wärmeaufnahme vom heißen Sandboden zu reduzieren.

Steigt die Temperatur weiter, auch die Muskelbewegung trägt dazu bei, suchen die Tiere kühlere Plätze (Schatten, Bau, Wasser) auf, um sich nicht über den kritischen Punkt hinweg aufzuheizen. Reptilien, die anhaltender Hitze nicht ausweichen können, versuchen sich durch Maulaufsperren mittels Verdunstungskälte der Mundschleimhäute Abkühlung zu verschaffen und dadurch dem Hitzetod zu entgehen, Amphibien durch erhöhte Wasserverdunstung der Haut.

Eine andere Strategie ist die Verlagerung der Aktivitätszeit, um die artspezifischen Temperaturgrenzen nicht zu überschreiten. Dämmerungsaktive Arten nutzen die schwächere Sonneneinstrahlung am Morgen oder am Abend zum Erlangen der optimalen Körpertemperatur und verbergen sich vor der Mittagshitze z.B. in Höhlen. Auch viele tagaktive Steppen- oder Wüstenbewohner verlagern während des Hochsommers ihre Aktivitätszeit in die Morgen- und Abendstunden, um der Mittagshitze auszuweichen, während sie im Herbst oder Frühling ganztägig aktiv sind. Einige Arten nachtaktiver Tiere wärmen sich tagsüber an der Unterseite von Blättern oder Steinen auf, andere nach Sonnenuntergang auf Materialien, die die Tageswärme speichern. Nachtaktive Tiere aus trockenheißen Gegenden halten sich tagsüber in Höhlen und Spalten im Boden auf, wo trotz der hohen Außentemperaturen wesentlich niedrigere Temperaturen und eine höhere Luftfeuchtigkeit als an der Erdoberfläche herrschen.

Viele Reptilien sind morgens dunkel gefärbt, um sich schneller aufzuwärmen (hier ein Rotkehlanolis).

Wenn sie ihre optimale Aktivitätstemperatur erreicht haben, zeigen sie leuchtende Farben (ebenfalls ein Rotkehlanolis).

In Wüsten und Steppen kann es nachts sehr stark abkühlen. Bei nachtaktiven Tieren, z.B. den Wüstenskorpionen, liegt die Vorzugstemperatur nicht automatisch aufgrund ihrer Herkunft bei über 40 °C.

Wärmeregulation durch Farbwechsel

Neben diesen Verhaltensanpassungen sind viele Reptilien und Amphibien in der Lage, durch physiologische Farbwechsel ihre Körpertemperatur zu regeln. Viele Arten nehmen morgens eine dunklere Färbung an. Wie aus dem Physikunterricht bekannt, heizen sich dunkle Körper schneller auf als helle. Mit zunehmender Erwärmung hellen sich auch die Farben der Tiere wieder auf. Durch Reflektion schützen sie sich vor einer zu starken Erwärmung (z.B. Wüstenleguane, Riedfrösche).

Die Heizung

Wichtig bei der Ausstattung eines Terrariums mit Heizgeräten, Strahlern und Bodenheizung ist immer das Erzeugen eines Temperaturgefälles, d.h., neben stark und mäßig beheizten Zonen müssen immer auch unbeheizte Rückzugsmöglichkeiten offen bleiben.

Bodenheizungen

Da die Strahlungswärme nicht immer ausreicht, um auf dem Boden die gewünschte Temperatur zu erzeugen, oder aus technischen oder Kostengründen unmöglich ist, kann eine Bodenheizung nötig werden. Entsprechend der benötigten Temperatur, natürlich auch dem bevorzugten Aufenthaltsbereich der Tiere, dem Terrarienvolumen und seiner Höhe sowie der Stärke der Bodenschicht müssen die Heizquellen ausgewählt und vorsichtshalber so dimensioniert werden, daß ein Ausfall der Regeltechnik nicht gleich zur Katastrophe führt.

Mein Tip: Sehr empfehlenswert ist ein mehrtägiger Probelauf der Heizquellen im komplett eingerichteten Terrarium, um vor dem Besatz mit Tieren die Temperaturentwicklung und -verteilung zu überprüfen.

Jahreszeitliche Schwankungen der Temperatur im Terrarienraum, z.B. in einer Dachwohnung oder in Wintergärten, müssen bei der Planung berücksichtigt bzw. später durch Thermostate oder genügend Heizkapazität ausgeglichen werden.

Die Zimmertemperatur stellt bei der Pflege vieler Terrarientiere einen guten Grundwert dar, auch als Nachttemperatur, auf der aufbauend tagsüber durch entsprechende Wärmestrahler die gewünschten Temperaturen erzielt werden können. Reicht sie jedoch nicht aus, stellt die Beheizung des Bodens mittels Heizkabel oder -matte eine günstige, energiesparende Möglichkeit dar, eine gewisse Grundwärme im Terrarium zu erzeugen. Milde, wattschwache Bodenheizungen, die kaum Handwärme erreichen, eignen sich hervorragend für die Pflege von vielen tropischen Pflanzen, die „warme Füße" lieben, oder bodenlebenden Regenwaldbewohnern, vor allem Amphibien, die oft gar keine Sonnenbäder nehmen.

Auch um den Boden und die Luft in hochformatigen oder großvolumigen Terrarien halbwegs energiesparend zu erwärmen, muß außer einem Wärmestrahler meist auch eine Bodenheizung eingebaut werden. Wattstarke Heizkabel für Großterrarien werden z.T. so heiß, daß bei ungeschütztem Kontakt Hautschäden bei den Pfleglingen auftreten können, weshalb hier für eine ausreichende und sichere Abdeckung der Kabel gesorgt werden muß. In Zoos werden in mehrere Kubikmeter große Terrarien deshalb meist Warmwasser-Rohrsysteme in den Boden und/oder die Seitenwände eingebaut, da sie wesentlich wirtschaftlicher heizen als Stromheizungen.

Ein zusätzlicher positiver Effekt der Bodenheizung vor allem in Feuchtterrarien ist die Erhöhung der Luftfeuchtigkeit (wobei natürlich ständig das verdunstete Wasser ersetzt werden muß), während Strahler die Luftfeuchtigkeit stark senken. In kühlen Wohnungen, zur Unterstützung des Wärmestrahlers bei der Schaffung von lokalen „Sonnenplätzen" für sehr wärmebedürftige Arten und von warmen oder temperierten Eiablageplätzen, empfiehlt sich ebenfalls der Einsatz einer entsprechend dimensionierten Bodenheizung.

Ein grundsätzliches Problem der Bodenbeheizung bei der in der Regel sehr dünnen Substratschicht im Terrarium ist die schnelle, völlige Austrocknung des Bodengrundes. Tagaktive Sonnenanbeter, die sehr „heiß" gehalten werden müssen, sind davon weitaus stärker betroffen als „kühler" gehaltene bzw. nachtaktive Arten mit recht geringen Wärmeansprüchen. Denn selbst wenn das Hygrometer in der Terrarienmitte 50% relative Luftfeuchtigkeit anzeigt, kann die Feuchtigkeit im Boden bzw. in Bodennähe beim Einsatz von Bodenheizungen weit darunter liegen. In trockener Umgebung verlieren die Tiere ständig Wasser. Vor allem Arten aus Trockengebieten sind besonders von der schleichenden Austrocknung bedroht. Bei der Sektion verstorbener dehydrierter Tiere kann häufig Nierengicht (Ausfall der Niere durch Harnsalzeinlagerung) als Todesursache festgestellt werden, obwohl der Pfleger gelegentlich sprüht und sich keiner Schuld bewußt ist.

Eher nachteilig ist der Einsatz von Bodenheizungen auch für einige bevorzugt im Boden lebende Tiere, z.B. Vogelspinnen, da sich die Tiere bei Hitze instinktiv tiefer eingraben und sich so der austrocknenden Wärmequelle noch weiter nähern.

Einbau von Bodenheizungen

Heizmatten und -kabel können im Terrarium, bei Glasterrarien einfacher von außen unter dem Terrarium angebracht werden, denn Glas leitet Wärme sehr gut. Wattstarke Heizquellen dürfen aber nicht direkt der Glasscheibe anliegen, sonst kann es zu Spannungen durch ungleichmäßige Wärmeverteilung kommen, und das Glas kann platzen. In selbstgebauten Terrarien aus nicht wärmeleitenden Materialien, z.B. Holz, muß die Bodenheizung zwangsläufig innen eingebaut werden.

Mein Tip: Um Energie zu sparen und die Wärmeabgabe zum Terrarium hin zu erhöhen, empfiehlt es sich, die Bodenheizung nach unten zu isolieren. Dazu eignen sich u.a. wärmestabile Dämmstoffplatten (z.B. Styrodur oder bei wattschwachen Heizungen auch Styropor oder Schaumstoff) oder aluminiumbeschichtete Styroporrollen zur Heizkörperisolierung aus Baumärkten.

Heizmatten

Der Einbau von Heizmatten ist unkompliziert, sie werden einfach an der gewünschten Stelle ausgelegt, die gesamte Mattenfläche erwärmt sich gleichmäßig. Inzwischen bietet der Handel auch Heizmatten bzw. -platten mit unterschiedlichen Temperaturzonen an. Heizmatten gibt es aber nicht in beliebigen Wattzahlen und Größen, sondern nur in relativ wenigen Standardabmessungen.

Heizkabel

Heizkabel sind in wesentlich größerer Auswahl und in mehr unterschiedlichen Wattstufen erhältlich. Sie haben den Vorteil, daß sie dem jeweiligen Terrarium leicht angepaßt oder auch in Kunstfelsen eingebaut werden können und sich durch den Abstand der Schlingen sowohl heiße als auch mäßig beheizte Zonen mit ein und demselben Kabel schaffen lassen. Die Heizkabelschlingen dürfen sich nicht überkreuzen, sonst können sie durchschmoren. Zudem sind sie für grabende Arten nicht ungefährlich, da diese sich in den Schlingen verfangen oder sich gar strangulieren können. Deshalb müssen Heizkabel vor allem bei grabenden Arten vorsichtshalber fixiert werden, beispielsweise in Gips eingegossen, mit Glasscheiben oder flachen Steinen vor direktem Zugriff abgeschirmt werden. Dies beugt nicht nur Hitzeschäden vor und verhindert die Strangulierung, sondern schließt auch Stromschläge durch das Anknabbern der Kabel aus.

Heizsteine und -äste

Heizsteine eignen sich gut zur betriebskostensparenden Schaffung von punktuellen Wärmeplätzen v.a. für nachtaktive Arten. Es gibt sie allerdings nur in geringer Auswahl und oft in optisch wenig ansprechenden Ausführungen. Aus Aquarienheizern mit niedrigen Wattzahlen (bis 20 Watt) lassen sich im Eigenbau gut Heizsteine oder -äste herstellen. Die wattschwachen Aquarienheizer geben nur eine milde Wärme ab, und das Glas erhitzt sich nicht stark, so daß auch ohne Regler keine Hitzeschäden bei den Pfleglingen auftreten.

Bei tagaktiven Tieren setzt man Heizsteine zur kostengünstigen Schaffung von punktuellen Wärmeplätzen unter dem Wärmestrahler ein.

Abwärme der Beleuchtung

Die Abwärme von den Vorschaltgeräten der Beleuchtung kann bei geschicktem Einbau unter dem Terrarium ebenfalls zum Heizen des Terrarienbodens ausgenützt werden. Dabei muß bei Becken mit Glasboden, ebenso wie bei sehr starken Bodenheizungen, immer auf eine gute und gleichmäßige Wärmeableitung geachtet werden, damit die Bodenscheibe nicht platzt.

Mein Tip:
In Regalen kann die Beleuchtung von übereinander aufgestellten Terrarien die jeweils darüber aufgestellten Becken mitheizen, und praktischerweise ergibt sich nach Erlöschen des Lichtes gleich noch automatisch eine Nachtabsenkung.

Heizung von Großterrarien

Schwierig ist es, hohe Großterrarien mit mehreren Kubikmetern Rauminhalt zu heizen. Die Beleuchtung reicht trotz hoher Wattzahlen meist nicht aus, um den Terrarienboden auf die gewünschten Temperaturen hochzuheizen, ganz abgesehen von der Unwirtschaftlichkeit des Heizens mit Strom. Elektrische Bodenheizungen (Heizkabel) sind nur bis 200 Watt erhältlich. Zum einen müßten bei Grundflächen von mehreren Quadratmetern mehrere Heizkabel verlegt werden, was hohe Anschaffungs- und vor allem Betriebskosten verursacht, zum anderen kann der Boden dann bereits gefährlich heiß werden und Hautschäden und Verbrennungen bei den Pfleglingen verursachen.

Wesentlich günstiger ist hier der Einbau einer Fußbodenheizung (Rohrsystem) mit Thermostat und Anschluß an den Warmwasserkreislauf der Zentralheizung. Eventuell können auch in den Wänden Heizungsrohre verlegt werden und so zum Heizen des „Zimmerterrariums" miteinbezogen werden. Auch Heizlüfter kommen in Frage, allerdings ist zu berücksichtigen, daß sie die Luftfeuchtigkeit stark herabsetzen. Mittels Ventilatoren läßt sich die Abwärme der Beleuchtung in das Terrarium bringen bzw. dort gleichmäßiger verteilen.

Strahler und Beleuchtung als Wärmequellen

Da in der Natur bis auf wenige Ausnahmen das Sonnenlicht die Wärme liefert und viele Tiere in ihrem Verhalten instinktiv auf Lichtsuche bzw. -meidung ausgerichtet sind, werden lokale Wärmeinseln am besten mit einem Strahler erzeugt. Gewöhnliche Glühbirnen setzen ca. 90% der zugeführten elektrischen Leistung in Wärme und Konvektion um und eignen sich in Strahlerform sehr gut, um punktuelle Wärmeplätze für tagaktive Tiere zu schaffen. Auch Niedervolt-Halogen-Glühlampen ohne Wärmeschutzverglasung oder mit Aluminiumreflektor eignen sich zur Schaffung von Aufwärmplätzen vor allem in kleinen Terrarien. Sie müssen allerdings wegen der hohen Oberflächentemperatur der Birne vor direkter Berührung abgeschirmt oder außerhalb des Terrariums angebracht werden. Der Großteil der heute auf dem Markt erhältlichen Niedervolt-Halogen-Reflektorglühlampen sind Kaltlichtausführungen. Das heißt, die Birnen sind so beschichtet oder gefertigt, daß die Wärmestrahlung größtenteils nach hinten und zur Seite reflektiert wird. Die Wärmeabstrahlung auf das Objekt wird bei unverringerter Lichtabgabe um $2/3$ reduziert. Für stark wärmebedürftige Arten oder Bodenbewohner in hohen Terrarien kann so kein ausreichender Wärmeplatz geschaffen werden, wohl aber können Terrarien für wärmeempfindliche Arten sehr gut beleuchtet werden. Auch HQL- und HQI-Lampen wandeln einen Teil der aufgenommenen Stromenergie in Wärme um und eignen sich zur Schaffung von lokalen Wärmestellen.

Mein Tip:
Die gewünschte Temperatur wird bei Strahlungsquellen entweder mit der Wattzahl oder durch den Abstand der Strahler zum Wärmeplatz eingestellt.

Leuchtstoffröhren eignen sich nicht zur Schaffung von Aufwärmplätzen mit sehr hohen Temperaturen.

Infrarot-Wärmelampen

Nachtaktiven Tieren können mit Keramik- oder Rotlichtstrahlern punktuelle Wärmeplätze geschaffen werden, ohne daß sie von hellem Licht gestört werden. Infrarotstrahlung kann je nach Wellenlänge Körper durchdringen, von ihnen reflektiert (zurückgeworfen) oder absorbiert (aufgenommen) werden. Kurzwellige Infrarotstrahlung dringt tiefer ins Gewebe ein als langwellige.

Keramikstrahler erzeugen langwellige Infrarotstrahlung, die hauptsächlich die Haut erwärmt. Ihre Oberfläche wird aber sehr heiß, z.T. mehrere 100 °C, so daß schon kurze Berührungen zu ernsthaften Verbrennungen führen. Deshalb müssen die Tiere vor direktem Kontakt mit Keramikstrahlern geschützt werden.

Rotlichtstrahler mit Rubinglas erzeugen dagegen kurzwellige Infrarot-

HEIZGERÄTE

strahlung mit großer Tiefenwirkung, d.h. sie wird von der Haut kaum absorbiert, sondern dringt tief ins Gewebe ein. Sie erhöht u.a. die Durchblutung des Gewebes, aktiviert den Stoffwechsel von Organen, mobilisiert Antikörper, was Schmerzen lindert, und wärmt den Körper auf. Um Hautschäden zu vermeiden, sollte ein Sicherheitsabstand von 50 cm eingehalten werden.

Die Beleuchtung

Der Lichtbedarf der Tiere

Das Licht ist ein weiterer wichtiger Faktor bei der Pflege von Terrarientieren und Pflanzen. Wachstum und Assimilation der Pflanzen, Aktivität, Ruhephasen sowie Nahrungsaufnahme und Verdauung der Tiere, auch von rein nachtaktiven Arten, werden durch die Lichtintensität und den Wechsel zwischen Tag und Nacht bestimmt. Die Aktivität vieler Tiere wird übrigens weitaus mehr von der Tageslänge als von der Wärme beeinflußt.

Beobachtungen bei der Pflege von Terrarientieren (z.B. Landschildkröten, Chamäleons oder Bartagamen) in von der Außenhelligkeit beeinflußten Terrarien zeigen, daß viele Reptilien eher auf die Photoperiode, d.h. die Tageslänge, als auf die Wärme im Terrarium reagieren. Stehen die Terrarien direkt am Fenster oder in Fensternähe, lassen sich die Tiere (obwohl die Wärmezufuhr nicht verändert wurde) von der meist viel zu schwachen künstlichen Beleuchtung nicht täuschen und gehen schlafen, wenn draußen die Sonne untergeht, bzw. verweigern im Herbst bei abnehmender Tageslänge die Nahrungsaufnahme, um sich auf die Winterruhe vorzubereiten.

Viele Terrarianer lassen sich von ihrem subjektiven Helligkeitsempfinden täuschen und wollen nicht glauben, daß die Beleuchtung ihres Terrariums mit einer Leuchtstoffröhre und einer Glühlampe in Strahlerform objektiv betrachtet viel zu schwach ist. Die Lichtintensität wird in der Maßeinheit „Lux" angegeben. Fällt ein Lichtstrom von einem Lumen auf eine Fläche von einem Quadratmeter, beträgt die Beleuchtungsstärke 1 Lux.

In Büroräumen werden im Mittel 750 Lux erreicht. Dies erscheint uns hell und freundlich, ist im Vergleich zu den immerhin noch 10 000 Lux im Schatten von Bäumen im Sommer aber sehr wenig. Bemerkenswerterweise leiden auch viele Menschen bei spät einsetzender Dämmerung oder unter schwacher Raumbeleuchtung im Winter, in „biologischer Finsternis", unter dem SAD-Syndrom (Seasonal affected Disorders) oder der Frühjahrsmüdigkeit und fühlen sich schlapp und lustlos. Nicht anders ergeht es wohl zu schwach beleuchteten Terrarientieren. Im Frankfurter Raum (ca. 50 °N-Breite) können an sonnigen Hochsommertagen bis zu 120 000 Lux gemessen werden. In den Tropen werden in Trockengebieten bei wolkenlosem Himmel mittags sogar Lichtstärken von bis über 140 000 Lux erreicht. Um eine entsprechende Beleuchtungsstärke zu erzielen, werden in der Industrie (zur Erprobung von Werkstoffen auf Tropentauglichkeit und UV-Lichtbeständigkeit) sechzehn (!) 300-W-UV-Strahler pro Quadratmeter im Abstand von 50 cm eingesetzt. Dies verdeutlicht noch einmal, wie schwach die meisten Wüsten- und Steppenterrarien beleuchtet werden.

In niederschlags- und wasserreichen Gegenden mit hoher Luftfeuchtigkeit, z.B. in Äquatornähe, entsteht durch die Verdunstung meist schon im Verlaufe des Vormittags eine Dunstschicht, die bald in eine mehr oder weniger starke Bewölkung übergeht und die einfallende Helligkeit stark reduziert. Auch mit zunehmender Vegetationsdichte, -höhe und -schichtung gelangt immer weniger Licht bis auf den Boden. So beträgt bei wolkenverhangenem Himmel die Helligkeit außerhalb eines äquatornahen Regenwaldes nur etwa 20 000 – 30 000 Lux. Im Waldesinneren erreicht dort zum Teil nur noch 0,4–1% der Außenhelligkeit (also 80–300 Lux) den Boden, wobei aber durch Lücken im Blätterdach, Lichtungen oder entlang von Fließgewässern zeitweise mehr Licht auf den Boden fällt. Direkt am Äquator beträgt die Sonnenscheindauer immer gleichmäßig etwa 12 Stunden plus $2 \times \frac{1}{2}$ Stunde Morgen- und Abenddämmerung, so daß sich eine Tageslänge von ca. 13 Stunden ergibt, im Frankfurter Raum dagegen liegt die Sonnenscheindauer im Sommer bei ca. 16, im Winter höchstens bei 8,5 Stunden.

Entscheidend neben der geographischen Lage des Lebensraumes und seiner Vegetation ist auch der dort bevorzugte Aufenthaltsort und die Aktivitätszeit der Tiere. Leben sie ausschließlich am dunklen Waldboden zwischen den Baumwurzeln, wechseln sie am Baumstamm zwischen hellen und schattigen Stellen hin und her, oder leben sie ausschließlich in der sonnigen Baumkrone? Sonnen sie sich nicht bzw. selten, oder halten sie sich häufig an sonnigen Waldrändern oder Flußufern auf? Sind sie dämmerungs- oder nachtaktiv und verbringen den Tag in Bauten oder in Verstecken?

Selbst im dichten Regenwald erreichen einzelne Licht-Spots den Boden.

Wir sehen also, wie unterschiedlich stark die Lichtansprüche der Tiere ausfallen können. In den Tropen steigt die Sonne zudem schneller am Himmel auf, weshalb dort innerhalb vergleichbarer Zeit wesentlich höhere Luxwerte erreicht werden als in unseren Breiten. Wenn die Tiere sich dort aber im Hochsommer ab 10 Uhr in ihre Bauten zurückziehen, braucht der Pfleger das Terrarium natürlich nicht mit vollen 140 000 Lux, die dort mittags erreicht werden können, auszuleuchten.

Um soviel wie nur möglich über die Ansprüche, Gewohnheiten und Aktivitätsperioden der gepflegten Tiere in Erfahrung zu bringen, sollten deshalb sämtliche Informationsquellen ausgeschöpft werden. Denn bei schwacher Beleuchtung färben sich beispielsweise Sonnenanbeter erst gar nicht aus und verhalten sich ungewöhnlich inaktiv. Schildkrötenhalter berichten, daß sonnenhungrige Schildkröten bei zu geringer Lichtintensität kaum wachsen, z.B. sollen Jungtiere von Höcker-Schmuckschildkröten (*Graptemys*-Arten) über 7 000 Lux zum normalen Wachstum benötigen.

Bei der Pflege von Terrarientieren muß, wie bereits erwähnt, nicht die gesamte Bodenfläche derart stark beleuchtet werden. Dies empfiehlt sich schon wegen des Energiebedarfs und der damit verbundenen Stromrechnung (siehe oben das Beispiel zu Tropentauglichkeit). Allerdings muß wenigstens auf einer kleinen Fläche ein möglichst hoher Lichtstärkewert erreicht werden. Gut eignen sich helle Stellplätze in Fensternähe, vorausgesetzt eine Überhitzung durch direkte Sonnenstrahlung ist ausgeschlossen.

**Mein Tip:
Wer die Möglichkeit besitzt, die Tiere im Sommer (längere Zeit oder nur stundenweise bei warmem Wetter) im Freiland zu halten, sollte dies ausnützen, denn das natürliche Sonnenlicht wirkt sich sehr positiv auf die Gesundheit und die Vitalität der Tiere aus.**

Die Lichtfarbe

Das Sonnenlicht erscheint uns weiß, setzt sich aber aus verschiedenen Farben mit unterschiedlichen Wellenlängen zusammen. Dies ist leicht an einem Regenbogen zu erkennen, wo es durch die unterschiedliche Brechung des Lichtes durch die Wassertröpfchen zu einer Zerlegung des weißen Lichtes in seine farbigen Bestandteile kommt. Das von uns Menschen wahrgenommene Licht stellt nur einen kleinen Bruchteil der von der Sonne ausgesandten elektromagnetischen Wellen dar. Neben der Zusammensetzung der Sonnenstrahlung ist die Energiemenge von entscheidender Bedeutung für das Leben auf der Erde. Nur ein kleiner Teil der kosmischen und der von der Sonne abgegebenen elektromagnetischen Strahlung dringt bis zur Erdoberfläche vor. Jegliche UV-Strahlung unter 290 nm und langwellige Infrarotstrahlung über 1400 nm wird von der Atmosphäre absorbiert. Von den Strahlungsanteilen, die die Erdoberfläche erreichen, der sog. Globalstrahlung, beträgt, abhängig vom Meßort, der Anteil des UV-Lichtes etwa 6 %, auf das sichtbare Licht entfallen ca. 50 %, die restlichen 44 % der Einstrahlung erfolgen im unsichtbaren Infrarotbereich. Das Adsorptionsmaximum des menschlichen Auges liegt im grüngelben Bereich bei einer Wellenlänge von 555 nm. Pflanzen benötigen zur Photosynthese vor allem Licht im blauen (450 nm), roten (680 nm) und tiefroten (700 nm) Spektralbereich, um mit dem Blattgrün (Chlorophyll) unter Freisetzung von Sauerstoff aus Kohlendioxid und Wasser Traubenzucker zu bilden.

Licht im violetten und blauen Bereich (Wellenlänge 400–500 nm) verhindert die Zellstreckung, d.h. ein übermäßiges Längenwachstum der Pflanzen.

UV-Licht

Der Einsatz von UV-Licht wird in Terrarianerkreisen immer noch bzw. wieder heftig diskutiert. UV-Licht regt in der Haut die Bildung von Vitamin D_3 an, was zum reibungslosen Kalziumstoffwechsel benötigt wird. Tiere, die eine direkte Sonnenbestrahlung meiden, z.B. Bodenbewohner im Regenwald oder strikt nachtaktive Tiere, bekommen wohl auch in der Natur nur wenig bzw. sehr selten UV-Licht ab, wobei sich aber auch nachtaktive Tiere mitunter tagsüber sonnen und abermals auf die natürlichen Lichtverhältnisse (10 000 Lux im Schatten, siehe Seite 22, Bräunung im Sommer im Schatten) verwiesen werden muß, weshalb „wenig" UV-Licht wohl immer noch deutlich mehr ist als die zu vernachlässigende UV-Licht-Abgabe der normalen Terrarienbeleuchtung (Glühbirnen und viele einfache Leuchtstoffröhren), zumal wenn diese außerhalb des Terrariums angebracht werden, da mittelwelliges UV-B-Licht das Terrarienglas nicht durchdringt. Die Praxis zeigt zudem, daß eine geringe UV-Licht-Bestrahlung (mittels Reptilien-Leuchtstoffröhre) sich auch bei der Pflege so mancher Amphibien, z.B. bei Pfeilgiftfröschen, überaus förderlich auf deren Wohlbefinden auswirkt. Dies gilt noch in viel stärkerem Maße für Sonnenanbeter, z.B. Wüsten- und Steppenbewohner, welche bei intensiver UV-Licht-Bestrahlung, wie in vielen Haltungsberichten nachgelesen werden kann, erst richtig optimal gedeihen. Ob dies nur am UV-Licht liegt oder von der erhöhten Lichtintensität durch die meist zusätzlich angebrachte UV-Licht-Lampe bedingt wird, ist noch nicht eindeutig geklärt, denn andererseits finden sich auch Literaturangaben über Haltungs-, Nach- und Aufzuchterfolge ohne UV-Licht-Einsatz bei ausschließlicher Vitamin-D_3-Versorgung über das Futter. Hier stellt sich allerdings die Frage nach der richtigen Dosierung bzw. Kontrolle der Aufnahme der benötigten Vitamin-D_3-Menge, um sowohl eine Unter- als auch eine Überversorgung zu vermeiden, da beide zu Erkrankungen führen. Einfacher ist es, den Tieren die Möglichkeit zu bieten, sich bei Bedarf ausgiebig unter einer UV-

Bei hohen Lichtwerten und starker UV-Lichtstrahlung färben sich die Blätter vieler Aufsitzerpflanzen rötlich, was bei zu schwacher Ausleuchtung im Terrarium unterbleibt.

Quelle zu „sonnen" und instinktiv auf das UV-Licht zu reagieren.

Unumstritten ist, daß ohne UV-Licht-Bestrahlung bei unzureichender Vitamin-D$_3$-Versorgung immer rachitische Skelettveränderungen (bei Jungtieren während des Wachstums und bei Weibchen während der Trächtigkeit und der Eischalenbildung) auftreten. Bei Erwachsenen kommt es bei Vitamin-D$_3$-Mangel zudem zu Verdauungsproblemen und Häutungsschwierigkeiten.

Mein Tip:
Generell ist der Einsatz von Leuchtmitteln (z.B. HQL- und HQI-Lampen), die einen kleinen Prozentsatz von UV-Licht abgeben, in Terrarien sehr zu empfehlen. Sonnenanbeter müssen mit der Osram Ultra Vitalux zusätzlich bestrahlt werden.

Das UV-Licht wird in drei Bereiche unterteilt. Die Ozonschicht und der Ozongehalt in der Lufthülle der Erde absorbieren vollständig die UV-Strahlung, deren Wellenlänge unter 290 nm liegt, also die kurzwellige UV-C-Strahlung und einen Teil der UV-B-Strahlung. Die UV-C-Strahlung regt die Ozonbildung in den obersten Atmosphäreschichten an, schädigt Eiweiße und stört die Erbgutsynthese, weshalb sie schädigend auf Lebewesen (mutagen, d.h. krebserregend bei Ozonloch, keimtötend in UV-Wasserklärern) wirkt. Die mittelwellige UV-B-Strahlung regt die Neubildung von Pigmentkörnern in der menschlichen Haut sowie die Lichtschwielenbildung und, sehr wichtig, die Vitamin-D-Synthese an. Zuviel UV-B-Bestrahlung erzeugt den Sonnenbrand. Die langwellige UV-A-Strahlung regt ebenfalls die Bildung von Pigmenten an und führt zur Dunkelfärbung der Pigmentkörner (Bräunung) in der Haut.

Mein Tip:
Terrarienglas absorbiert UV-A-Strahlung teilweise und UV-B-Strahlung ganz. Lampen, die UV-Licht abgeben, dürfen also nicht außerhalb von normalen Glasterrarien angebracht werden, sondern müssen im Terrarium oder über UV-durchlässigem Spezialglas, Plexiglas oder Drahtgaze installiert werden, um Wirkung zu zeigen.

Die in neuerer Zeit im Fachhandel angebotenen speziellen Reptilien-Leuchtstoffröhren, die Herstellerangaben zufolge mehr UV-Licht-Strahlung abgeben als normale Leuchtstoffröhren, sind für einen ganztägigen Einsatz (10–12 Stunden) ausgelegt. Allerdings ist bei deren Einsatz ein gut zugänglicher Sonnenplatz in der Nähe der Leuchtstoffröhre angebracht, denn in Terrarien mit 1 m Höhe dürfte nicht mehr allzu viel UV-Licht, welches ja nur einen geringen Teil der abgegebenen Strahlungsmenge ausmacht, den Boden erreichen. Dagegen dürfen Terrarienpfleglinge mit Leuchtmitteln, die eine intensive UV-Licht-Abgabe und hohe Wattzahl (z.B. UV-Therapiestrahler mit 300 W) besitzen, nur aus größerer Entfernung (ca. 1 m) kurzzeitig bestrahlt werden. Je nach Lichtempfindlichkeit und Alter der jeweiligen Art genügen zweimal wöchentlich nur wenige Minuten (mit 10 Min. beginnen und langsam auf 20–30 Min. steigern) oder es ist eine tägliche Bestrahlung erforderlich (ebenfalls mit 10 Min. beginnen und allmählich bis auf 1 Stunde ausdehnen, z.B. für sonnenhungrige Wüstenechsen wie Dornschwänze oder Chuckwallas).

Einige Terrarianer setzen auch Solarienröhren zur UV-Licht-Versorgung ihrer Tiere ein. Hier muß auch auf genügende Abgabe von UV-B-Licht geachtet werden, denn z.B. Höhensonnen geben fast nur UV-A-Licht ab und eignen sich deshalb nicht für Terrarientiere. Auch hier sollte die tägliche Dosis langsam erhöht werden und die Brenndauer nachher 45–60 Minuten nicht überschreiten, um Hautschädigungen zu vermeiden. Mit zunehmendem Alter läßt nicht nur die Licht-, sondern vor allem auch die UV-Licht-Abgabe von Leuchtmitteln nach. Deshalb sollten Reptilienröhren, HQL- und HQI-Lampen etwa alle 4 – 6 Monate ausgetauscht werden. Wesentlich länger, weil nur kurzzeitig im Einsatz, hält sich der seit Jahren als UV-Quelle bewährte 300-W-Strahler Ultra Vitalux von Osram.

Mein Tip:
Generell empfiehlt es sich, die UV-Lichtquelle so im Terrarium zu installieren, daß immer auch bestrahlungsfreie Rückzugsmöglichkeiten zur Verfügung stehen.

HQI-Strahler erzeugen ebenfalls eine starke UV-Strahlung, weshalb die Gehäuse mit einem UV-Sperrfilter versehen sind. Der Betrieb ohne Filter ist gefährlich und sollte unterbleiben.

Wie bereits erwähnt, setzen z.B. Dendrobatenzüchter erfolgreich etwas UV-Licht abgebende Leuchtstoffröhren im Terrarium sowie auch zur Bestrahlung des Froschlaiches ein. Der Erfolg des UV-Lichteinsatzes dürfte hier auch auf der keimtötenden Wirkung des UV-Lichtes beruhen, das Mikroorganismen und Pilze im Terrarium ausdünnt und die Laichverpilzung unterbindet. Auch einige Amphibien, z.B. Laub- und Riedfrösche, benötigen eine gewisse UV-Bestrahlung, um sich schön auszufärben.

Beleuchtungskörper

Im günstigsten Fall kann das Sonnenlicht zur Ausleuchtung von Terrarien mit herangezogen werden, z.B. in Wintergärten, Gewächshäusern, Treppenhäusern, Lichtschächten, auf Fensterbänken oder unterhalb von Dachfenstern – vorausgesetzt, das Terrarium kann sich auch bei längerer, direkter Sonnenbestrahlung nicht überhitzen (siehe Standort, S. 11). Für Tiere der Tropen, die auch im Winter eine hohe Lichtintensität benötigen, oder in fensterlosen Räumen und Kellern muß eine künstliche Beleuchtung eingebaut werden, um die benötigte Beleuchtungsstärke und -qualität zu erzeugen. Der Handel bietet inzwischen eine Fülle von Lampen an, die einzeln oder in Kombination miteinander dem Strahlungsspektrum der Sonne sehr nahe kommen, es aber nicht hundertprozentig ersetzen können.

Die Lichtintensität für Regenwaldbecken ist recht gut zu erreichen. Die in Wüsten gemessenen Lichtstärken können dagegen nur unter großem Aufwand erzeugt und nachgeahmt werden. Der Energieaufwand wäre sehr hoch, und in kleinen Terrarien würde die benötigte Beleuchtung zuviel Wärme entwickeln. Zudem genügt es meist, den Tieren wenigstens an einem lokal begrenzten Sonnenplatz annähernd natürliche Lichtstärken zu bieten.

Alle Lampen verlieren mit zunehmender Betriebsdauer immer mehr an Leuchtkraft (und UV-Strahlung), d.h. für die eingesetzte Energie erhält man immer weniger Licht. Zwar könnten die Lampen benutzt werden, bis sie kaputtgehen, aber die immer schwächer werdenden Luxzahlen sind nicht wirtschaftlich und vor allem für die Bepflanzung, aber auch für tagaktive Terrarienpfleglinge nicht zuträglich. Deshalb müssen Lampen entsprechend ihrer Nutzbrenndauer in regelmäßigen Intervallen ausgetauscht werden, auch wenn der Leistungsabfall dem Pfleger meist gar nicht auffällt.

Glühlampen

Die gängigsten Leuchtmittel sind wohl immer noch die Wolframdraht-Glühlampen. Sie sind genau genommen Wärmestrahler, die elektrischen Strom in Wärme umwandeln. Neben Wärme entsteht auch noch etwas Licht. Von der aufgenommenen elektrischen Leistung werden dabei nur 5–10% in Licht, der Rest in Wärme und Konvektion umgewandelt. Die Lebensdauer beträgt durchschnittlich nur 1000 Stunden (bei täglich 12 Std. ca. 2–3 Monate).

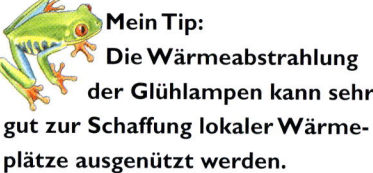

Mein Tip: Die Wärmeabstrahlung der Glühlampen kann sehr gut zur Schaffung lokaler Wärmeplätze ausgenützt werden.

Halogen-Glühlampen

Während bei normalen Glühlampen der Wolframdraht allmählich den Lampenkolben schwärzt, wird dies bei Halogen-Lampen durch eine Halogengasfüllung verhindert. Wegen der zum Wolfram-Halogen-Kreislauf benötigten hohen Temperatur (über 400 °C) wird der Lampenkolben aus Quarzglas gefertigt.

Mein Tip: Da Fettreste einbrennen, nicht mit den Fingern in die Lampe fassen bzw. diese vor dem Betrieb säubern.

Halogen-Glühlampen können funktionsbedingt wesentlich kleiner gebaut werden als Wolframdraht-Glühlampen, weshalb sie ihr Licht je nach Ausstrahlwinkel mehr oder weniger stark gebündelt abgeben. Es gibt sie inzwischen in zahlreichen Ausführungen. Sie besitzen, je nach Modell, gegenüber einer Glühlampe eine fast doppelt so hohe Lichtausbeute bei einer 1,5–4fach längeren Lebensdauer. Auch bei ihnen verkürzen nur 5% Überspannung die Lebensdauer um 40%, ebenso unterlastig betriebene Trafos (z.B. wenn bei 200 W Nennleistung nur für 100 W Lampen angeschlossen werden).

Es gibt Birnen mit Fassungen für normalen Netzbetrieb ohne Trafos sowie die kleinen Niedervolt-Birnen für den Betrieb mit Trafos.

Die Abgabe von UV-Licht war für den täglichen Gebrauch unerwünscht, so daß heute fast alle Birnchen aus UV-Licht absorbierendem Glas gefertigt sind, das die UV-Licht-Abgabe stark reduziert. Halogen-Glühlampen größerer Leistung geben je nach Hersteller z.T. dennoch etwas UV-Licht ab, weshalb eine Bestrahlung unter 30 cm Abstand mit einer 50-W-Lampe beim Menschen nach etwa zwei Stunden eine sonnenbrandähnliche Hautreizung (*Erythem*) hervorrufen kann.

Niedervolt-Halogenlampen können je nach Modell bzw. Wattzahl sehr heiß werden (bei 50 W bis 900 °C) und dürfen bei kurzem Abstand nicht ungeschützt eingesetzt werden. Stiftsockellampen geben ihr Licht nach allen Seiten ab und sollten deshalb mit einem Reflektor versehen werden. Bei den Niedervolt-Halogenlampen mit Reflektorschirm sind heute fast ausschließlich Kaltlichtversionen im Handel, bei denen die Wärmeabstrahlung nach hinten und zur Seite abgelenkt wird. Die Wärmeabstrahlung auf das Objekt ist bei unverringerter Lichtabgabe um $2/3$ reduziert. Auch sie sind mit einer UV-Licht abschirmenden Verglasung versehen. Sie eignen sich gut zur Ausleuchtung von Kleinterrarien und zur Schaffung von Lichtakzenten bzw. Lichtinseln, wegen ihrer meist kleinen Abstrahlwinkel jedoch nur schlecht zur Ausleuchtung größerer Terrarien. Je nach Wattzahl und Terrarienhöhe, d.h. dem Abstand zum Boden, sind sie höchstens bedingt als Wärme- und kaum als UV-Lichtquellen geeignet.

Leuchtstofflampen

Leuchtstoffröhren sind Quecksilberdampf-Niederdruck-Entladungslampen, die mit Vorschaltgeräten und Startern betrieben werden müssen. Dazu wird der in der Röhre enthaltene Quecksilberdampf durch ein elektrisches Feld zur Abgabe von UV-Strahlung angeregt, die wiederum durch die Leuchtstoffbeschichtung der Glasinnenwand in sichtbare Strahlung umgewandelt wird. Dies nennt man Fluoreszenz. Je nach verwendeter Beschichtung läßt sich jede gewünschte Lichtfarbe erzeugen. Die „Nutzbrenndauer" beträgt etwa 7500 – 10 000 Stunden, danach besitzen sie nur noch 80% der Anfangsleistung. Sie verlieren bei täglich 12stündiger Brenndauer pro Jahr etwa 10–15% ihrer Lichtausbeute. Bei 20 °C geben sie die maximale Lichtmenge (100%) ab, bei abweichender Temperatur sinkt die Lichtausbeute (bei 10 °C auf 80%, bei 30 °C auf 95%).

Moderne vollelektronische Hochfrequenz-Vorschaltgeräte benötigen inzwischen keine Starter mehr, sie springen sofort an, sind flimmerfrei im Betrieb, verbrauchen 25–30% weniger Strom und besitzen eine deutlich geringere Wärmeabgabe als ihre Vorgängermodelle. Zudem erhöhen sie die Lebensdauer der Röhren beträchtlich (auf bis zu 15 000 Stunden, d.h. ca. 15mal so lang wie Glühlampen).

Hochwertige Tageslicht- oder Biolichtröhren besitzen ein vollständiges Spektrum, welches eine besonders gute Farbwiedergabe erbringt, und sie besitzen zudem einen gewissen UV-Anteil, so daß sie sich hervorragend für den Terrarieneinsatz eignen. Der Handel bietet inzwischen auch spezielle Reptilienröhren mit Vollspektrum und laut Herstellerangabe hoher UV-Lichtabgabe an. Sie können den ganzen Tag, also 12 bis 15 Stunden, in Betrieb bleiben. Besonders lichtstarke Röhren sind oft nur Dreibandenlampen mit lückenhaftem Spektrum und sollten nur in Kombination mit anderen Röhren eingesetzt werden.

Mein Tip: Kompaktleuchtstofflampen mit integriertem Vorschaltgerät (Energiesparlampen) gibt es auch mit E-27-Schraubsockeln, die in normale Fassungen eingeschraubt werden können. Sie erzeugen auf kleinem Raum große Lichtstärken bei geringer Wärmeentwicklung und können deshalb auch in kleineren Terrarien eingesetzt werden. Ihre Lebensdauer ist bei einem 80% geringeren Stromverbrauch 10mal so lang wie die von vergleichbaren Glühbirnen.

HQL-Lampen

Quecksilberdampf-Hochdrucklampen (HQL u.ä., z.B. HPL, HSL) sind wesentlich kompakter gebaut als Leuchtstoffröhren und ähneln in der Form oft Glühbirnen. Sie erzeugen Licht durch elektrische Entladungen unter hohem Gasdruck (ca. 10 bar) im Quecksilberdampf. Auch bei ihnen ist die Lampeninnenseite mit einem Leuchtstoff (Ittrium-Vanadat) beschichtet, der die dabei entstehende UV-Strahlung größtenteils in rötliches Licht umwandelt. Das Licht des Brenners ist bläulich-weiß und wird durch das rötliche Licht der Beschichtung aufgefüllt, so daß sich die Lichtfarbe verbessert.

Um ihre volle Lichtstärke zu erreichen, benötigen HQL-Lampen eine ca. 3–5minütige Anlaufzeit. Nach dem Einschalten erwärmt sich der Quarzbrenner allmählich, was zur Verdampfung des Füllstoffes (Quecksilber) führt. Mit zunehmender Verdampfung des Füllstoffes steigt der Lampenlichtstrom und somit die Lichtabgabe der Lampe an.

Ihre „Nutzlebensdauer" beträgt ca. 9 000–15 000 Stunden, selbst nach 15 000 Stunden besitzt sie noch etwa 70% der Ausgangsleistung. Ihr jährlicher Lichtstromverlust liegt bei etwa 10%. De-Luxe-Ausführungen geben 5–10% ihrer Leistung als UV-Strahlung ab und eignen sich deshalb bestens zum Einsatz in Terrarien. Allerdings müssen die Tiere die Möglichkeit haben, sehr nahe an die Lampen heranzukommen, da die Wärmeabstrahlung aufgrund der Birnenform nicht weit reicht.

HQI-Lampen

Jodmetalldampf-Entladungslampen (HQI, HPI, HSI, MH usw.) funktionieren nach dem gleichen Prinzip wie die Quecksilberdampflampen (HQL). Durch Zugabe zusätzlicher Halogenmetalldämpfe, z.B. von Metall-Jodiden oder Jodiden der Seltenen Erden, wurde eine wesentliche Farbverbesserung sowie eine Erhöhung der Lichtausbeute im Vergleich zu den Quecksilberdampflampen erreicht. Der Lampenkolben ist im Gegensatz zu HQL-Lampen nicht mit einer Leuchtstoffschicht beschichtet, weshalb auch eine kräftigere UV-Strahlung abgegeben wird. Die Leuchtengehäuse sind deshalb mit einem UV-Sperrfilter versehen, um die UV-Abstrahlung stark zu reduzieren. Wird die Netzspannung von HQI- und HQL-Lampen unterbrochen (10 ms genügen), zünden die Lampen je nach Typ erst nach einer Abkühlungszeit von 2–15 min wieder. Die TS-Ausführungen von HQI-Brennern können ohne Abkühlung sofort wieder gezündet werden.

Bei HQI-Lampen beträgt die „Nutzlebensdauer" etwa 6000 Stunden. Bei einer täglichen Brenndauer von 12 Stunden verlieren sie nach 9 Monaten etwa 20% an Leuchtkraft.

Da die Luxzahl mit dem Abstand zur Lichtquelle abnimmt, kann durch Verringerung des Abstandes der HQI-Leuchte zum Terrarium um ein paar Zentimeter die Beleuchtungsstärke wieder erhöht und so die Einsatzzeit verlängert werden.

Sowohl HQL- als auch HQI-Lampen geben neben der großen Helligkeit auch Strahlungswärme (Infrarotlicht) sowie etwas UV-Licht ab und sind deshalb bestens für den Einsatz in großen Terrarien für tagaktive Sonnenanbeter geeignet, vorausgesetzt es besteht die Möglichkeit zum Einbau.

Mein Tip:
Für alle Lampentypen gilt, daß der Einsatz hochwertiger Reflektoren die Lichtausbeute deutlich (bis zu 40%) erhöhen kann.

Beleuchtungsbeispiele

Die Beleuchtungsstärke wird in Lux angegeben, der Lichtstrom in Lumen. Fällt ein Lichtstrom von 1 Lumen auf einen Quadratmeter, so beträgt die Beleuchtungsstärke 1 Lux (1 Lux = 1 Lumen pro qm). Die Beurteilung der Lichtstärke lediglich nach der Wattzahl (aufgenommene Leistung) ist irreführend. Die Lichtausbeute, der für Terrarianer eigentlich maßgebliche Wert für die abgegebene Lichtmenge und die Wirtschaftlichkeit, wird in Lm/W (Lumen/Watt) gemessen. Je höher bei gleicher Leistungsaufnahme der Lichtstrom ist, desto höher ist die Lichtabgabe und desto geringer die Wärmeabgabe von Leuchtmitteln.

Um die richtige Beleuchtung für ein Terrarium auszuwählen, braucht man die folgenden Daten: die gewünschte Beleuchtungsstärke in Lux und die Grundfläche des Terrariums in qm. Miteinander multipliziert ergibt dies den benötigten Lichtstrom in Lumen.

Zu berücksichtigen ist, daß mit der Terrarienhöhe, der Einrichtung und Bepflanzung eines Terrariums die Lichtstärke, die den Boden erreicht, stark zurückgeht. Grundsätzlich können Terrarien eigentlich kaum zu stark beleuchtet werden.

Die Lichtstärke von Leuchtstofflampen nimmt mit zunehmender Entfernung von der Lampe schnell ab. Für ein 50 cm hohes Regenwald-

Beispiele für die Beleuchtung eines Regenwaldterrariums (100 × 50 × 100 cm) mit 10 000 Lux

Lampenbezeichnung	Nennleistung*	Lichtstrom in Lm*	benötigte Anzahl (gerundet)	Energieverbrauch insgesamt
Glühbirne A-Kolben/Standard	60 W	730	7	420 W/Std.
Halogen-Glühlampe für Netzspannung	60 W	840	6	360 W/Std.
Halogen-Niedervolt-stiftsockellampe	50 W	930	5	250 W/Std.
Leuchtstofflampe 89,5 cm				
Lumilux Tageslicht	30 W	2250	2	60 W/Std.
und Lumilux Warmton 43,8 cm	15 W	500	1	15 W/Std.
				= 75 W/Std.
HQL-125-W-Birne	125 W	5700	1	125 W/Std.
HQI-Powerstar TS 70/D	75 W	5000	1	75 W/Std.

* Daten aus dem Osram Lichtprogramm 97/98

becken genügt pro 15–20 cm Breite eine Leuchtstoffröhre über die ganze Beckenlänge als Grundausleuchtung zusätzlich zu den eventell eingesetzten punktuellen Wärmestrahlern. Für ein 1 m hohes Regenwaldbecken sind bereits 4 Leuchtstoffröhren (1 pro 10 cm, über die ganze Beckenlänge) anzuraten. Für ein 0,5 m hohes Wüstenbecken sollte wenigstens 1 Leuchtstoffröhre pro 10 cm Beckenbreite eingesetzt werden. Ein HQI-Strahler genügt, um etwa 0,5 qm aus 1 m Abstand auszuleuchten.

Die Feuchtigkeit

Feuchtigkeitsbedarf der Tiere

Neben der Wärme und dem Licht sind die relative Luftfeuchtigkeit und die Substratfeuchtigkeit bei der Pflege von Terrarientieren von Bedeutung. Im allgemeinen nehmen Tiere Wasser vor allem durch Trinken auf und geben es als Harn, über Drüsen und beim Atmen wieder ab. Trotz ihrer dicken, drüsenarmen, ledrigen Haut verlieren Reptilien und noch in weitaus stärkerem Maß die dünnhäutigen Amphibien Wasser auch über die Haut, können es aber ebenso über die Haut aufnehmen. Tiere, die in niederschlagsarmen Trockengebieten überleben wollen, mußten besondere Methoden zur Wasserspeicherung, Reduzierung ihrer Wasserabgabe an die Umwelt oder zur Wassergewinnung entwickeln. Einige Reptilien (z.B. Dornschwanzagamen) aus Gebieten mit starken jahreszeitlichen Schwankungen der Niederschläge haben sich diesen Bedingungen angepaßt und sind in der Lage, einen Teil des benötigten Wassers während Dürreperioden aus der Nahrung zu gewinnen. Beispielsweise liefert ein Kilogramm Fett, z.B. aus öligen Pflanzensamen, Dornschwanzagamen ca. einen Liter Wasser bei der Verdauung. Auch ihre Ausscheidungsorgane haben sich auf Wasserrückgewinnung eingestellt. So resorbieren spezialisierte Kloakenzellen fast alles Wasser, weshalb sie ihren Urin nicht in Form dünnflüssigen Harnes abgeben, sondern als feste, weißliche Masse, die aus dem Salz der Harnsäure besteht (sog. Uratpellets). Zudem scheiden sie überschüssige Salze in kristalliner Form über ihre Nasaldrüsen aus, um so den Wasserverlust des Körpers sehr gering zu halten.

Bei andauernder Haltung auf bzw. in zu trockenem Substrat und in trockener Luft verlieren allerdings auch hoch spezialisierte Reptilien aus Trockengebieten nach einiger Zeit so viel Wasser, daß sie bei ungenügender Wasseraufnahme stark austrocknen und schließlich körperliche Schäden durch Ausfällung und Ablagerung von Harnsäuresalzen (Gicht, kann auch von zu proteinreicher Ernährung stammen) in Niere, Gelenken und Herzbeutel erleiden.

Neben regelmäßigen Wassergaben ist bei der Haltung von Wüstentieren unbedingt zu beachten, daß ein weit oben im Terrarium installiertes Hygrometer durchaus akzeptable Luftfeuchtigkeitswerte anzeigen kann, obwohl es im und direkt auf dem Boden viel zu trocken ist (siehe Dehydration, Seite 59). Auch in Trockenterrarien sollte wenigstens das untere Drittel der Bodenschicht oder eine Ecke im Becken immer feucht gehalten werden, zudem sollte täglich etwas gesprüht werden, denn auch in Wüsten bildet sich morgens oft Tau.

Besonders bei der Amphibienhaltung enden selbst kurzzeitige Pflegesäumnisse oft tödlich. Bereits wenige Stunden bei warmer, trockener Haltung entziehen den Tieren so viel Wasser, daß der Organismus nicht mehr richtig funktionsfähig ist. (Bei Landtieren beträgt der Wasseranteil des Körpers ca. 70%. Unter 65% Wasseranteil sind tierische Organismen nicht mehr lebensfähig.) Die von den Pfleglingen benötigte relative Luftfeuchtigkeit hängt von der Anpassung und der Einnieschung an den jeweiligen Lebensraum ab. Vegetation, Temperatur, Niederschläge und Sonneneinstrahlung beeinflussen die relative Luftfeuchtigkeit. Luft kann z.B. bei 10 °C pro m^3 maximal 9,4 g Wasser aufnehmen, bei 30 °C 30,3 g. Das Verhältnis von vorhandener Luftfeuchtigkeit zum theoretischen Sättigungswert der jeweiligen Temperatur ist die relative Luftfeuchtigkeit. 5 g in der Luft gelöster Wasserdampf ergeben bei 30 °C Lufttemperatur eine relative Luftfeuchtigkeit von 16,5%, während es bei 10 °C Lufttemperatur bereits 53% relative Luftfeuchtigkeit wären. Deshalb steigt mit sinkender Temperatur auch ohne Wasseraufnahme der Luft die relative Luftfeuchtigkeit.

In den mehrgeschossigen, dichten äquatorialen Regenwäldern mit täglichen Niederschlägen, meist bewölktem Himmel und hohen Temperaturen herrscht am Boden meist eine gleichmäßig hohe relative Luftfeuchtigkeit von ca. 90%, während sie in den sonnenbeschienenen Baumkronen durchaus auf 60% zurückgehen kann. In wolkenlosen, sonnigen Trockengebieten mit nur wenig Vegetation schwankt dagegen die relative Luftfeuchtigkeit im Tagesverlauf sehr stark. In der Sahara sinkt die Luftfeuchtigkeit im Sommer tagsüber z.T. auf 4–10%, kann aber nachts auf über 50% ansteigen.

Bei der Pflege von Terrarientieren ist es deshalb sehr wichtig, nicht nur das Herkunftsgebiet, sondern auch die Aktivitätszeit und das Mikroklima des Lebensraumes zu kennen. Viele Amphibien und Reptilien pflanzen sich kurz nach Einsetzen der Regenzeit fort, was sich durch die Erhöhung der Luftfeuchtigkeit durch häufiges Sprühen oder Beregnen nachahmen läßt. Bis auf wenige Ausnahmen (lebendgebärende Amphibien, z.B. der Alpensalamander) sind Amphibien zudem auf Wasser zur Entwicklung ihrer Larven angewiesen. Nicht zuletzt spielt die Substratfeuchtigkeit beim Erbrüten von Reptilieneiern eine wichtige Rolle. Selbst hartschalige Phelsumeneier können in zu trockenen Terrarien austrocknen, ganz abgesehen von den weichschaligen Eiern vieler anderer Reptilien. Wüstenechsen z. B. vergraben ihre Eier zwar im Sand, aber nicht an trockenen Stellen, sondern im Naßkern der Sanddünen, der im Frühjahr bis knapp unter die Oberfläche reicht.

Luftfeuchtigkeit im Terrarium

Die Luftfeuchtigkeit im Terrarium wird von mehreren Faktoren beeinflußt:

- Die Art der Terrarienbeleuchtung (stark austrocknende HQL-Birnen oder nur wenig austrocknende Leuchtstoffröhren) wirkt sich stark auf die Luftfeuchtigkeit im Terrarium aus.
- Zudem die Größe der Lüftungsflächen. Das größte Problem im feuchtwarmen Terrarium ist das Gewährleisten einer ausreichenden Frischluftzufuhr bei Erhalt der hohen Luftfeuchtigkeit. Besteht z.B. der gesamte Behälterdeckel aus Drahtgaze, kann keine hohe relative Luftfeuchtigkeit im Terrarium gehalten werden. Wird die gewünschte Luftfeuchtigkeit auch nach Überprüfen des Hygrometers und Einbau von Sprühanlagen nicht erreicht, müssen eventuell die Lüftungsflächen etwas verkleinert werden.

Mein Tip: Trocknet das Terrarium nach dem Sprühen bald wieder ab, in Trockenterrarien nach ca $1/2$–1 Stunde, in Feuchtterrarien nach ca. 2 Stunden (hier muß 2–3mal täglich gesprüht werden), stimmt die Größe der Lüftungsfläche in etwa, und die Gesundheit der Pfleglinge wird nicht durch stickig-feuchte Stauluft gefährdet.

Die Technik

Bereits die Beheizung des feuchten Bodengrundes oder des Wasserteiles führt zur Erhöhung der Luftfeuchtigkeit, allerdings muß das verdunstete Wasser regelmäßig ergänzt werden. Bewegtes Wasser verdunstet schneller als stehendes, weshalb der Einbau von Wasserläufen oder Zimmerbrunnen ins Terrarium erwogen werden

Beispiel für ein Zuchtbecken mit nahezu 100% Luftfeuchtigkeit für die Zucht von Amphibien

kann. Zudem sollte zur Erhöhung der Luftfeuchtigkeit regelmäßig gesprüht werden. Dazu können handelsübliche Sprühflaschen, automatische Sprühanlagen aus dem Blumenhandel oder Ultraschall-Vernebler eingesetzt werden. Ultraschall-Vernebler erhöhen die Luftfeuchtigkeit schneller als ein Überbrausen des Terrariums, die vernebelte Wassermenge reicht jedoch kaum aus, um ausreichend Wasser zur Pflanzenversorgung zu liefern, weshalb dennoch gesprüht bzw. gegossen werden muß.

Mit Aquarienfiltern oder -pumpen und perforierten Schläuchen kann eine Beregnungsanlage z.B. in Zuchtbecken für tropische Laubfrösche eingebaut werden. Wichtig beim Wasserzulauf durch automatische Beregnungsanlagen in das Terrarium ist immer der Einbau einer Drainageschicht in den Untergrund sowie eines Ablaufes z.B. in einen großzügigen Auffangbehälter, um ein Versumpfen des Bodens zu verhindern. Regelmäßige Kontrollen des Ablaufes im Terrarium können das Risiko, die Wohnung zu fluten, verringern. Dennoch bleibt ein gewisses Restrisiko, denn auch bei nur einer Minute Laufzeit der Beregnungsanlage können je nach Modell, Einstellung und Düsenzahl mehrere Liter Wasser ins Terrarium „regnen".

Entsprechend den Ansprüchen der Pfleglinge müssen die Sprühanlagen nur einmal bzw. mehrmals täglich eingeschaltet werden oder z.B. in Zuchtbecken für tropische Laubfrösche im 24-Stunden-Dauerbetrieb durchlaufen.

Lüftung

Der Frischluftbedarf ist wie die anderen Klimaansprüche auch artspezifisch sehr unterschiedlich ausgeprägt.

Gaze-Terrarien eignen sich zur Haltung von Tieren mit großem Frischluft-Bedarf.

Inkubation von Bartagamen-Eiern in einem Gemisch aus Torfmoos, Seramis und Vermiculit

Generell sollten große Terrarien zwei Lüftungsgitter auf verschiedenen Terrarienseiten besitzen. Dabei sorgt ein im unteren Terrariendrittel angebrachtes Lüftungsgitter dafür, die Ansammlung von Stickluft zu verhindern. Das andere Lüftungsgitter kann oben im Seitenteil oder im Terrariendeckel angebracht sein. Nie dürfen beide Lüftungsgitter auf gleicher Höhe liegen, um einen Durchzug, der bei den Pfleglingen eine Erkältung hervorrufen könnte, zu vermeiden.

Einige Tiere, z.B. etliche Chamäleons, benötigen viel frische Luft, weshalb bei Arten, die keine Feuchtigkeit lieben, der Behälter etwa 1/2–1 Stunde nach dem Sprühen wieder abgetrocknet sein sollte. Dazu müssen ihre Terrarien mit großen Lüftungsflächen ausgerüstet werden; z.B. die gesamte Terrariendecke aus Lochblech oder Drahtgaze zu fertigen, wäre eine Möglichkeit.

Mein Tip:
In Feuchtterrarien darf die Lüftungsfläche nicht zu groß sein, sonst entweicht die Feuchtigkeit zu schnell. Bei Feucht- oder Regenwaldterrarien ist es zudem von Vorteil, wenn eine Lüftungsfläche unterhalb der Frontschiebescheiben liegt, damit die aufsteigende Luft ein Beschlagen dieser verhindert.

Aquarien können zur Haltung von nicht aquatischen Pfleglingen nur bei geringem Bedarf an Luftfeuchtigkeit eingesetzt werden. Ein weiterer Nachteil ist hier das Entweichen der Wärme. Bei nicht kletternden Bodenbewohnern (z.B. Schildkröten, Leopardgeckos) kann das Aquarium oben offen bleiben, um eine ausreichende Luftzirkulation zu gewährleisten. Bei der Haltung kletternder Arten oder um ein Entweichen der Futtertiere zu verhindern, schafft ein mit Drahtgaze bespannter Rahmen als Behälterabschluß Abhilfe.

Den Lebensraum gestalten

Bodengrund

Immer wieder wird in der Terraristik die Frage nach dem idealen „Allzweck"-Bodengrund aufgeworfen. Bei der Fülle der angebotenen Materialien und Geheimtips von „Spezialisten" fällt es dem Terraristik-Einsteiger oft schwer, sich für ein Substrat zu entscheiden. Dabei ist zu bedenken, daß z.B. ein Baumbewohner, der kaum den Boden aufsucht, ganz andere Ansprüche an den Bodengrund stellt als ein Bodenbewohner, der sich eine Wohnhöhle gräbt. Für jedes Substrat lassen sich positive und negative Eigenschaften aufführen, und

keines kann sämtliche Anforderungen erfüllen. Richtig eingesetzt eignen sich auch ungewöhnliche Materialien wie Seramis oder Vermiculite aufgrund ihrer guten Feuchtigkeitsspeicherung nicht nur als Inkubationssubstrat, sondern auch als Bodengrund, z.B. in Terrarien für Phelsumen oder Vogelspinnen.

Neben optisch ansprechenden, natürlichen Substraten wie z.B. Sand, Kies, Torf, Lehm-, Wald- oder Lauberde, Humus, Rindenmulch sowie unterschiedlichen Mischungen dieser Bodensubstrate können sich für bestimmte Tiere oder Zwecke durchaus auch künstliche Materialien wie z.B. Vermiculite, Blähton, Schaumstoff oder Kunstrasen als nützlich erwei-

Eine dicke Laubschicht bietet im Regenwald vielen Tieren Lebensraum und sorgt für ein Mikroklima mit hoher Luftfeuchtigkeit.

Vor- und Nachteile gängiger Substrate

Substrat und Verwendung	Vorteile	Nachteile
Sand, Kies rundkörniger, grober Flußsand, feiner Kies; in Wüsten-, Trocken- und Aqua-Terrarien und Aquarien	preisgünstig wirkt natürlich leicht zu reinigen unbeschränkte Haltbarkeit bietet in Trocken- und Wüstenterrarien Ungeziefer schlechte Lebensbedingungen, verhindert als dünne Bodenschicht im Aquarium den Bewuchs der Bodenscheiben mit Algen oder Mikroorganismen	Staubige Sande können in Wüsten- und Trockenterrarien evtl. zu Atemproblemen führen. Bei Tierarten, die nicht an Wüstenbedingungen angepaßt sind, kann feiner, staubiger Sand in die Augen eindringen; sie verkleben oder entzünden sich. Wird feiner Sand mit der Nahrung aufgenommen, kann es zu Entzündungen, Kotstau, Darmverschluß kommen. Ungeeignet ist scharfkantiger Bruchsand oder Lavakies (führt verschluckt zu Verletzungen und Entzündungen im Verdauungstrakt!).
Holzprodukte Rindenschrot (z.B. Pinienholz), Rindenmulch für halbfeuchte und Feucht-Terrarien, Kleintierstreu, Buchenholzstückchen; bevorzugt in Trockenterrarien	gute Feuchtigkeitsaufnahme und -abgabe auf hellen Sorten ist Kot gut erkennbar und leicht zu beseitigen angenehmer Geruch ansprechendes, natürliches Aussehen	Kleintierstreu ist meist sehr staubig, evtl. Atemprobleme (Schlangen z.B. niesen dann oft). Buchenspäne können scharfe Holzsplitter enthalten (Gefahr von Darmverschluß und inneren Verletzungen beim Verschlucken!). Gefahr der Schimmelbildung in ständig feuchtwarmen Regenwald-Terrarien oder unter der Wasserschale. Exkremente heben sich auf dunklen Sorten nicht gut ab.
Erde, Erde-Sand-Mischungen Terrarien-, Wald- und Lauberde; hervorragend geeignet für bepflanzte Terrarien oder Feuchtterrarien	natürliches Aussehen gute Feuchtigkeitsspeicherung, sorgt für günstige Luftfeuchtigkeitswerte lehmige Erde ermöglicht grabenden Arten den Höhlenbau	Feine, leicht anhaftende Erdpartikel verunreinigen Wasserteil oder Scheiben. (Tip: Erde mit Kies, flachen Steinen, getrocknetem Laub oder Moospolstern abdecken.) Laub- und Walderde enthält Wirbellose und Pilzsporen und muß ggf. sterilisiert werden, schimmelt dann aber schnell. Ungeeignet sind Torf und stark torfhaltige Erdmischungen (Torffasern zerfallen bald in staubige Partikel, nehmen einmal ausgetrocknet nur schwer wieder Wasser auf).
Torfmoos, andere Moose als Bodenabdeckung in Regenwald- oder Amphibienterrarien, im Überwinterungsbehälter	schimmelt nicht lange Haltbarkeit	schlecht zu reinigen und zu desinfizieren
Seramis, Vermiculite, Perlite zur Inkubation von Reptilieneiern, als Bodensubstrat bei Haltung von Vogelspinnen und Phelsumen	gute Wasserspeicherung, sorgt für günstige Luftfeuchtigkeitswerte	Vermiculit kann an Tieren mit feuchter Haut oder Schlüpflingen festkleben und Hautschäden oder Verpilzung verursachen. Seramis kann verschluckt zu Entzündungen und Darmverschluß führen.

Mein Tip: Substrate, die bei Austrocknung oder fortschreitender Alterung in feine, staubige Partikel zerfallen (z.B. staubiger, feiner Sand, Kleintierstreu, Torf), können eventuell Lungenschäden verursachen. Hier kann der Pfleger durch regelmäßige Substrat- und Feuchtigkeitskontrolle Vorsorge treffen.

Mein Tip: Um übermäßige Substrataufnahme zu vermeiden, sollte der Futterplatz einen festen Untergrund haben. Man kann z.B. einen flachen Stein, eine Tonfliese, einen flachen Teller oder eine Futterschale verwenden oder Futter in einer Raufe anbieten.

sen. Entscheidend bei der Auswahl des Bodengrundes müssen jedoch immer die Ansprüche der Terrarienpfleglinge sein und erst an letzter Stelle die Vorlieben oder das ästhetische Empfinden des Pflegers. So sind z.B. scharfkantige oder eingefärbte Substrate, auch wenn sie toll aussehen oder farblich gut zur Wohnzimmereinrichtung passen, als Bodengrund für Terrarien ungeeignet.

In Ausnahmefällen, z.B. in Fütterungsbecken für Schlangen, in speziellen Beregnungsbecken zur Zucht von tropischen Laubfröschen, oder in Zucht/Aufzuchtaquarien für aquatische Amphibien oder deren Larven wird aus Hygienegründen meist auf einen Bodengrund verzichtet. Ebenso in Quarantänebecken, wo statt dessen leicht zu reinigende bzw. zu wechselnde oder einfach zu desinfizierende Materialien wie Zeitungspapier, Schaumstoffmatten oder Kunstrasen eingesetzt werden.

Mein Tip:
In Feuchtterrarien empfiehlt sich das Einbringen einer mehrere Zentimeter starken Drainageschicht aus Blähton oder grobem Kies, um das überschüssige Sprühwasser aufzunehmen, damit der Boden nicht versumpft.

Die Höhe der Bodenschicht im Terrarium ist abhängig von der Grabaktivität der gepflegten Tiere. Bei nicht grabenden Arten genügt eine nur wenige Zentimeter dicke Substratschicht. Je nach der Körpergröße benötigen grabende Arten Schichtdicken von wenigstens Körperlänge. Wichtig ist es vor allem, trächtigen Weibchen mindestens an einer Stelle, z.B. durch Substratanhäufung in einer Ecke, eine ausreichende Substratstärke anzubieten. Bei höhlenbauenden Arten empfiehlt sich der Einsatz von lehmigen bzw. festwerdenden Substraten (z.B. Grabsand), damit die Gänge eine gewisse Stabilität erhalten und nicht immer einstürzen. Arten, die sich zur Ruhe nur oberflächlich eingraben, benötigen dagegen lockere Substrate.

Rück- und Seitenwände

Damit sich die Terrarienpfleglinge in ihrem Behälter sicherer fühlen und nervöse Arten nicht gegen die Glasscheiben rennen, sollten die Rück- und Seitenwände mit in die Terrariengestaltung einbezogen werden. Die einfachste Möglichkeit ist das Bekleben mit einer Fotofolie oder das Bepinseln der Scheibenaußenseiten, am besten mit dunkleren Farben, z.B Grün- oder Brauntönen. Außer der zweifellos dekorativen Wirkung vergrößert der Einbau von reich strukturierten Rück- und Seitenwänden den Lebensraum der Tiere erheblich. Wichtig ist hier, daß keine für den Pfleger unzugänglichen Hohlräume oder Schlupfwinkel entstehen, in denen sich Unrat oder Ungeziefer sammeln kann.

Abhängig von den Bedürfnissen der Tiere können die verschiedensten Materialien zum Einsatz kommen. Dünne, helle Naturkorkplatten halten auch in feuchteren Terrarien recht lange, wenn Sprühwasser innerhalb von 1–2 Stunden abtrocknen kann. An den Kontaktzonen mit Feuchtigkeit schimmeln sie allerdings wie alle organischen Materialien mit der Zeit. Sie werden einfach mit Silikon aufgeklebt. Ebenso die dunklen Preßkorkplatten (heißgepreßt, nicht mit Klebern behandelt), welche in verschiedenen Stärken im Handel erhältlich sind.

Mein Tip:
Bei Einsatz dickerer oder mehrerer hinter- oder aufeinandergestapelter Platten können Pflanzlöcher, Höhlen, Terrassen und felsenartige Strukturen herausgearbeitet werden. Auch in Feuchtterrarien ist der Preßkork recht lange haltbar.

Durch Bekleben mit Kork lassen sich auch Seiten- und Rückwände in die Terrariengestaltung einbeziehen. Äste und Wurzeln strukturieren den Lebensraum.

Vor allem in Regenwaldbecken sollte die Wasserschale regelmäßig gereinigt und aufgefüllt werden.

Kletternde Pflanzen und eingesteckte Epiphyten verwandeln Preßkorkrückwände schnell in dekorative Pflanzenwände. Noch besser für eine Begrünung von Feuchtterrarienwänden eignen sich Baumfarn (*Xaxim*) oder Kokosfaserplatten. Ferner können im Zoofachhandel erhältliche Zierkorkplatten, Korkrindenstücke, Rindenschwarten oder halbierte Bambusröhren auf die Rückwand geklebt werden. Wichtig ist immer eine Versiegelung sämtlicher Hohlräume in der Rückwand, damit sich dahinter weder Pfleglinge verirren noch Futtertiere einnisten können. Felsrückwände können aus Natursteinen aufgebaut werden (um einem Einsturz vorzubeugen, am besten stabil miteinander vermauern). Aus Gewichtsgründen eignen sich in gebräuchlichen Terrarien jedoch Felsnachbildungen aus Styropor, Styrodur, PU-Schaum oder auf Epoxidharz-Fieberglasfaserbasis wesentlich besser. Diese können fest ins Terrarium eingearbeitet werden, jedoch sind aus Hygienegründen herausnehmbare Terrarienaufbauten ab einer bestimmten Terrariengröße oder im Terrarium ohne Grundablaß zu bevorzugen. Aus Styropor und Styrodur lassen sich leicht mit Messer, Feile oder Lötkolben künstliche Felslandschaften herausmodellieren. Anschließend wird die künstliche Felsrückwand noch mehrmals mit lebensmittelechtem Lack oder Epoxidharz bestrichen, um eine feste, Feuchtigkeit und auch Krallen widerstehende Oberfläche zu erzeugen.

Auch Mischungen aus einem Teil Gips, einem Teil wasserfestem Holzleim (Ponal) und zwei Teilen Wasser können aufs Styroporgerüst aufgetragen werden. Auch hier werden mehrere Schichten aufgetragen, den Abschluß bildet eine Schicht purer wasserfester Leim. Soll der Kunstfels eine rauhe Oberfläche erhalten, kann auf den noch feuchten Untergrund Sand gestreut werden. Farbe erhält der Kunstfels durch Untermischung von Erdpigmenten aus dem Künstlerbedarf.

In Trockenterrarien kann der Kunstfels auch mit Fertigbeton, wasserresistentem Moltofill oder dünnem Fertigmörtel verputzt und gegebenenfalls vor dem Austrocknen mit Sand bestreut werden. In PU-Schaum können Steine oder andere Materialien vor dem Aushärten direkt eingedrückt werden. Sämtliche verwendeten Materialien dürfen nach dem Aushärten keine Lösungsmittel mehr abgeben. Inzwischen bietet auch der Zoofachhandel verschiedene, teilweise sehr gut gelungene Fels- oder Holzimitationen aus Kunststoff oder auf Kunstharz-Glasfaserbasis an.

Kletteräste

Auch die Kletteräste müssen nach den Bedürfnissen der Pfleglinge ausgewählt werden. Tiere mit Haftpolstern an den Zehen (z.B. Phelsumen) bevorzugen glatte Unterlagen, z.B. Scheiben, entrindetes Holz oder Bambusröhren. Pfleglinge mit Krallen (z.B. viele Leguane und Agamen) benötigen Kletteräste mit rauher Rinde. Im Zoohandel erhältliche Aquarienwurzeln (Moorkienholz) und Rebholz eignen sich für kleinere Terrarien.

Große, verzweigte Äste oder gar Kletterbäume muß man sich in der Regel selbst (aus dem Wald) besorgen. Am einfachsten werden die Äste so zugeschnitten, daß sie sich im Terrarium verkeilen lassen. Ist dies nicht möglich, können sie an einer Bodenplatte festgeschraubt oder z.B. in einen Zementsockel eingegossen werden.

> **Mein Tip:**
> Harthölzer, z.B Apfel-, Birnen-, Eichen- oder Buchenholz, aber auch Wurzelstubben und ausgediente Rebstöcke sind besonders gut als Klettermöglichkeiten geeignet. Ungeeignet sind harzende Hölzer.

Geeignete Hölzer fürs Terrarium	
Apfel	Eiche
Birne	Kirsche
Buche	Robinie

Trinkgefäße und Wasserbecken

Trinkgefäße und Badebecken müssen leicht zu reinigen sein und sollten täglich mit frischem Wasser gefüllt werden. Ob sie aus Kunststoff, Glas, Keramik oder anderem Material bestehen, ist nebensächlich. Entsprechend der Körpergröße der Pfleglinge, der Badelust und der Fähigkeit zum Schwimmen sollten die Wasserbehälter flach oder tief und mehr oder weniger groß sein. Tieren, die bevorzugt fließendes Wasser trinken, kann Wasser mittels Zimmerbrunnen oder Bachlauf angeboten werden. Bei Tieren, die gern ins Wasser koten und das Wasser stark verschmutzen, sollte ab einer gewissen Wasserbeckengröße der Wasserteil an der tiefsten Stelle mit einer Bohrung für einen Grundablaß versehen sein. Dies gilt vor allem für Großterrarien mit grünen Leguanen, Wasseragamen, Wasserschildkröten und Riesenschlangen.

Rechtliche Bestimmungen

Am 1. Juni 1997 traten in der Europäischen Union neue EG-Verordnungen in Kraft und ersetzten die seit 1984 geltenden Bestimmungen. Die neuen Verordnungen setzen das Washingtoner Artenschutzübereinkommen (WA) für alle EU-Staaten um, regeln innergemeinschaftlich die In- und Ausfuhr und den Handel für geschützte Tier- und Pflanzenarten. Weitere Regelungen sind im Bundesnaturschutzgesetz und in der Bundesartenschutzverordnung enthalten. Die Novellierung der Bundesartenschutzverordnung war bei Redaktionsschluß (August 99) noch nicht abgeschlossen, so daß sich Terrarianer stets auf dem laufenden halten müssen.

Je nach Gefährdungsgrad sind geschützte Tier- und Pflanzenarten in den Anhängen der EG-Verordnung 338/97 aufgeführt.

Anhang A enthält die im Anhang 1 des WA aufgelisteten Arten (Arten, die vom Aussterben bedroht, im Handel gefragt sind und jeglicher Handel das Überleben der Art gefährden würde), aber auch einige Arten, die bisher unter den WA-Anhang 2 gefallen sind. Entsprechend der gesetzlichen Regelungen ist die Ein- und Ausfuhr, der Kauf, Verkauf und die kommerzielle Nutzung von Arten des Anhangs A verboten. Ausnahmen sind unter bestimmten Voraussetzungen, z. B. für in Gefangenschaft geborene und gezüchtete Exemplare, möglich.

Für Arten des Anhangs A ist vor dem Verkauf die Kennzeichnung (bei Reptilien und Amphibien methodisch noch nicht festgelegt) durch Transponder, Fotos oder andere geeignete Mittel vorgeschrieben, soweit diese unter Tierschutzgesichtspunkten zulässig ist. Außerdem werden EG-Bescheinigungen inclusive Ausnahmegenehmigung vom Vermarktungsverbot (früher Cites-Bescheinigungen, neue gelbe Formulare) benötigt, die von den zuständigen Behörden erteilt werden. Unter Arten des Anhangs A fallen insgesamt 83 Reptilien- und 16 Amphibienarten wie z. B. Schildkröten, Alligatoren, Krokodile, Brückenechsen, europäisches Chamäleon, Warane, Leguane, seltene Boas (z.B. Madagaskarboa), heller Tigerpython, Salamander und Kröten.

Die Nichtbeachtung der Vorschriften ist eine Ordnungswidrigkeit oder Straftat und kann zu Bußgeldern (bis 100 000 DM) oder zu Freiheitsstrafe führen.

Anhang B enthält die im Anhang 2 des WA aufgelisteten Arten (Arten, deren Erhaltungssituation noch eine nachhaltige Nutzung unter wissenschaftlicher Kontrolle zuläßt). Für Anhang-B-Arten ist eine amtliche Bescheinigung oder Genehmigung zur innergemeinschaftlichen Beförderung und Vermarktung nicht vorgeschrieben, der rechtmäßige Erwerb ist jedoch nachzuweisen. Um diesen nachweisen zu können, muß der neue Besitzer jedoch über Belege wie z. B. alte Cites-Bescheinigungen, Kaufverträge, Bescheinigungen des Züchters oder Kassenzettel verfügen.

Unter Anhang B stehen bis auf die Art *P. guentheri* (Anhang A) alle Phelsumen-Arten, alle Uromastyx-Arten, außer den Brookesia- und Rampholeon-Arten (Anhang D) viele Chamäleonarten, Grüne Leguane, alle Gürtelschweife, Großtejus, die Rotwangenschildkröte (wegen der ökologischen Gefahr für heimische Arten), einige Warane, viele Riesenschlangen sowie einzelne Reptilienarten, die hier im Buch nicht behandelt werden. Bei den Amphibien sind es vor allem der Axolotl, Dendrobaten (Baumsteigerfrösche), *Phyllobaten* (Blattsteigerfrösche), Mantella-Arten (Madagaskarbuntfrösche) und der Amerikanische Ochsenfrosch (*Rana catesbeiana*, bedroht ebenfalls die heimische Fauna), deren rechtmäßiger Erwerb ebenfalls nachgewiesen werden muß. Von den Wirbellosen fallen nur die Skorpione der Gattung Pandinus sowie Vogelspinnen der Gattung *Brachypelma* unter Anhang B. Die Nichtbeachtung der Vorschriften stellt auch hier eine Ordnungswidrigkeit dar.

Im übrigen wird darauf hingewiesen, daß durch die Bundesartenschutzverordnung heimische Tier- und Pflanzenarten unter Schutz gestellt sind und ebenfalls Vermarktungsverbote gelten. In Einzelfällen kann die Vermarktung durch eine Ausnahmegenehmigung zugelassen werden.

Außerdem besteht für alle geschützten Wirbeltiere eine Meldepflicht.

Da sich immer wieder Änderungen ergeben können, sollte bei Fragen und Unklarheiten bei den dafür zuständigen Behörden Auskunft über die augenblicklichen rechtlichen Bestimmungen eingeholt werden.

Auskünfte über Im- und Export erteilt das Bundesamt für Naturschutz, Konstantinstr. 110, 53179 Bonn.

Vor der Anschaffung gefährlicher und/oder giftiger Tiere ist beim zuständigen Ordnungsamt eine Genehmigung für deren Haltung einzuholen. Darunter fallen z. B. sehr giftige Skorpione (nicht Pandinus- oder Heterometrus-Arten), Riesenschlangen über 2,5 m Länge, Giftschlangen, Krokodile oder andere wildlebende Tiere. Genauere Informationen müssen vor Ort bei der jeweils zuständigen Behörde eingeholt werden, da sie von Bundesland zu Bundesland sehr variieren.

Terrarientiere richtig pflegen

Wer die Grundbedürfnisse seiner Terrarientiere kennt und auch erfüllt, kann sie tier- und artgerecht unterbringen, versorgen und auf Dauer erfolgreich pflegen.

Biologische Abläufe

Alter, Körpergröße und Wachstum

Die Angabe des Höchstalters und der maximalen Größe unserer Terrarienpfleglinge ist eine recht schwierige Angelegenheit. Für Reptilien und Amphibien in freier Wildbahn liegen meist nur Schätzungen über ihre durchschnittliche Lebenserwartung, ihr maximales Alter und ihre Endgröße vor, da die wenigsten einen natürlichen Alterstod sterben und ihnen keine Zeit bleibt, zu uralten „Prachtexemplaren" heranzuwachsen. Auch in der Terrarienliteratur finden sich nur vereinzelte Altersangaben, lediglich von Zoos liegen einige verbürgte Altersdaten vor. Generell können Tiere in menschlicher Obhut aufgrund der behüteten Verhältnisse, der fehlenden gnadenlosen natürlichen Auslese und des regelmäßigen Nahrungsangebotes wesentlich älter werden als in freier Wildbahn lebende Artgenossen und dabei z.T. erstaunliche Maße erreichen.

Grundsätzlich besitzt jede Tierart, auch die zeitlebens wachsenden Reptilien, eine maximal erreichbare Endgröße. Diese wird durch innere physiologisch-biologische und äußere Umweltfaktoren festgelegt. Begrenzende innere Faktoren sind z.B. die Belastbarkeit von Organen, Muskeln und Skelett (Außenskelett bei Wirbellosen), hormonelle Veränderungen mit Erreichen der Geschlechtsreife oder die Tracheenatmung bei Insekten, die nur bestimmte Maximalgrößen zuläßt. Der Feinddruck, das Nahrungsangebot, Krankheiten und Klimaeinflüsse sind u.a. äußere Faktoren, die das Wachstum und das Alter von Tieren in freier Wildbahn beeinflussen.

In der Regel beenden die meisten Tiere, z.B. der Großteil der Säugetiere, mit dem Eintritt der Geschlechtsreife ihre Entwicklung und ihr Wachstum. Bei den meisten Säugetieren fördern die Geschlechtshormone (Androgene und Östrogene) das Wachstum und die Bildung von Knorpelgewebe im Knochen (Extremitätenknochen werden zunächst rein knorpelig angelegt), das ständig durch Kalkeinlagerung in Knochengewebe umgebaut wird. Die Pubertät bringt daher zuerst einen Wachstumsschub, schreitet jedoch bei hohem Hormonspiegel die Verknöcherung schneller voran als die Knorpelbildung (Schluß der Knochenwachstumszone, der Epiphysenfuge), wird das Knochenwachstum und damit die Größenzunahme beendet (eine Ausnahme bildet hierbei z.B. die Ratte). Eine solche physiologische Einschränkung ist von Reptilien bisher nicht bekannt, sie können deshalb theoretisch zeitlebens weiterwachsen. Dennoch nimmt auch bei Reptilien der Längenzuwachs mit zunehmendem Alter stark ab und bewegt sich schließlich oft auch nur noch im Milimeterbereich. Bei den meisten Reptilien begrenzt wohl vor allem das Nahrungsangebot sowie die zur Nahrungsaufnahme und Verdauung zur Verfügung stehende Zeit die Größenzunahme.

Bei vielen Reptilien scheint zudem das Erreichen der Geschlechtsreife interessanterweise nicht mit dem Alter, sondern mit der Körpergröße zusammenzuhängen. Diese Terrarientiere (z.B. Grüne Leguane, Chamäleons, Schlangen, Schildkröten u.v.a.m.) wachsen bei unnatürlich reichlicher/falscher Fütterung ohne Ruhephasen rasch heran und werden im Terrarium oft wesentlich früher geschlechtsreif als in freier Wildbahn lebende Artgenossen. Allerdings führt dieses „explosionsartige" Wachstum nicht selten zum frühzeitigen, für den Pfleger überraschenden Tod z.B. durch einen Organausfall, etwa durch Leberverfettung oder Nierenversagen.

Die Endgröße unserer Terrarienpfleglinge wird zudem von der Konstitution und den genetischen Anlagen der Elterntiere beeinflußt. Von vielen Tierarten (z.B. vom Grünen Leguan, dem Jemen-Chamäleon oder der Abgottschlange) sind Populationen bekannt, die sich entweder aus besonders kleinwüchsigen oder aus auffällig großen, kräftigen Tieren zusammensetzten. Die Körpergröße der Eltern beeinflußt meist die ihres Nachwuchses, so produzieren kräftige Eltern in der Regel verhältnismäßig großen, kräftigen Nachwuchs. Andererseits können auch selbst innerhalb eines Geleges oder eines Wurfes nicht selten signifikante Unterschiede in der Körperlänge oder dem Geburtsgewicht auftreten.

Auch die Anzahl des Nachwuchses ist für die Geburtsgröße von Bedeutung. Wird der Dottervorrat bzw. werden die Nährstoffe der Mutter auf nur wenige Eizellen/Junge verteilt, sind diese beim Schlupf bzw. bei der Geburt meist größer und kräftiger als bei großen Gelegen/Würfen.

Die Inkubationstemperatur beeinflußt ebenfalls oft die Geburts- bzw. Schlupfgröße. Bei kühleren Temperaturen, d.h. bei Minimalbruttemperatur oder nur knapp darüber, verläuft die Entwicklung der Embryos langsamer, und sie werden dann in der Regel größer als wärmer erbrütete, eher geschlüpfte Jungtiere.

Nicht zuletzt bedingt die fehlende natürliche Auslese die Körpergröße der Terrarienpfleglinge. Kümmerlinge werden in der Natur gnadenlos aussortiert, im Terrarium aber meist mit aufgezogen und sogar in die Zuchtlinien übernommen. Zudem werden im Terrarium häufig aufgrund fehlender Herkunftsinformationen Tiere unterschiedlicher Populationen gekreuzt, so daß der Genbestand von Terrarienpopulationen über Generationen vermischt und z.T. recht uniform wurde bzw. sogar etwas degenerierte.

Wirbellose mit festem Außenskelett können nur schubweise während einer kurzen Zeit nach der Häutung wachsen, bis das neue Außenskelett wieder aushärtet. Einige Gliederfüßer häuten sich zeitlebens, z.B. Vogelspinnenweibchen und Krebstiere. Andere, vor allem kurzlebige Arten, darunter der Großteil der Insekten, stellen mit Erreichen der Geschlechtsreife das Wachstum ein. Aber auch die recht langlebigen Skorpione häuten sich nach der Reifehäutung nicht mehr.

Die Häutung

Bei der Häutung wird immer nur die äußerste Hautschicht, nicht die aus mehreren Schichten bestehende Haut, als Ganzes abgestoßen. Das Häuten ist vor allem von Wirbellosen (Insekten, Krebsen, Spinnen) mit hartem Außenskelett bekannt. Jungtiere vieler Wirbelloser wachsen bei reichem Nahrungsangebot sehr stark und häuten sich alle 4 bis 8 Wochen. Mit zunehmendem Alter werden die Häutungen immer seltener bzw. teilweise auch eingestellt. Betagte Vogelspinnenweibchen z.B. häuten sich nur noch etwa alle 2 Jahre, Insekten oder Skorpione nach der Reifehäutung in der Regel nicht mehr.

Aber auch Beschädigungen oder Verletzungen können Häutungen bei Gliedertieren auslösen. Von Krebsen ist bekannt, daß der Verlust einer bestimmten Anzahl von Gliedmaßen außerplanmäßige Häutungen auslöst.

Aber auch Reptilien und Amphibien häuten sich regelmäßig. Dies ge-

Die alte Haut (Exuvie) einer Spinne sieht der lebenden Spinne täuschend ähnlich.

Einige Reptilien wie dieser Rotkehlanolis häuten sich im Stück.

Ein sicheres Zeichen für die in wenigen Tagen bevorstehende Häutung bei Schlangen ist die milchig-weiße Trübung der Augen.

Vor allem bei Schlangen ist auf eine vollständige Häutung der Augen zu achten, da es sonst zu Entzündungen kommen kann.

schieht entweder am Stück (z.B. bei Schlangen) oder in Fetzen (z.B. bei vielen Echsen). Auch hier sind die Häutungsintervalle abhängig vom Nahrungsangebot und damit vom Wachstum. Junge Kornnattern häuten sich im ersten Lebensjahr 7- bis 13mal, ältere Tiere bei guter Ernährung immer noch etwa alle 6 bis 8 Wochen. Junge Grüne Leguane häuten sich im ersten Jahr fast permanent. Oft ist der Schwanz gerade frisch gehäutet, da beginnt am Kopf bereits die nächste Häutung.

Vor der Häutung verblaßt bei Reptilien die Färbung, die Haut wirkt stumpf und dunkel. Bei Schlangen trüben sich die Augen milchig weiß, da das Auge von einer Schuppe („Brille") geschützt wird. Schlangen sind dann fast blind und fressen deshalb meist nichts während bzw. kurz vor der Häutung. Werden die Schlangenaugen wieder klar, ist die Ablösung der alten Haut beendet, und die Tiere häuten sich demnächst. Verletzungen, Streß sowie hohe Vitamin-A-Gaben (übers Futter oder in Lebertransalbe) können außerplanmäßige Häutungen bei Reptilien auslösen.

Auch Amphibien häuten sich in regelmäßigen Abständen. Es geschieht meist sehr schnell und fällt bei der dünnen, durchsichtigen alten Haut nicht so auf wie bei anderen Tieren. Auch kündigt sich die Häutung meist wesentlich weniger deutlich an.

Viele Tiere fressen ihre alte Haut bei oder nach der Häutung vollständig auf, wahrscheinlich um wertvolle Stoffe zu nutzen, vor allem aber wohl, um die Häutung aktiv zu unterstützen.

Geschlechtsunterschiede

Die Voraussetzung, um Tiere zu züchten, aber auch um sie miteinander pflegen zu können, ist die Geschlechtsbestimmung, da sich gleichgeschlechtliche Tiere meist nicht vertragen (hauptsächlich Männchen, zum Teil aber auch Weibchen, z.B. bei Phelsumen und Dendrobaten).

Die Geschlechtsunterschiede können sehr deutlich ausgeprägt oder aber auch äußerlich nicht erkennbar sein, wie z.B. bei vielen Waranen.

Bei Echsen (z.B. vielen Leguanarten) sind die Männchen oft deutlich größer, ihr Körper ist bulliger, und der oft mit einer Kehlwamme versehene Kopf ist massiger. Zudem besitzen sie meist ausgeprägtere Stachel- oder Hautkämme. Bei Leguanen, Agamen und Chamäleons können im männlichen Geschlecht Hörner und Kopfanhänge ausgebildet werden, die beim Weibchen deutlich kleiner oder weniger zahlreich sind bzw. sogar fehlen. Bei vielen Echsen ist bei

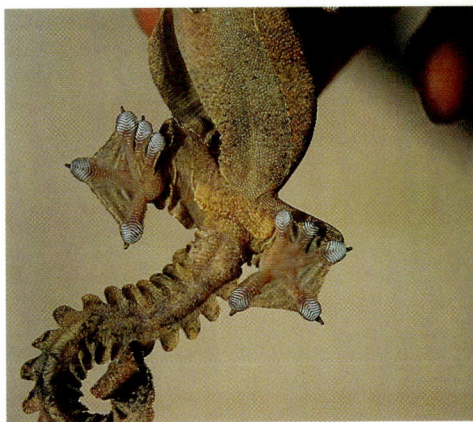

Faltengecko-Männchen, deutlich zu erkennen an den Hemipenis-Taschen am Schwanzansatz

Beim Faltengecko-Weibchen sind weder vergrößerte Poren noch ein verdickter Schwanzansatz vorhanden.

Bei dem Leguanmännchen (oben) fallen sofort die deutlich vergrößerten Schenkel- oder Femoralporen auf, während die Hemipenistaschen den Schwanzansatz nur unwesentlich verbreitern.

Männchen die Schwanzwurzel deutlich durch die Hemipenistaschen verbreitert oder verdickt. Bei einigen Reptilienarten (z.B. etlichen Anolis oder Agamen) sind die Geschlechter teilweise völlig unterschiedlich bzw. die Männchen deutlich intensiver gefärbt, so daß sie z.T. sogar als zwei unterschiedliche Arten beschrieben wurden. Viele Echsenmännchen besitzen im Bereich der Hinterbeine vergrößerte Schenkelporen (Femoralporen) oder vor der Kloake vergrößerte Poren (Präanalporen) bzw. dahinter vergrößerte Schuppen (postcloakale Schuppen), die bei den Weibchen fehlen oder deutlich schwächer ausgebildet sind.

Bei **Wasserschildkröten** (Höcker- und Schmuckschildkröten) sind die Krallen an den Vorderbeinen männlicher Exemplare bei vielen Arten stark verlängert. Schildkrötenmännchen sind meist deutlich kleiner als ihre Weibchen, oft ist der Bauchpanzer stark nach innen gewölbt (konkav, um das Aufreiten bei der Paarung zu ermöglichen). Die Schwanzwurzel bzw. der Schwanz ist wegen des Penis wesentlich kräftiger und oft auch länger ausgebildet als der von Weibchen. Die weibliche Kloakenöffnung liegt in der Regel näher an der Schwanzwurzel als bei Männchen. Bei einigen Arten können die Geschlechter durch die unterschiedliche Färbung der Augen, des Kopfes oder des Körpers unterschieden werden.

Bei **Würgeschlangen** lassen sich die Geschlechter teilweise durch die Größe der Aftersporen (Boas, viele Pythons) unterscheiden. Bei vielen Schlangenarten werden die Weibchen größer und fülliger als Männchen. Der Schwanz der Weibchen kann nach der Afteröffnung einen Absatz aufweisen und ist meist etwas kürzer als der des Männchens.

Bei **Froschlurchen** ist die Kehle (Schallblase) der Männchen meist anders gefärbt als die der Weibchen. Bei vielen Krötenarten bilden sich an den Daumen der Vorderbeine während der Paarungszeit Brunftschwielen aus. Bei Pfeilgiftfröschen können die Zehen der Männchen auffällig herzförmig verbreitert sein (*Dendrobates-tinctorius*-Gruppe).

Bei **Schwanzlurchen** schwillt bei Männchen während der Paarungszeit die Kloakenregion stark an, oder es bilden sich vergrößerte Hautsäume (Kämme) auf dem Rücken oder dem Schwanz aus. Meist sind die Männchen prächtiger gefärbt, während die Weibchen nur Tarnfarben tragen.

Bei **Wirbellosen,** z.B. Vogelspinnen, werden die Taster der Männchen bei der Reifehäutung zu Begattungsorganen umgewandelt, und am ersten Beinpaar tragen sie manchmal Häkchen. Bei heranwachsenden Vogelspinnen können Spezialisten anhand der Exuvien (der Samenvorratsbehälter der Weibchen wird mitgehäutet) die Geschlechter unterscheiden, bei subadulten anhand der Partie zwischen den Fächerlungen. Bei Insekten sind häufig Männchen und Weibchen unterschiedlich groß, und Männchen vieler Arten bilden vergrößerte Kopfanhänge aus (z.B. Blütenkäfer).

Bei **Krebsen** können die Männchen zu Begattungsorganen umgebildete Beinpaare unter dem Hinterleib tragen, oder ihre Geschlechtsöffnung liegt an der Basis eines anderen Beinpaares als beim Weibchen.

Besondere Geschlechtsunterschiede sind jeweils bei der Beschreibung der einzelnen Arten aufgeführt.

Vergesellschaftung

Oft meinen Terrarianer, ein Einzeltier oder ein Paar bringt zu wenig „Action" ins Terrarium, oder sie möchten einfach gerne verschiedene Tiere miteinander pflegen. Generell ist eine Vergesellschaftung verschiedener Arten mit gleichen Lebensraumansprüchen möglich, wenn sich die Tiere nicht gegenseitig negativ beeinflussen.

Wer Tiere in freier Natur betrachtet, wird feststellen, wie dünn besiedelt Wälder und Wiesen sind. Nicht anders ist es in den Tropen: Artenvielfalt bei geringer Individuenzahl ist meist die Regel, Regenwälder oder Savannen quellen nicht über vor lauter Echsen und Amphibien. Nur wenige Arten kommen in größerer Anzahl auf relativ kleiner Fläche vor, in der Regel sind dies aber immer noch

Bei der Vergesellschaftung unterschiedlicher Tierarten kommt es oft zu Streß (hier unterdrückt ein Erdbeerfrosch einen Gestreiften Baumsteiger).

etliche Quadratmeter. Meist finden sich größere Ansammlungen nur zur Paarungszeit, zur Überwinterung oder in Zeiten des Nahrungsmangels (z.B. auf Futterbäumen).

In freier Natur leben nur sehr wenige Reptilienarten in größeren sozialen Verbänden oder Gruppen zusammen. Zur Ausbildung einer natürlichen Sozialstruktur mit dominanten und rangniederen Tieren benötigen solche Arten mehr Platz, als vielen Terrarianern zur Verfügung steht. Als Kompromiß können die Tiere deshalb oft nur paarweise oder in kleinen Zuchtgruppen gehalten werden. Aber selbst bei Arten, die paarweise gehalten werden können, treffen sich die Geschlechter im Freiland häufig nur zur Paarung und gehen sonst getrennte Wege.

Viele Reptilienmännchen versuchen ihre Weibchen durch „Liebesbisse" (z.B. bei Schildkröten durch Bisse in Schwanz oder Gliedmaßen) zur Paarung zu animieren bzw. verbeißen sich beim Paarungsakt in den Nacken der Weibchen (z.B. Phelsumen, Leguane), um sich beim Aufreiten festzuhalten. Häufen sich die „Liebesbisse", können schnell tiefe Fleischwunden entstehen, die sich ohne Behandlung meist entzünden, während leichte Hautschäden bei separierten Weibchen in der Regel schnell und problemlos wieder abheilen. In freier Natur verlassen bedrängte Weibchen einfach das Revier oder das Blickfeld des Männchens, was in der Enge der meisten Terrarien nicht möglich ist. Nicht selten kommt es dann zu scheinbar unerklärlichen Verlusten allein aufgrund von Streß. Deshalb empfiehlt es sich immer, ein Ausweichterrarium bereitzuhalten für den Fall, daß Unverträglichkeiten oder Streßzustände (zu erkennen z.B. an Apathie, Futterverweigerung oder dunkler/bunter Streßfärbung) auftreten.

Zu beachten ist weiterhin die Endgröße der vergesellschafteten Pfleglinge. So können viele anfangs gleichgroße Tiere recht lange gut zusammen gehalten werden, bis der Pfleger nach Monaten überrascht feststellen muß, daß – sarkastisch formuliert – die Exemplare der kleiner gebliebenen Art in Tiere der größer gewordenen „hineinpassen", obwohl sie lange prächtig harmonierten.

Je mehr Tiere zusammen gehalten werden, desto eher können bei der Fütterung Unfälle auftreten, wenn die Tiere gierig nach allem schnappen, was sich bewegt, und dabei Gliedmaßen und Schwänze zwischen die Kiefer geraten. Oft führen solche Verletzungen durch Bisse zu Abszessen.

Werden Reptilien in großen Stückzahlen zusammen gehalten, bilden sie oft keine Reviere aus. Dies tun sie aber ab einer bestimmten Besatzdichte, z.B. nach dem Tod eines Tieres. Und plötzlich kehrt im lange Zeit „harmonischen" Terrarium keine Ruhe mehr ein.

Es gibt einige Arten, die ihr Mißfallen offensichtlich kundtun, z.B. Chamäleons, die eine typische Streßfärbung annehmen. Bei Agamen zeigt das „Ärmchendrehen" oder „Winken" dem Pfleger an, wer rangniederer ist und genauer beobachtet werden muß. Um Streß zu vermeiden, sollten z.B. Schlangen nicht mit Echsen vergesellschaftet werden, auch wenn diese keine Echsenfresser sind, denn die Echsen werden dies wohl kaum erkennen und so im Dauerstreß leben.

Auch hier gilt es, sich gut zu informieren, bevor weitere Tiere angeschafft werden sollen, denn weniger ist im Terrarium oft mehr.

Mein Tip: Schlangen vorsichtshalber immer einzeln füttern, damit sich nicht mehrere Tiere in dasselbe Futtertier verbeißen und größere Schlangen dann kleine mitverschlingen.

Die Pflege

Die Säuberung

Die Terrarienpflege und der tägliche Zeitaufwand ist natürlich abhängig von der Zahl der Pfleglinge, der Terrariengestaltung und dem Terrarientyp. Einzeltiere verursachen naturgemäß weniger Schmutz als Tiergruppen. Herausnehmbare Einrichtungsgegenstände sind einfacher und schneller zu reinigen als fest installierte. Terrarien mit Grundabfluß lassen sich leichter reinigen und durchspülen als solche ohne. In Trockenterrarien trocknen Futter- und Kotreste schnell an und lassen sich leichter fortnehmen als aus Feuchtterrarien, wo sie sich oft nicht restlos vom Boden entfernen lassen bzw. leichter übersehen werden. In Feuchtterrarien besteht so auch ein größeres Infektionsrisiko als in Trockenterrarien.

Reptilien geben Kot und Harn gleichzeitig ab. Der weiße, mehr oder weniger flüssige Harn besteht aus dem Salz der Harnsäure. Wüstenbewohner geben den Harn fast völlig trocken in Form von Pellets ab. Kot- und Harnreste sollten regelmäßig, in Feuchtterrarien gegebenenfalls täglich, entfernt werden, um Pilzen und Bakterien nicht als Nährboden zu dienen. Bei Tieren, die nur in längeren Abständen Nahrung zu sich nehmen, z.B. Schlangen, muß evtl. wochenlang kein Kot entfernt werden. Dann aber setzen die Tiere große Mengen ab, die sofort entfernt werden sollten, bevor sie im Terrarium verschmiert werden. Kotreste an der Frontscheibe stören am augenfälligsten und sind (je nach Reinlichkeitsempfinden) immer gleich (täglich) zu beseitigen.

Es muß aber das richtige Maß für die Reinigungsarbeiten gefunden werden. Kleinere Harn- und Kotmengen, die angetrocknet sind, müssen in großen Terrarien mit wenigen Tieren nicht unbedingt immer sofort beseitigt werden. Jeden Tag die Scheiben vom kleinsten Restchen zu säubern, streßt die Tiere nur unnötig. Viele Terrarientiere werden allerdings schnell sehr zutraulich, so daß sie sich vom Hantieren überhaupt nicht beeindrucken lassen und Streßvermeidung kaum als Entschuldigung für säumige Pfleger dienen kann. Andererseits sollten Kotreste auch nicht im Verlauf von Wochen zu „Kunstfelsen" heranwachsen.

Bei der Reinigung im Terrarium dürfen keine Chemikalien eingesetzt werden. Bürsten zur Reinigung der Einrichtungsgegenstände, Schwammtücher, Einwegfließpapier (z.B. Küchenrollen) und Rasierklingen zum Entfernen von hartnäckig anhaftendem Schmutz sowie warmes Wasser genügen vollauf zur regelmäßigen Terrarienpflege. Zur Desinfektion eignet sich 70%iger Alkohol ohne Zusätze. Mit Desinfektionsmitteln sollten die Terrarien nur bei der Komplettreinigung (etwa 1–2mal im Jahr) ausgeputzt werden, denn zu steril gehaltene Tiere können keine Immunabwehr aufbauen.

Viele Tiere besitzen bevorzugte Aufenthaltsplätze, meist wegen den zur Verdauung benötigten hohen Temperaturen unter den Wärmestrahlern, wo sich besonders schnell große Kotmengen ansammeln. Werden dort Steine oder Wurzeln so aufgestellt, daß sie sich leicht herausnehmen lassen, können diese bei Bedarf auch mehrmals wöchentlich unter heißem Wasser mit einer Wurzelbürste gereinigt werden. Besonders Meßinstrumente sollten regelmäßig von anhaftenden Kotresten befreit werden.

Große Kotbrocken auf Pflanzenblättern müssen entfernt werden, da sie die Blätter schädigen. Kleinere Reste werden meist beim täglichen Sprühen gelöst und abgespült. Falls nicht, sollten sie gelegentlich mit einem feuchten Schwammtuch abgewischt werden. In dichtbepflanzten Regenwaldbecken mit geringem Tierbesatz können die Kotreste den Pflanzen als Dünger dienen, wenn sie beim Sprühen in den Boden gewaschen werden.

Mein Tip:
Aus Trockenterrarien können die Kot- und Futterreste herausgesaugt werden (Vorsicht, kein Tier einsaugen!), mit einem Sieb wie bei einer Katzentoilette herausgesiebt oder mit einem Löffel entfernt werden.

So hält man eine „gutmütige" Vogelspinne beim Umsetzen.

Bei Tieren wie z.B. Schlangen oder Vogelspinnen, die z.T. nur alle paar Wochen fressen, fällt natürlich nicht täglich Kot an, der entfernt werden muß. Hier ist als regelmäßige, bei sichtbarer Verschmutzung gegebenenfalls tägliche Pflegemaßnahme nur das Trinkwasser zu erneuern. Die wenigen Minuten täglich, die die Säuberung und die Gabe von frischem Trinkwasser in Anspruch nimmt, sollte jeder Terrarianer für seine Pfleglinge übrig haben. Denn auch optisch kaum verschmutztes Wasser kann vor allem bei hohen Temperaturen eine hohe Bakterienmenge oder besonders in Quarantänebecken mit Neuerwerbungen auch Dauerstadien bzw. Eier von Parasiten enthalten. Wird der Wasserteil nur mechanisch mittels einfachem Filter von grobem Schmutz gereinigt, z.B. wenn im Zimmerbrunnen ohne regelmäßige Reinigung nur Wasser nachgegossen wird, kann schnell eine „Bakteriensuppe" entstehen, die die Gesundheit der Pfleglinge beeinträchtigen kann.

Wasserschildkröten verschmutzen ihr Aquarienwasser aufgrund ihres hohen Stoffwechsels in weitaus stärkerem Maße als z.B. Fische. Wird das Wasser bei einer Schildkrötenhaltung nur von einem Filter gereinigt, wie es bei Fischen im Aquarium üblich ist, setzt sich der Filter in der Regel schneller zu, als sich Bakterienrasen, die gelöste organische Stoffe abbauen, in seinem Inneren ansiedeln können (das Anfahren eines Biofilters benötigt mehrere Tage bis Wochen!). Die Folgen sind nicht zu übersehen bzw. zu „überriechen". Hier schafft der Einbau eines vorgeschalteten Schmutzfilters Abhilfe, um eine Geruchsbelästigung durch trübe Keimbrühen bzw. eine optisch unschöne, grüne Algensuppe zu vermeiden. Der separate Schmutzfilter kann bei Bedarf, u.U. auch mehrmals wöchentlich, gesäubert werden, ohne die Wirksamkeit des nachgeschalteten Biofilters herabzusetzen bzw. ein Neuanfahren des Biofilters nach sich zu ziehen. In großen Anlagen können auch Sandfilter und UV-Wasserklärer miteingebaut werden, um glasklares Wasser zu schaffen.

Plant man von vorneherein im Terrarium einen Grundablaß ein, gestaltet sich die Reinigung natürlich wesentlich einfacher und weniger zeitaufwendig als in „geschlossenen" Terrarien. Beispielsweise können Regenwaldbecken mit Abfluß und Drainageschicht beim täglichen Beregnen so einfach durchgespült werden. Es kommt zu keiner Schmutzanhäufung, und die Keimzahl wird mit jeder Beregnung ausgedünnt.

Die Scheiben von Wasserschildkrötenbecken lassen sich leicht mit Klingenreinigern aus der Aquaristik von Algen befreien.

Nur wenige Minuten tägliche Beschäftigung mit dem Terrarium genügen, um den Pfleglingen gute Lebensbedingungen zu erhalten. Das Hinausschieben von Reinigungsarbeiten oder säumige Pflege und Hygiene führen häufig zu unnötigen Verlusten oder zu Mehrarbeit, z.B. Neueinrichtung des Terrariums.

Während der Urlaubszeit

Ein besonderes Problem für viele Terrarianer ist die Urlaubszeit. Vorrangig muß die Feuchtigkeitskontrolle und die Wasserversorgung der Pfleglinge gesichert sein, auch in Trockenterrarien. Tiere, die nur in großen Abständen fressen, z.B. Schlangen und Vogelspinnen, können auch einmal 3 bis 4 Wochen ohne Futter auskommen. Hier muß nur ein- bis zweimal wöchentlich das Trinkwasser erneuert werden. In günstigen Fällen kann durch Verkürzung der Beleuchtungsdauer und Temperatursenkung bis zum Urlaubsbeginn eine Ruhephase genau auf den Zeitraum des Urlaubs gelegt und so der Urlaubsvertretung die Arbeit wesentlich erleichtert werden.

Jungtiere oder solche Tiere, die nicht so lange „ruhiggestellt" werden können oder die keine lange Fastenzeit überstehen, müssen dagegen von einem zuverlässigen Bekannten/Verwandten gegebenenfalls sogar täglich betreut werden. Es ist natürlich wesentlich einfacher, einen Nichtterrarianer zum Verfüttern von Obst und Gemüse an Vegetarier wie z.B. Landschildkröten zu bewegen, als ihm Schaben und anderes „Ungeziefer" zur Verfütterung aufzubürden – also rechtzeitig nach einer „furchtlosen" Urlaubsvertretung Ausschau halten. Wichtig sind auch regelmäßige Kontrollen der technischen Geräte und der Meßgeräte, um Verluste durch technische Pannen auszuschließen.

Mein Tip:
Hinterlassen Sie für die Urlaubsvertretung die Anschrift und Telefonnummer Ihres Zoofachhändlers und eines erfahrenen Terrarianers.

Pflegekalender

Tägliche Pflegemaßnahmen:
- Fütterung bei Jungtieren,
- Sprühen, auch in Trockenterrarien, bevorzugt abends, um die Luftfeuchtigkeit etwas zu erhöhen,
- Reinigung des Wassergefäßes, evtl. auch der Frontscheibe,
- gegebenenfalls größere Kotmengen und Futterreste beseitigen,
- das Verhalten der Tiere beobachten, so daß bei Veränderungen oder Verletzungen sofort eingegriffen werden kann.

Alle ein bis zwei Wochen:
- Die Einrichtungsgegenstände, Lüftungsgitter und Seitenscheiben reinigen,
- die Pflanzen zurückschneiden, evtl. düngen,
- Filter und Pumpen kontrollieren und gegebenenfalls reinigen,
- in Aquarien einen wöchentlichen Teilwasserwechsel durchführen und dabei mit einer Mulmglocke große Schmutzpartikel absaugen.

Ein- bis zweimal im Jahr:
- Das Terrarium komplett säubern (bei starkem Tierbesatz gegebenenfalls auch häufiger); die Einrichtungsgegenstände werden gründlich gereinigt, das Terrarium wird desinfiziert, der Bodengrund erneuert.

Chamäleons (hier *Furcifer pardalis*) sind bekannt für die Art ihres Beuteerwerbs mit der langen, klebrigen Zunge.

Bei Schlangen kommt es auch nach jahrelanger Verfütterung von nur einer Futtertierart, z.B. Mäusen, nicht zu Mangelerscheinungen.

Die Fütterung

Generell gilt, daß die Fütterung tier- und artgerecht und stets so abwechslungsreich als möglich erfolgen sollte, um Mangelerkrankungen auszuschließen. Das heißt, das Futter muß die richtige Größe aufweisen (z.B. nicht einer Jungschlange von 40 cm eine ausgewachsene Maus vorsetzen) und eine der Art entsprechende Zusammensetzung an Eiweiß, Fett, Mineralien und Rohfaser besitzen (z.B. Grüne Leguane nicht mit Fleischsalat oder Landschildkröten mit Katzenfutter füttern, auch wenn diese derartiges Futter durchaus gern verschlingen, denn es ist für Vegetarier auf Dauer viel zu fett- und eiweißhaltig). Für Pflanzenfresser sollte die Futterration immer aus unterschiedlichen, gut miteinander vermischten Komponenten bestehen und nicht sortiert angeboten werden, damit die Tiere nicht nur ihre Lieblingsnahrung fressen.

Bei der Auswahl der Terrarienpfleglinge müssen im Vorfeld natürlich auch deren Nahrungsansprüche bedacht werden. Dazu gehört gegebenenfalls eben auch die Verfütterung von lebenden Insekten oder lebenden oder frisch getöteten Kleinsäugern an Fleischfresser, selbst wenn man sich davor ekelt bzw. scheut. Denn „Fleischfresser" lassen sich nicht auf Salat umstellen, nur weil der Pfleger Mitleid für die Futtermäuse empfindet.

Häufig führen Fütterungsfehler nicht sofort, sondern erst nach Wochen und Monaten zur Erkrankung bzw. schlimmstenfalls sogar zum Tod der Pfleglinge und werden dann oft nicht einmal als solche erkannt. Falsche Ernährung bzw. Nahrungsbestandteilgewichtung, z.B. auch Fütterung von zuviel Früchten an hauptsächlich blätterfressende Vegetarier, kann durch die erhöhten Zuckermengen die Darmflora negativ beeinflussen und verändern. Zuviel Kohlenhydrate verursachen häufig Gärungen oder Blähungen, sie können aber auch zu einer übermäßig starken Vermehrung von normalerweise ungefährlichen Kommensalen, z.B. bestimmten Darmbakterien, Einzellern oder Fadenwürmern führen, die nicht nur bei Wildfängen, sondern durchaus auch bei vielen Terrarientieren aus der Nachzucht in geringer Anzahl zur Darmflora gehören, die Gesundheit ihres Wirtes aber nur bei explosionsartiger Vermehrung beeinträchtigen können. So weisen beispielsweise Wildfänge von Landschildkröten fast alle einen starken Wurmbefall auf. Aufgrund ihrer sehr eiweißarmen, rohfaserreichen Nahrung vermehren sich die Würmer jedoch nur relativ langsam bzw. werden dauernd in großen Mengen ausgeschieden, so daß es erst gar nicht zu einer auffälligen Beeinträchtigung (u.a. Darmverschluß, Abmagerung) der Schildkröten kommt.

Im Sommer sollten natürliche Futterressourcen wie verschiedene selbst gefangene Futterinsekten (sog. Wiesenplankton) und Pflanzen/Wildkräuter der Saison (z.B. Löwenzahn, Wegerich, Klee) zur Bereicherung des Speisezettels ausgeschöpft werden. Voraussetzung dafür ist selbstredend, daß keine hohe Schadstoffbelastung (nicht direkt vom Straßenrand) vorliegt oder nicht in nächster Nähe des Fundortes Insektizide versprüht werden wie z.B. auf Feldern, Obstgärten oder Weinbergen. Aber auch in der Stadt können auf Balkonen, Dachterrassen oder Fensterbänken in Blumenkästen, Minigewächshäusern und Keimapparaten Keimlinge und wertvolle Kräuter selbst herangezogen werden. Im Winter steht zudem das reichhaltige Obst-, Gemüse- und Salatangebot in Lebensmittelgeschäften und Gärtnereien zur Aufwertung des Nahrungsangebotes zur Verfügung. Dabei sind natürlich Produkte aus biologischem Anbau zu bevorzugen, denn Gewächshausprodukte, z.B. Sa-

Bei Pflanzenfressern darf, um Mangelerscheinungen vorzubeugen, nicht ausschließlich Gewächshaussalat verfüttert werden.

late, weisen oft gefährlich hohe Nitratgehalte und manchmal auch Rückstände von Schädlingsbekämpfungsmitteln auf.

Die richtige Ernährung der Terrarienpfleglinge erschöpft sich aber nicht im Kauf der geeigneten Futtertiere, sondern fängt bereits bei deren Ernährung an. Futterinsekten müssen/sollen kostengünstig sein, weshalb sie in der Regel mit „günstigen" fett- und proteinreichen Mastfuttermitteln aufgezogen werden. Deshalb müssen gekaufte Futtertiere etwa 2 Wochen lang vor ihrer Verfütterung mit hochwertigen Futtermitteln, z.B. mit Wildkräutern, diversem Gemüse, Keimlingen, Müsli, Haferflocken, Kinderbreien, Obst, verschiedenen Kleiesorten und Vitamin-Kalk-Mischungen „veredelt" werden, um ihren Fett- und Eiweißgehalt zu senken und den Vitamingehalt zu steigern. Zudem sollten gekaufte Futterinsekten vor dem Verfüttern stets mit Kalk- und/oder Vitaminmischungen bestäubt und somit aufgewertet werden.

Im gut sortierten Zoofachhandel können auch in den Übergangsjahreszeiten und im Winter, wenn draußen kaum mehr bzw. keine Futtertiere gefangen werden können, verschiedene lebende Futtertiere (diverse Insekten oder Kleinsäuger) erworben werden. Die Eigenzucht vieler gängiger Futtertiere ist recht einfach und oft sehr ergiebig, lohnt aber in der Regel erst ab einer bestimmten Anzahl von Pfleglingen. Für zwei Vogelspinnen, ein Pärchen Rotkehlanolis oder eine Kornnatter lohnt sich eine Insekten- oder Mäusezucht kaum. Zudem muß bedacht werden, daß nicht jeder Mitbewohner erfreut auf eine Schaben- oder Heimchenzucht reagiert, vor allem wenn entkommene Futtertiere durch die Wohnung spazieren. Andererseits bleibt vielen Terrarianern in ländlichen Gegenden ohne Vollsortiment-Zoofachgeschäfte oft nichts anderes übrig als eine eigene Futtertierzucht.

Zudem bietet der Handel auch Frostfutter an, außer gängigen Frostfuttersorten für Fische (z.B. Mückenlarven, Garnelen oder Muscheln) auch Kleinsäuger wie Mäuse und Ratten in verschiedenen Größen. So lassen sich beispielsweise viele Schlangen ans Fressen von aufgetauten Nagern oder Küken gewöhnen. Zu beachten ist, daß gefrorene Futtertiere immer völlig aufgetaut werden, damit sie keine Magen-Darm-Probleme hervorrufen. Tote Futtertiere können durch Injektion einer Vitaminlösung aufgewertet werden. Dies oder das Einbringen von Mineraltabletten oder auch von Medikamenten in Futtertiere bzw. Futterbrocken ist häufig besser, als das Futter damit zu betropfen oder zu bestäuben. Denn oft wird das Futter dann wegen des veränderten Geschmacks nicht angenommen.

Immer wieder kann man beobachten, daß Terrarientiere mit der Zeit „schleckig" werden und nur noch ganz bestimmte Futtersorten oder -tiere, eventuell sogar nur noch eine einzige Futtersorte annehmen. Dies ist bei Fleischfressern (Schlangen) durchaus unbedenklich, kann bei Pflanzenfressern aber zu Mangelerscheinungen führen. Vorausgesetzt die Tiere sind gesund, sollte man, um Schäden durch zu einseitige Ernährung zu vermeiden, die Lieblingsnahrung dann ruhig weglassen und den Tieren andere Nahrung anbieten. Denn viele Tiere fressen besonders gern Futtersorten (Leckerbissen), die sie in freier Natur nur selten oder zu bestimmten Jahreszeiten finden. Speziell europäische Landschildkröten entwickeln im Frühjahr nach dem Erwachen aus dem

Vor der Verfütterung sollten die Futtertiere immer mit einem Vitamin-Kalk-Gemisch bestäubt werden.

Winterschlaf einen wahren Heißhunger auf frisches Grün. Während wir ihnen in Deutschland aber bis in den Oktober hinein frische Wildkräuter anbieten können, verdörrt in mediterranen Gefilden meist schon Anfang Juni der Großteil der Wiesen, und Regen fällt kaum noch. Dort müssen sie sich bis zur Winterruhe fast ausschließlich mit kargen, vertrockneten Pflanzenteilen zufriedengeben, weshalb ihnen auch bei uns im Sommer durchaus Heu und Stroh verfüttert werden sollte. Lassen die Tiere die anderen Futtersorten liegen, hilft oft – auch wenn es viele Pfleger kaum übers Herz bringen – eine kurze Fastenpause, um die Tiere zur Aufnahme des anderen Futters zu bewegen.

Verweigern Einzeltiere die Futteraufnahme, kann die Vergesellschaftung mit Artgenossen oder anderen Tieren durch den erwachenden Futterneid zur Nahrungsaufnahme führen. Bei manchen Arten kann eine Umstellung der Nahrung auch altersbedingt völlig natürlich sein. Lebende, zappelnde Futterinsekten, die gejagt werden müssen, oder frisch getötete Kleinsäuger üben meist einen größeren Futterreiz aus als regungslose und schon lange gelagerte tote Futtertiere. In vielen Zoos geht man inzwischen dazu über, das Futter auch einmal zu verstecken oder so zu deponieren, daß die Tiere es suchen oder sich etwas anstrengen müssen, um es zu bekommen, um ihnen den

DIE FÜTTERUNG

Alltag etwas „naturnäher" zu gestalten und schlafende Instinkte zu wecken. Manche Baumbewohner fressen nicht gern vom Boden, nehmen aber sofort Nahrung aus Futterschalen auf, die an ihren Kletterästen angebracht sind.

Auch jahreszyklische Ruhezeiten, bevorstehende Häutungen, die Abnahme der Tageslänge (siehe Beleuchtung, Seite 22) oder bei Weibchen die bevorstehende Eiablage oder Geburt können Nahrungsverweigerungen auslösen.

Mein Tip:
Sind die Tiere äußerlich gesund, in guter körperlicher Verfassung und verhalten sie sich normal, hilft bei Nahrungsverweigerung nur Geduld und das Anbieten verschiedener Futtersorten, um eventuell die richtige Futtersorte ausfindig zu machen.

Sind die Tiere körperlich weniger gut in Schuß und legen sie den Verdacht nahe, es könnte eine Erkrankung vorliegen, sollte sofort eine Untersuchung und, falls möglich, eine Kotprobe veranlaßt werden. Bei andauernder Verweigerung der Nahrungsaufnahme kann eventuell eine Zwangsfütterung nötig werden. Unerfahrene Terraristikneulinge dürfen eine Zwangsfütterung nicht auf eigene Faust, sondern nur unter Anleitung von erfahrenen Fachleuten vornehmen. Sonst ist die Verletzungsgefahr für die Tiere zu groß.

Generell müssen Jungtiere öfter (zum Teil ein- bis mehrmals täglich) gefüttert werden als ausgewachsene Tiere. Bei bestimmten Arten (z.B. Pfeilgiftfröschen) müssen die Jungen regelrecht im Futter stehen. Jungtiere setzen die aufgenommene Nahrung hauptsächlich in Größenwachstum um und sind deshalb weniger von Verfettung bedroht als ausgewachsene Tiere. Dennoch sind überreiche Futtermengen zu vermeiden und ein Fastentag in der Woche schadet auch Jungtieren nicht.

Ausgewachsene Tiere wachsen meist nur noch geringfügig in die Länge, nehmen dafür aber stark an Masse zu und neigen bei überreicher Futtergabe und zu wenig Bewegung zur Verfettung. Der Ausfall der Leber durch Verfettung führt zum sofortigen Tod der Tiere und ist nach Sektionsbefunden bei Terrarientieren eine recht häufige Todesursache, ebenso wie Nierenversagen durch Harnsäureeinlagerung bei zu trockener Haltung und zu proteinreicher Nahrung.

Grundsätzlich sollte bei der Fütterung innerhalb kurzer Zeit (wenige Minuten) alles restlos verzehrt werden, damit nicht faulende oder verwesende Futterreste den Behälter verunreinigen und zur Keimvermehrung beitragen. Auch von Lebendfutter sollte nicht zu viel auf einmal gereicht werden. Zum einen geht sonst ein Großteil der Vitamin-Kalk-Bestäubung verloren, zum anderen fühlen sich manche Tiere durch das Gewusel sogar gestört. Und zudem entzieht sich dann meist der Großteil der Futtertiere dem Zugriff der Pfleglinge. Entkommene Futtertiere vermehren sich nicht selten in unerwünschter Weise im Terrarium oder, noch schlimmer, sie fallen dann am Ende gar über die Terrarienpfleglinge her.

Nicht jedes Terrarientier ist ein geschickter Jäger. Wehrhafte Futtertiere, z.B. ausgewachsene Ratten, die den Pfleglingen gefährlich werden können, sollten gegebenenfalls vor dem Verfüttern getötet werden. Grillen, Engerlingen oder Schwarzkäferlarven wird vorsichtshalber die Kopfkapsel zerdrückt. Auch die Kontrolle der Nahrungsaufnahme empfiehlt sich, denn schon viele Pfleglinge, z.B. Vo-

Futtertips

- Ausgewachsenen Reptilien, z.B. vielen Echsen und Wasserschildkröten, genügt eine Futtergabe 2- bis 3mal wöchentlich.
- Vegetariern kann täglich frisches Grün angeboten werden, vor allem Landschildkröten auch ruhig öfter rohfaserreiche Kost wie Stroh und Heu.
- Ältere Schlangen benötigen nur etwa alle 2 bis 4 Wochen Futter, wobei gerade Schlangen und Vogelspinnen für ihre Fähigkeit, monatelange Fastenperioden unbeschadet zu überstehen, bekannt sind.
- Fressen Tiere leicht verdauliche Nahrung, z.B. Insekten oder Fisch, oder besitzen sie aufgrund ihrer geringen Körpergröße oder ihres Bewegungsdrangs einen erhöhten Stoffwechsel und Energieverbrauch, müssen sie öfter und regelmäßiger (evtl. täglich) gefüttert werden als z.B. 6 m lange Riesenschlangen, die monatelang von der Energie eines großen Beutetieres zehren können.
- Jungspinnen können jeden zweiten Tag gefüttert werden, ausgewachsene Spinnen oder Wirbellose ein- bis zweimal wöchentlich. Vogelspinnen benötigen nach Verfütterung einer Maus erst nach etwa einem Monat wieder Nahrung.
- Genauere Fütterungshinweise sind den jeweiligen Artbeschreibungen zu entnehmen.

gelspinnen während der Häutung oder Schlangen, wurden bei Nahrungsverweigerung Opfer der ihnen zugedachten Futtergrillen oder Nager.

Die Pfleglinge sollten immer leicht hungrig sein. In freier Natur lebende Tiere sind überwiegend schlank. Viele freilebende Tiere fressen sich zwar bei Gelegenheit und reichem Nahrungsangebot Reserven an, um schlechte Zeiten zu überstehen. In der Natur bietet sich den Tieren aber nur selten die Gelegenheit sich vollzufressen, und in der Regel liegen dazwischen lange Perioden mit Nahrungsmangel. Im Terrarium mit ganzjährigem reichen Nahrungsangebot überfressen sich die Tiere dagegen ständig. Außer der Gefahr des Ablebens wegen Fettleber gelingt dann oft die Zucht nicht, weil die Gonaden verfetten, oder die Weibchen produzieren andauernd und zu viele Eier und sterben schnell an Auszehrung.

Grundsätzlich benötigen wechselwarme Tiere wesentlich weniger Energie als gleichwarme Tiere, die den größten Teil der aufgenommenen Energie zur Aufrechterhaltung ihrer Körpertemperatur verbrauchen.

Futtertiere

Dem Terrarianer bietet der gutsortierte Handel inzwischen eine große Auswahl an verschiedenen Trocken- und Frostfuttersorten sowie lebenden Futtertieren. Mit Stuben-, Fleisch- und Obstfliegen, Springschwänzen, Schaben, Grillen, Heimchen, Heuschrecken, Wachsmaden, Rosenkäferlarven, Mehl- und Schwarzkäferlarven, Roten Mückenlarven, Würmern aus dem Angelköderbedarf, Köderfischen sowie Mäusen und Ratten, um nur einige zu nennen, kann auch über den Winter eine größere Auswahl an Lebendfutter den Speisezettel abwechs-

Regenwürmer sind fettarm und kalziumreich und stellen für viele Terrarientiere ein hervorragendes Futter dar.

lungsreich gestalten. Im Sommer kann in unbelasteten Lagen Wiesenplankton gefangen und verfüttert werden. Mit steigender Zahl der Pfleglinge wird auch die eigene Futtertierzucht rentabel.

Heimchen (*Acheta domesticus*) sind wohl die am häufigsten an Terrarientiere verfütterten Insekten. Sie sind ein hochwertiges Futter, das gern gefressen wird und in verschiedenen Größen erhältlich ist. Diese „Hausgrillen" sind sehr lebhaft und flink und springen hoch und weit. Beim Verfüttern ist also Vorsicht geboten, denn das Heimchen ist ein Hausungeziefer. Man kann die Tiere vor der Fütterung im Kühlschrank etwas abkühlen und so ruhigstellen.

Steppengrillen (*Gryllus assimilis*) werden etwas größer als Heimchen. Sie sind weniger lebhaft und werden von Terrarientieren gern gefressen. Auch Steppengrillen sind in verschiedenen Größen erhältlich.

Zweifleckgrillen (*Gryllus bimaculatus*) werden noch größer als Steppengrillen. Die erwachsenen Tiere riechen etwas unangenehm und werden nicht von allen Terrarientieren gern gefressen.

Alle Grillenmännchen zirpen oft recht laut, vor allem abends nach Erlöschen der Beleuchtung, was nicht von jedem Pfleger bzw. dessen Mitbewohnern als angenehm empfunden wird.

Heimchen

Zoophobas

Links Pinky-Maden, rechts Goldfliegenmaden

Vogelspinnen müssen ihre Beutetiere, hier eine Heuschrecke, vor der Aufnahme in den Körper verflüssigen.

Mein Tip: Unbemerkt im Terrarium heranwachsende oder nicht gefressene Futtergrillen können kleinen Amphibien und Echsen gefährlich werden. Das Einbringen von „Grillenfutter", z.B. Obststücken, kann den Terrarienpfleglingen das Leben retten.

Ägyptische Wanderheuschrecken (*Locusta migratoria*) und die **Wüstenheuschrecke** (*Schistocera gregaria*) sind ebenfalls ausgezeichnete Futtertiere, die sich, anders als Grillen, nicht verstecken und recht langsam sind. Nicht sofort verzehrte Heuschrecken gefährden die Pfleglinge nicht, dafür aber die Bepflanzung.

Mehlwürmer (Larven des Mehlkäfers *Tenebrio molitor*) werden als Standardfutter in fast jedem Zoofachgeschäft angeboten. Sie enthalten bis zu 13% Fett und 23% Protein, bestehen also nicht nur aus Fett, wie oft behauptet wird. Dennoch ist der Fettgehalt so hoch, daß sie nicht als Hauptnahrung geeignet sind. Ihr Wert hängt zudem stark von ihrer Ernährung ab. Werden sie mit hochwertigen Futtermitteln (z.B. Löwenzahn, Gartenkresse, Karottenschnitze) ernährt und ihr Kalzium-Phosphor-Verhältnis mittels Vitamin-Mineralstoff-Präparaten etwa 2 Wochen vor der Verfütterung auf etwa 1–1,5 : 1 verbessert, sind sie durchaus wertvolle Futtertiere. Tiere, die sie unzerkaut verschlucken, sind allerdings oft nicht in der Lage, sie zu verdauen, weshalb dann nur weiße, frisch gehäutete Mehlwürmer verfüttert werden sollten.

Larven des **Schwarzkäfers** (*Zoophobas morio*) werden wesentlich größer als Mehlwürmer. Im Grunde gilt auch für sie das für Mehlwürmer Gesagte: Sie sind für größere Terrarientiere ein gut verdauliches Futtertier, besitzen aber kräftige Kieferzangen, weshalb das Zerdrücken der Kopfkapsel vor der Verfütterung an „Schlinger" ratsam ist.

Mein Tip:
Weiche, „weiße", frisch gehäutete Zoophobas und Mehlwürmer können problemlos auch an „schlingende" Tiere verfüttert werden.

Schaben zählen über 3500 Arten und sind weltweit verbreitet. Der Ekel vor Schaben basiert vor allem auf der sich rasch vermehrenden, inzwischen im Gefolge des Menschen weltweit verschleppten, widerstandsfähigen, flinken Amerikanischen Schabe oder der heimischen Küchenschabe, die als Vorratsschädlinge und Bakterien(Krankheits)überträger ein übles Hausungeziefer darstellen, das man nur schwer wieder loswird. Viel langsamer und besser zu handhaben sind die Argentinische Schabe (*Blaptica dubia*) und die Totenkopfschabe (*Blaberus craniifer*), die nicht an glatten Flächen hochlaufen können, sich normalerweise in Häusern in unseren Breiten nicht festsetzen und sich deshalb sehr gut zur Zucht, auch in der Wohnung, eignen. Viele Echsen und große Frösche fressen diese Schaben sehr gerne.

Essigfliegen (die kleine Essigfliege *Drosophila melanogaster* und die afghanische oder große flugunfähige Essigfliege *Drosophila hydei*) sind ein hervorragendes Futter für kleine Frösche und Echsen. Ihre Zucht ist einfach, und es gibt unzählige Rezepte für den Futterbrei. Von der kleinen Essigfliege wird hauptsächlich die stummelflügelige Form gezüchtet, von der afghanischen Obstfliege eine Form, die geflügelt ist, aber nicht fliegen kann. Beide Arten sollten vor dem Verfüttern immer mit Vitamin-Kalk-Mischungen eingestäubt werden, um bei Jungtieren Rachitis vorzubeugen.

Stubenfliegen (*Musca domestica*) gibt es ebenfalls als Zuchtform mit „gelockten" Flügeln, so daß sie nicht oder nur schlecht fliegen können. Normalerweise werden sie als Maden oder bereits verpuppt angeboten. Werden täglich nur wenige Fliegen benötigt, sollten die Maden oder Puppen kühl gelagert werden und immer nur kleine Portionen davon warmgestellt werden. Den geschlüpften Fliegen bietet man eine Vitamin-Traubenzucker-Lösung und Obstbrei an, um sie vor dem Verfüttern aufzuwerten.

Wachsmotten (*Galleria mellonella*) werden von vielen Echsen gern gefressen, auch ihre sehr fetthaltigen Larven (19% Fett). Sie sollten deshalb nur ab und zu gegeben werden, zumal viele Tiere richtig süchtig nach den süßlich nach Honig schmeckenden Larven werden. Viele Tiere scheinen Wachsmotten allerdings nicht richtig verdauen zu können.

Mäusebabys werden von vielen Reptilien gerne gefressen und sind als Leckerbissen durchaus eine wertvolle Nahrung, können aber bei übermäßigen Gaben leicht zu Verfettung führen. Vor allem Weibchen im Zeitraum der Eiproduktion oder während der Trächtigkeit sollten hin und wieder eine Maus bekommen, da diese viel Kalk und Nährstoffe enthält.

Vegetarische Futtermittel

Für die Versorgung von Vegetariern und Gemischtköstlern stehen neben Freilandpflanzen ganzjährig die unterschiedlichsten Gemüse-, Salat- und Obstsorten zur abwechslungsreichen Gestaltung der Fütterung zur Verfügung. Futtermittel mit fester Konsistenz (z.B. Wurzel- und Knollengemüse wie Karotten oder Kohlrabi) müssen, vor allem für Jungtiere, geraspelt, gerieben oder geschrotet (z.B. Sämereien wie Linsen oder Bohnen) werden, um so den Tieren die Aufnahme zu erleichtern oder überhaupt erst zu ermöglichen. Erwachsene Tiere, z.B. Landschildkröten, dürfen aber ruhig auch etwas zum „Knabbern" bekommen, damit sich die Hornscheiden abnützen und den Tieren kein „Papageienschnabel" wächst. Hervorragend eignen sich auch selbstgezogene Keimlinge (u.a. Weizenkeime) und Sprossen als Beifutter für Pflanzenfresser. Viele Keimlinge sind sehr proteinreich und enthalten nur wenig Kalzium, weshalb sie nicht al-

Im Sommer sollte die Möglichkeit zur Verfütterung von Wildkräutern an Pflanzenfresser ausgenutzt werden.

lein und ohne Kalzium- bzw. Mineralgaben verfüttert werden sollten. Es gibt jedoch auch Ausnahmen wie z.B. die Garten- und die Brunnenkresse, die sehr kalziumreich sind und ein günstiges Kalzium/Phosphor-Verhältnis aufweisen. Ferner können Früchtebreie für Babys oder Kleinkinder (z.B. für Phelsumen) oder Haferflocken (z.B. für Grüne Leguane) als Zusatzfutter zur Bereicherung des Speisezettels eingesetzt werden.

Keimlinge

Erbsen	Rettich
Kresse	Senf
Leinsamen	Sojabohnen
Linsen	Sonnenblumen
Luzerne	Weizen
Raps	

Außergewöhnliche Nahrungsaufnahme

Bei der Vergesellschaftung von Insekten- und Fleischfressern mit Vegetariern kann immer wieder beobachtet werden, daß auch reine Fleischfresser hin und wieder Obst, Salat oder Kräuter zu sich nehmen. So fressen z.B. Leopardgeckos weiches, süßes Obst, oder Leopardleguane, die als Räuber und Echsenfresser bekannt sind, nehmen bei Vergesellschaftung mit Chuckwallas hin und wieder Blätter von frischem Salat oder Löwenzahn auf, vor allem wenn sich die Stücke beim Hineinwerfen „bewegen". Auch viele Chamäleons fressen gerne große Mengen an Grünfutter. Natürlich können Fleischfresser nicht zu Vegetariern umgezogen werden, auch wenn sie gelegentlich Pflanzenteile fressen. Dennoch werden solch interessante Beobachtungen nur selten in Haltungsberichten beschrieben.

Wildkräuter

Breitwegerich (Plantago major)
Gamander-Ehrenpreis (Veronica chamaedrys)
Gänseblümchen (Bellis perennis)
Huflattich (Tussilago farfara)
Kleiner Ampfer (Rumex acetosella)
Kleines Habichtskraut (Hieracium pilosella)
Löwenzahn (Taraxacum officinale)
Schafgarbe (Achilea millefolium)
Scharfer Mauerpfeffer (Sedum acre)
Spitzwegerich (Plantago lanceolata)
Taubnesseln (Lamium)
Vogelmiere (Stellaria media)
Vogelwicke (Vicia cracca)
Weißer Klee (Trifolium repens)
Wiesenklee (Trifolium pratense)

Pflanzenfresser sollten so lange wie möglich mit Wildkräutern (hiervon nicht nur die Blätter, sondern auch die Blüten) ernährt werden. Aufgrund ihres günstigen Kalzium/Phosphor-Verhältnisses und ihres Kalziumreichtums sind Wiesen- und Weißklee sowie Löwnzahn besonders wertvoll als Futterpflanzen. Pflanzen, die sehr viel Oxalsäure enthalten (z.B. Sauerampfer, Spinat), sollten nur in geringen Mengen verfüttert werden, da die Oxalsäure u.a. den Kalziumspiegel des Blutes senkt. Pflanzen, die sehr viel Nitrat enthalten, das in hohen Dosen den Sauerstofftransport im Blut behindert, z.B. Kopfsalat und andere industriell produzierte Gewächshausware vor allem im Winter, sollten ebenfalls nicht ausschließlich oder dauernd verfüttert werden. Kopf- und Eisbergsalat sind zudem sehr arm an Kalzium. Zum Überbrücken von Engpässen eignen sich besser Grünkohl, Chinakohl, Rucola oder Römersalat und unter den Früchten z.B. Kiwi, Papaya oder Brombeeren.

Überwinterung

Reptilien und Amphibien sind, wie bereits erläutert, als wechselwarme Tiere von der Umgebungstemperatur abhängig. Während in den Tropen am Äquator die Tageslänge bei immer sehr hoch am Himmel stehender Sonne das ganze Jahr über fast konstant bleibt, verkürzt sich in Richtung der Pole die Tageslänge vom Sommer zum Winter zunehmend. Die im Winter aus flacherem Winkel nur wenige Stunden einstrahlende Sonne wärmt kaum noch und reicht nicht mehr aus, um die Lebensfunktionen der wechselwarmen Tiere aufrechtzuerhalten. Die Abnahme der Tageslänge löst bei den Tieren zudem Veränderungen im Hormonhaushalt und im Verhalten aus. Lange bevor die Temperaturen deutlich abfallen, stellen viele wechselwarme Tiere bereits die Nahrungsaufnahme ein, werden von einer starken Unruhe befallen und beginnen mit der Suche nach einem frostfreien Winterquartier mit konstanten Temperatur- und Feuchtigkeitswerten, um die lebensfeindlichen Klimabedingungen der kalten Jahreszeiten schadlos zu überdauern. (Einige

Tiere überleben sogar Temperaturen knapp unter 0 °C, z.T. eingeschlossen und geschützt von einem Eispanzer.) Dieses Verhalten zeigen die Tiere oft auch in direkt am Fenster stehenden oder vom Außenlicht beeinflußten Terrarien (siehe Kapitel Licht, Seite 22), in denen die Temperatur nicht gesenkt wurde. Entsprechend der Herkunft, z.B. Florida oder Kanada, kann eine Ruhepause nur 6–10 Wochen bei etwas kühleren Temperaturen als gewöhnlich oder sogar 6–8 Monate bei Werten nur knapp über dem Nullpunkt abgehalten werden. Die Ruhephase wird mit abnehmender Entfernung zum Äquator hin witterungsbedingt an warmen, sonnigen Tagen manchmal auch für kurze Sonnenbäder unterbrochen.

Bei vielen Arten aus den gemäßigten oder subpolaren Breiten ist eine Winterruhe bei bestimmten Mindesttemperaturen sogar notwendig, um die Reifung der männlichen und weiblichen Keimzellen auszulösen, ohne „kalte" Überwinterung gelingt sonst die Nachzucht nicht. Eine Ruhephase, in der der Stoffwechsel auf ein Minimum heruntergefahren wird, verlängert die Lebensdauer mancher Arten beträchtlich und wirkt sich auch sehr positiv auf die Gesundheit und die Widerstandskraft der Tiere aus. Andererseits können viele Tiere auch ohne Winterruhe auskommen und sich dennoch fortpflanzen.

Mein Tip:
Bei ganz jungen oder geschwächten bzw. kranken Tieren ohne größere körperliche Reserven ist es besser, auf eine Winterruhe zu verzichten, damit sie nicht währenddessen eingehen oder sich anschließend als „Kümmerlinge" kaum mehr davon erholen.

Vorbereitung zur Überwinterung

Land- und Teichschildkröten oder andere im Freiland gehaltene wechselwarme Tiere stellen im Herbst allmählich von selbst die Nahrungsaufnahme ein. Sie kommen, wenn die Tage kürzer werden, nur noch selten aus ihren Verstecken, um sich in den letzten Sonnenstrahlen schöner Spätsommertage zu wärmen, fressen aber nichts mehr. Sie können, sobald sie ihre Verstecke nicht mehr verlassen, „ausgegraben" und nach 1–2 warmen Kontrollbädern direkt in die Überwinterungskiste, z.B. im Keller, gesetzt werden. Haben sie sich noch nicht vollends zurückgezogen und sind immer noch aktiv, sollten sie noch ca. 2 Wochen „warm" gehalten werden. Während dieser Zeit werden sie natürlich nicht gefüttert und ebenfalls mehrmals warm gebadet, um die vollständige Entleerung des Darmes sicherzustellen. Danach können sie durch Abschalten der Heizung und der Beleuchtung auf die Winterruhe eingestimmt werden.

Im Gegensatz zu im Freiland gehaltenen Tieren muß der Pfleger seinen Terrarientieren in nicht vom Außenlicht beeinflußten Räumen die Auslöserreize zum Beginnen der Winterruhe durch Verkürzung der Photoperiode und Herunterfahren der Temperatur geben. Dazu wird über einen Zeitraum von 2–4 Wochen die Beleuchtungsdauer allmählich von 16–14 Stunden auf 8–5 Stunden heruntergefahren. Wichtig ist auch hier, daß die Tiere Zeit haben, ihren Darm vollständig zu entleeren. Deshalb sollte die Fütterung wenigstens 2 Wochen vor dem Überführen der Tiere in ihre Überwinterungsbehälter eingestellt und die Darmentleerung durch mehrere Bäder in warmem Wasser unterstützt werden. Denn sich zersetzende Nahrungsreste im Darm sind wohl eine der häufigsten Todesursachen während der Überwinterung. Nach dem Fasten und Baden kann die Wärmezufuhr völlig abgeschaltet werden. Die Tiere verhalten sich danach normalerweise sehr träge und können in ihre Überwinterungsbehältnisse überführt werden. Artabhängig muß nun die ideale, zur Überwinterung benötigte Temperatur eingestellt werden. Dazu wird entsprechend der Herkunft der Tiere im Terrarium entweder nur die Bodenheizung ausgeschaltet, die Brenndauer des Wärmestrahlers verkürzt bzw. ausgeschaltet oder die Tiere in einen kühlen Keller oder gegebenenfalls gar in den Kühlschrank überführt. Wichtig ist es, darauf zu achten, daß die Temperaturen nicht nur im richtigen Bereich liegen, sondern auch konstant niedrig bleiben, denn in zu warmen Räumen oder bei starken Temperaturschwankungen ruhen die Tiere nicht richtig fest bzw. wachen laufend wieder auf und verbrauchen dabei viel Energie.

Mein Tip:
Wollen Tiere trotz optimaler Vorbereitung auf die Winterruhe nicht ruhen, sollten sie „normal" weitergehalten werden. Eventuell könnte eine Erkrankung die Ursache für die Ruheverweigerung sein, weshalb im Zweifelsfall vorsichtshalber ein Tierarzt konsultiert werden sollte.

Während der Überwinterung

Wichtig ist es, die Substratfeuchtigkeit des Überwinterungsgefäßes regelmäßig zu überprüfen, denn durch die Atmung, in trockenem Substrat auch über die Haut, verlieren die Tiere ständig Wasser. Für den Fall, daß die Tiere trinken wollen, sollte auch immer eine Schale mit frischem Wasser in die Kiste eingestellt werden. Auch die Feuchtigkeit, die Belüftung und das Substrat müssen stimmen, damit es nicht zur Schimmelbildung kommt. Lockere Sanderde, reiner Sand und Torfmoos (Sphagnum) haben sich in der langjährigen Praxis als Überwinterungssubstrate bewährt.

Landschildkröten graben sich z.T. tief im Boden ein. Als Substrat in der Überwinterungskiste eignen sich u.a. Sphagnummoos, Eichenlaub, Erde-Sand-Mischungen oder Walderde abgedeckt mit Laub. Wichtig ist eine gute Belüftung des Behälters, der mit feinem Maschendraht gegen den Zugriff von Räubern (Mäusen oder Ratten) gesichert wird.

Wasserschildkröten überwintern meist „naß" in der Schlammschicht am Boden ihres Gewässers, seltener „trocken" im lockeren Erdreich des Ufers vergraben. Ob Wasserschildkröten in kleineren Teichen im Schlamm die Winterruhe überleben können, hängt vom Sauerstoffgehalt des Wassers ab. Bei zu viel sauerstoffzehrendem Fallaub ersticken sie auch in tieferen Teichen. Um ganz sicher zu gehen, läßt man sie im Keller in einem Behälter mit ca. 8 °C kühlem, sauberem Wasser überwintern. Der Wasserstand sollte so bemessen sein, daß die Tiere mühelos den Kopf aus dem Wasser heben können.

Viele Schlangen, Echsen und Amphibien verbergen sich unter Wurzeln, in Höhlen oder in Felsspalten, ohne sich direkt zu vergraben. Sie können gut in belüfteten Dosen mit leicht feuchtem Torfmoos im Keller oder gar im Kühlschrank überwintert werden.

Nach der Überwinterung

In den meisten Fällen genügt eine 2- bis 3monatige Winterruhe als Fortpflanzungsstimulation. Nach dieser Zeit müssen die Beleuchtungsdauer und die Temperatur über 3–6 Wochen allmählich wieder hochgefahren werden. Wichtig nach dem Erwachen aus der Winterruhe ist das Baden der Tiere, damit sie ihren Wasserverlust wieder ausgleichen können und die Schleimhäute des Verdauungstraktes wieder funktionsfähig werden. Je nach Temperatur etwa 1–2 Wochen nach dem Erwachen beginnen viele Tiere wieder zu fressen. Vor allem Weibchen müssen nun gut gefüttert werden, um Eier oder Laich ansetzen zu können.

Trockenruhe

In Gebieten mit Regen- und ausgedehnter Trockenzeit ziehen sich viele Tiere während der nahrungsarmen und lebensfeindlichen, mehr oder weniger warmen Dürrezeit in feuchte, dunkle Spalten, Höhlen oder ins Erdreich zurück und legen eine Ruhepause ein, bis mit einsetzender Regenzeit wieder Nahrung und Wasser zur Verfügung stehen.

Im Terrarium wird zur Einleitung der Trockenruhe das Sprühen deutlich reduziert, schließlich fast völlig eingestellt. Der Bodengrund darf bis auf die untersten Schichten an- bzw. austrocknen. Je nach Herkunft der Tiere bleibt die Temperatur unverändert, wird auf Zimmertemperatur oder gar noch tiefer gesenkt.

In Landstrichen, in denen auf heiße, trockene Sommer und trockenen Herbst kühle Winter folgen, z.B. in kontinentalen Steppen, erfolgt der Übergang von Trocken- zu Winterruhe oft fließend ohne Unterbrechung. Tiere, die dort leben, z.B. Steppenschildkröten, sind oft nur sehr wenige Monate aktiv und ruhen über die Hälfte, z.T. bis Dreiviertel des Jahres. Bei der Pflege von Tieren aus Gebieten mit nur etwas verkürzter Photoperiode, etwas tieferen Temperaturen, aber ausgeprägter Trockenheit sollte ein Wärmestrahler bis zu 5 Stunden täglich in Betrieb bleiben, ohne das Terrarium deutlich aufzuheizen, da Tiere aus solchen Lebensräumen an schönen, sonnigen Tagen mitunter auch ihre Ruhephase unterbrechen, um ein Sonnenbad zu nehmen. Auch hier muß stets eine mit frischem Wasser gefüllte Schale bereitstehen. Empfehlenswert sind zudem wenigstens 1–2 Wassergaben wöchentlich mit der Pipette, gelegentlich mit Vitaminzusatz, um sicherzustellen, daß die Tiere auch trinken.

Je nach Herkunft kann die Trockenruhe nur 4–8 Wochen oder gar bis zu 6 Monate dauern. Danach wird durch kräftiges Sprühen, verlängern der Beleuchtungsdauer und Hochfahren der Temperatur auf die entsprechenden Werte die Trockenruhe beendet und den Tieren wieder Futter gereicht.

Schlechtwetter und spontane Ruhepausen

Auch in den Lebensräumen unserer Terrarienpfleglinge scheint die Sonne nicht das ganze Jahr. Vielen Tieren aus relativ konstant warmen Lebensräumen, z.B. Bewohnern äquatorialer Regenwälder, bekommen mehrwöchige Phasen mit etwas kühleren Temperaturen, in denen ihr Stoffwechsel nicht auf Hochtouren läuft und die Fortpflanzungsaktivitäten eingestellt werden, sehr gut und verlängern die Lebenszeit, vor allem der Weibchen. Sogar Wüstenbewohnern bekommt eine Ruhepause (Schlechtwetter) ein- bis zweimal monatlich zur Steigerung der Widerstandskraft und Vitalität.

ÜBERWINTERUNG

Skorpione sind lebendgebärend. Die Mutter trägt ihre Brut bis zur ersten Häutung auf ihrem Rücken.

Geckos, die hartschalige Eier legen, kleben ihre Gelege oft auf festen Untergrund. Sie sind relativ unempfindlich gegen Austrocknung und nehmen während der Entwicklung kaum an Größe zu.

Bei vielen Reptilien verläuft die Paarung recht stürmisch (hier z.B. beim Panther-Chamäleon).

Die Zucht

Eiablage und Inkubation bei Reptilien

Von den über 6000 heute bekannten Reptilienarten pflanzen sich über 80% durch das Ablegen von Eiern fort. Nach der erfolgreichen Paarung zeigen Weibchen einen enormen Appetit. Den Tieren sollte während dieser Zeit soviel Nahrung, wie sie fressen wollen, gefüttert werden (nur hochwertige Futtermittel anbieten). Die Aggressivität gegenüber sich annähernden Männchen erhöht sich stark. Kurze Zeit vor der Eiablage füllt das Gelege meist den gesamten Bauchraum der hochträchtigen Weibchen aus, weshalb sie dann die Nahrungsaufnahme einstellen. Allerdings gibt es auch hier Ausnahmen, z.B. fraß bei mir ein Weibchen der lebendgebärenden Chamäleonart *Ch. rudis sternfeldi* sogar zwischen der Geburt zweier Jungtiere ein Heimchen!

Mehrere Tage vor der Eiablage beginnen die Weibchen unruhig im Terrarium unherzulaufen. Reptilienweibchen verbringen viel Zeit mit der Suche nach einem Eiablageplatz, der alle Bedingungen (Temperatur, Feuchtigkeit, Sicherheit) optimal erfüllt. Bald beginnen die Weibchen mit Probegrabungen, und oft graben sie das ganze Terrarium um, bis sie endlich einen geeigneten Platz für ihre Eier finden. Um das Gelege leichter zu finden, schüttet man nur in einer Terrarienecke einen Eiablagehügel auf bzw. stellt ein mit Bodengrund gefülltes Ablagegefäß ins Terrarium.

Meine Tips:
1. Das Ausstreuen einer dünnen Schicht eines andersfarbigen Substrates (Sand) hilft, den Eiablageplatz zu finden, da das Weibchen die Schichtenfolge nicht wiederherstellen kann.
2. Hält man nur eine mit Substrat gefüllte Ablagekiste feucht und warm und den Rest des Bodens trocken, wählt das Weibchen fast immer diesen Platz zur Eiablage.

Um die Eier unter kontrollierten Bedingungen störungsfrei ausbrüten zu können, überführt man sie in einen Brutapparat. Die Eier werden vorsichtig freigelegt und auf der

Brutapparat zum Erbrüten von Reptilieneiern

Oberseite markiert (weicher Bleistift) und sollten während des Erbrütens nicht verdreht werden, um den Embryo nicht abzutöten. Während der ersten Stunden und Tage nach der Ablage sind die Eier am empfindlichsten gegen Drehungen und Erschütterungen. Bei etlichen Arten scheinen Erschütterungen und Lageveränderungen die Entwicklung zwar nicht zu stören, dennoch sollte man es nicht darauf ankommen lassen. Die Eier sollten etwa zur Hälfte im Substrat eingebettet werden, um die Kontrolle zu erleichtern. Das wohl am häufigsten empfohlene und verbreitetste Brutsubstrat ist Vermiculite, ein stark wasserspeicherndes Material. Das Vermiculite ist feucht genug, wenn in der Zeitigungsdose (gut eignen sich Heimchendosen) kein Wasser am Boden steht, das Vermiculite sich feucht anfühlt, aber nur minimal etwas Wasser abgibt, wenn man es zwischen den Fingern zerdrückt. Die Zeitigungsbehälter sollten regelmäßig kontrolliert werden, um verdorbene Eier auszusortieren. Weisen die Eier leichte Einbuchtungen auf, muß Wasser nachgegossen werden. Die Eier selbst dürfen nicht benetzt werden und das Wasser sollte besser mehrmals in kleinen Portionen zugegossen werden, um ein Übernässen zu vermeiden.

Vierhorn-Chamäleons bei der Paarung

Nur etwa 20% aller Reptilien gebären lebende Junge, während der Großteil Eier legt.

Terrarientiere haben als Überträger von Krankheiten auf den Menschen nur eine sehr geringe Bedeutung.

Um festzustellen, ob die Eier befruchtet sind, können sie durchleuchtet werden. Bei befruchteten Eiern entwickeln sich bereits nach wenigen Tagen Blutgefäße und die Keimscheibe, die beim Durchleuchten zu erkennen sind. Die Inkubationstemperatur ist je nach Herkunft der Tiere und Ablagetiefe des Geleges unterschiedlich hoch. Einige Arten vertragen während der Inkubationszeit keine Temperaturschwankungen, meist Arten, die ihre Eier tief im Boden vergraben. Anderen schaden selbst stärkere Schwankungen überhaupt nicht, sondern fördern eher die Vitalität der Jungen. Interessanterweise bestimmt bei vielen Reptilienarten die Inkubationstemperatur das Geschlecht des Embryos. Die genauen Bruttemperaturen sind dem Artenteil zu entnehmen. Der Schlupf kündigt sich meist durch zahlreiche Wassertröpfchen, dem „Schwitzen", auf der Eioberfläche an.

Der Erfolg beim Erbrüten von Reptilieneiern hängt nicht nur von der richtigen Temperatur, der Feuchtigkeit, der Lüftung im Brutapparat und dem Brutsubstrat ab, sondern auch von den Eltern, vor allem dem Gesundheitszustand der Mutter, die dem Ei Nährstoffe, Vitamine und Mineralien mit auf den Weg gibt. Die erfolgreiche Nachzucht beginnt also schon bei der optimalen Versorgung der Elterntiere.

Krankheiten

Krankheitsübertragung auf den Menschen

Terrarientiere haben als Überträger von Krankheiten auf Menschen im Vergleich zu Vögeln und Säugetieren eine sehr geringe Bedeutung, wenn auch eine grundsätzliche Gefahr – wie bei jeder Tierhaltung – nicht ausgeschlossen werden kann. Wird bei der Handhabung des Terrariums und der Tiere auf Sauberkeit und Hygiene geachtet, z.B gründliches Händewaschen nach jedem Tierkontakt oder grundsätzliches Sterilisieren der Gebrauchsgegenstände (mit 70%igem Alkohol), mit denen die Tiere oder deren Ausscheidungen Kontakt hatten, können Krankheitsübertragungen vermieden werden. Wichtig ist auch, keine Keime auf potentielle Nährmedien (z.B. Lebensmittel in der Küche) oder Arbeitsflächen zu verschleppen.

Nicht nur Terraristikeinsteiger sind besorgt bei Schlagworten wie Salmonellen, Pseudomonas, Amöben, Fadenwürmer, Milben oder Zecken. Viele Menschen sind beunruhigt, wenn diese Krankheitskeime und Parasiten bei ihren Tieren festgestellt werden. Schnell malt man sich Epidemien aus, oder die Furcht, selbst zu erkranken, entsteht. Hier ist es wichtig, einen klaren Kopf zu behalten und sich über die Krankheiten, d.h. ihre Entstehung, Übertragung und die Therapie, zu informieren und vom Tierarzt beraten zu lassen.

Viele Krankheitserreger und Parasiten sind sehr wirtsspezifisch, d.h. nur für bestimmte wechselwarme Tiere ansteckend (z.B. Kokzidien, Salmonellen), andere (z.B. Strongyliden) breiten sich schnell unter allen Pfleglingen aus. Einige Parasiten überleben im Terrarium nicht lange, teilweise führt der Infektionsweg über mehrere Zwischenwirte (bei Bandwürmern), die im Terrarium nicht vorhanden sind.

Die Zahl der Keime, die zu einem Krankheitsausbruch führt, ist abhängig von der Art des Krankheitserregers, dem Gesundheitszustand des befallenen Tieres (Immunstatus) sowie dessen Alter. Während es z.B. bei Salmonellen meist erst bei einer „Infektionsdosis" von mehr als 100 000 Keimen zum Ausbruch einer Erkrankung kommt, können bei Pseudomonas-Keimen bereits wesentlich geringere Keimmengen für eine Infektion genügen.

Tiere, die starkem Streß ausgesetzt sind, z.B. rangniedere oder unterlegene Tiere, sind anfälliger für Krankheiten und Parasiten. Bei Jungtieren endet ein Befall öfter und schneller tödlich als bei Erwachsenen.

DIE ZUCHT

In Terrarien mit feuchtwarmem Klima finden Krankheitserreger ideale Bedingungen, um sich schnell zu vermehren, während in Trockenterrarien durch das schnelle Eintrocknen des Kotes das Infektionsrisiko weitaus geringer ist.

Wer Quarantänezeiten einhält, die Tiere derweil untersuchen läßt und auf Sauberkeit und Hygiene im Umgang mit seinen Pfleglingen achtet, braucht sich kaum Sorgen zu machen. Auch in der Terraristik gilt: Vorsorgen ist besser als Behandeln.

Allgemeines

Nicht alle der im Handel erhältlichen Terrarientiere sind Nachzuchten, auch wenn durch das heute weitaus bessere Wissen über die Biologie der einzelnen Terrarientiere bei immer mehr Arten Nachzuchterfolge erzielt werden. Etliche Arten, z.B. Axolotl, Dendrobaten, Boas, Leopardgeckos, Bartagamen, Landschildkröten oder Jemen-Chamäleons werden inzwischen so erfolgreich vermehrt, daß fast ausschließlich Inlandsnachzuchten angeboten werden, oder die Tiere stammen aus speziellen Zuchtfarmen ihrer Ursprungsländer (z.B. Grüne Leguane). Wildfänge dieser Arten werden nur noch zur „Blutauffrischung" der Zuchtlinien benötigt. Aber auch diese heute weit verbreiteten, leicht zu züchtenden Arten kamen einmal als Wildfänge zu uns!

Vor allem Wildfänge, seltener Nachzuchten, gelangen über mehrere Zwischenstationen in unsere Terrarien und werden dabei jedesmal Streß ausgesetzt, der die Abwehrkraft der Tiere sehr stark herabsetzen bzw. schwächen kann, ganz abgesehen von der erhöhten Ansteckungsgefahr bei vielen Tieren auf engem Raum in den Zwischen- und Einzelhandelsterrarien. Außer sichtbaren Außenparasiten, die sich normalerweise leicht beseitigen lassen, gibt es etliche innere Parasiten, Kommensalen und Bakterien, die erst bei übermäßiger Vermehrung die Tiere stark beeinträchtigen oder gar erkranken lassen bzw. Folgeinfektionen nach sich ziehen. Dies betrifft auch lange eingewöhnte Tiere oder Nachzuchten, nicht nur Wildfänge.

Viele Parasitosen lassen sich, wenn sie rechtzeitig diagnostiziert werden, sehr gut behandeln. Deshalb sollten plötzlich auftretende außergewöhnliche Verhaltensweisen oder körperliche Veränderungen frühzeitig kritisch hinterfragt werden und bei Unsicherheit oder Verdacht auf eine Krankheit vorsorglich der Rat von Fachleuten eingeholt werden, z.B. bei tiermedizinischen Untersuchungslabors oder Tierärzten. Denn sind die Patienten erst einmal zu stark geschwächt, d.h. die körperlichen Reserven aufgebraucht, die Abwehrkräfte erlahmt und eventuell bereits Organschäden entstanden, gelingt eine Heilung meist nicht mehr.

Einen Medikamenten-Cocktail, der Neuzugänge bei nur einmaliger Verabreichung von allen Parasiten und Keimen befreit, gibt es leider nicht. Voraussetzung für eine erfolgreiche Behandlung ist immer eine exakte Diagnose, eine genaue Dosierung der Medikamente sowie gegebenenfalls das Testen der Erreger auf Resistenzen. Wer Wurmerkrankungen mit Antibiotika bekämpft, wird wenig Erfolg haben. Organschädigungen durch Parasiten können übrigens auch Folgeinfektionen (Sekundärinfektionen) durch Bakterien und Pilze auslösen.

Ausgeklügelte Therapien enthalten mehr als nur Medikamentengaben. Zum Teil sind Vitamingaben, Flüssigernährung, Elektrolytlösungen nötig, oder nach Ende der Antibiotikabehandlung muß der Aufbau der Darmflora unterstützt werden.

Viele Symptome wie Nahrungsverweigerung, Durchfall, Erbrechen, oder Verhaltensstörungen sind sehr unspezifisch und lassen nicht auf bestimmte Erreger schließen. Wildes Darauflos-Behandeln mit allerlei Mittelchen in geschätzten Dosierungen führt z.B. bei Bakterien zu Resistenzbildung gegen Antibiotika oder einige Zeit nach Behandlungsende zum Tod der Tiere durch Organschädigungen. So wurden etliche Bakterien bereits gegen viele Antibiotika resistent, weil diese unterdosiert oder über zu kurze Zeiträume hinweg verabreicht wurden.

Aber auch die weit verbreitete Meinung „viel hilft viel" ist falsch. Viele „keimfreie" Tiere können nach einer Antibiotikabehandlung die aufgenommene Nahrung nicht mehr verwerten, da die gesamte Darmflora vernichtet wurde. Nicht selten sterben sie einige Zeit nach dem Behandlungsende völlig unerwartet, oft durch von den Antibiotika verursachte Leber- und Nierenschäden. Bei zu langer Antibiotikabehandlung können im Darm nach starker Reduzierung der ursprünglichen Bakterien plötzlich resistente Krankheitskeime den freien Platz einnehmen oder Pilze sich übermäßig stark ausbreiten. Vor allem Darmverpilzungen sind nur schwer zu behandeln und führen oft zum Tod der Tiere. Es gibt nur sehr wenige Medikamente, z.B. Panacur oder Molevac gegen Würmer, bei denen eine geringfügige Überdosierung ohne schwerwiegende Folgen bleibt.

Bei der oralen Gabe von Antibiotika ist auf eine genaue Dosierung zu achten, länger als 7 bis 10 Tage dürfen sie nicht verabreicht werden, um Darmverpilzungen zu vermeiden. Um die angeschlagene Darmflora nach einer Antibiotikabehandlung wieder aufzubauen, empfiehlt sich die Gabe von Bird Bene Bac, einer Mischung aus verschiedenen nützlichen Bakterien der Darmflora. Dazu wird 1- bis 3mal täglich über 3 bis 4 Tage hinweg jeweils eine vom Tierarzt errechnete Menge, je nach Tiergröße und -alter, verabreicht.

Das Mischen von verschiedenen Antibiotika oder Medikamenten führt oft nicht zur gewünschten Verstärkung der Therapiewirkung, sondern im Gegenteil häufig sogar zur Verminderung der Wirkung bzw. Inaktivierung der Wirkstoffe. Bereits geringe Überdosierungen von Antibiotika (z.B. Gentamicin: empfohlene Dosierung 2,5 mg/kg Körpergewicht, ab 4 mg/kg treten Schädigungen auf) führen oft zu Organschäden an Nieren und Leber oder zu Gicht. Die Darmschleimhautzellen besitzen unterschiedliche Aufnahmefähigkeiten bzw. Aufnahmegeschwindigkeiten für verschiedene Stoffe, auch für Antibiotika. Bei Lungenentzündung kann deshalb, abhängig vom jeweiligen Antibiotikum, eine orale Verabreichung erfolgen, aber eventuell auch Injektion nötig werden.

Dies waren nur einige Beispiele, die verdeutlichen sollen, daß es unbedingt nötig ist, ausgewiesene (nicht selbsternannte) Spezialisten, Tierärzte und Institute zu Rate zu ziehen.

Vor der Anschaffung

Terrarientiere sollten vor dem Kauf genau beobachtet und betrachtet werden. Dabei ist zuerst auf die Körperhaltung, das Verhalten und den Ernährungszustand zu achten.
- Liegen die Tiere nur apathisch und flach ausgestreckt da, reagieren sie nicht auf Bewegungen oder nur auf Anstoßen oder Berührung?
- Sind sie so fett, daß sie sich nur mühsam bewegen können, oder so abgemagert und ausgetrocknet, daß die Beckenknochen hervortreten und die Bein- und Schwanzmuskulatur stark eingefallen wirken?
- Ist der Bereich um den After kotverschmiert, oder sind dort gar Blutreste zu erkennen?
- Liegen die Augen tief in ihren Höhlen, sind Häutungsreste vorhanden, oder erscheint die Haut fahl, unnatürlich gefärbt, verschorft, oder sind dicke Beulen, Abszesse oder offene Wunden zu erkennen?

Ist der Allgemeinzustand also offensichtlich sehr schlecht oder besorgniserregend, sollte besser vom Erwerb der Tiere Abstand genommen werden. Gesunde Tiere beobachten ihre Umgebung aufmerksam und neugierig. Lassen Sie sich zeigen, ob die Tiere selbständig fressen. Sind sie dazu äußerlich in guter Verfassung und bewegen sich normal, steht dem Erwerb nichts entgegen.

Nach der Anschaffung

Erwirbt man ein äußerlich gesund erscheinendes Tier, sollte es zu Hause dennoch zuerst in ein Quarantänebecken überführt und dort 6 bis 8 Wochen beobachtet werden. Ein üppig eingerichtetes Terrarium desinfizieren bzw. neu einrichten zu müssen oder den gesamten Bestand lange eingewöhnter oder wertvoller, seltener Zuchttiere zu behandeln, eventuell sogar zu verlieren, bedeutet einen weitaus größeren Verlust (nicht nur finanziell) als die Ausgaben für die Kotprobe und die gegebenenfalls er-

Bei diesem Tier treten die Beckenknochen deutlich hervor, die Oberschenkel sind stark eingefallen. Der Gesundheitszustand ist offensichtlich schlecht.

forderlichen Medikamente sowie die tierärztliche Behandlung des Neulings.

Frisch abgesetzter Kot sollte rasch zur Untersuchung bei einem Tierarzt abgegeben oder einem auf die Diagnostik von Heim- und Terrarientierkrankheiten spezialisierten Institut zugesandt werden. Dies sollte auch dann geschehen, wenn das Tier von einem guten Bekannten stammt und er es seit längerer Zeit pflegte. Auch bereits lange eingewöhnte Tiere oder Nachzuchten können durch ungünstige Haltungsbedingungen (z.B. säumige Urlaubsvertretungen, Technikausfall, Streß, Umgebungswechsel usw.) erkranken.

Achten Sie auf die folgenden unspezifischen Krankheitssymptome, die aber nicht unbedingt auf bestimmte Krankheitserreger hinweisen, sondern auch andere Ursachen haben können:
- Nahrungsverweigerung (kann auch an Nahrungswechsel liegen oder am Umsetzen in eine neue Umgebung),
- Durchfall (ebenfalls durch Futterumstellung möglich),
- Erbrechen (häufig bei Schlangen, wenn sie nach der Fütterung gestört oder zu kühl gehalten werden),
- Gewichtsverlust (Weibchen könnten Eier gelegt haben).

Bei Wildfängen finden wir außer Milben oft auch Würmer unter der Haut (hier ein Bandwurm bei einem Taggecko).

Schlangenmilben sind nur auf albinotischen Tieren so deutlich zu erkennen.

Erkrankungen bei Reptilien

Außenparasiten

Außenparasiten wie Milben und Zecken lassen sich bei leichtem Befall absammeln, mit Öl betupfen, mit Lebertransalbe beschmieren oder im Trockenterrarium mit Insektenstripstückchen (Wirkstoff Dichlorphos) im Tee-Ei bekämpfen. Hierbei muß die vom Hersteller angegebene Dosierungsempfehlung eingehalten werden, um nur die Milben und nicht auch die Terrarientiere zu töten. Vogelspinnen, Skolopender oder Schauinsekten werden von solchen Insektenstrips ebenfalls getötet und müssen gegebenenfalls vor Behandlungsbeginn aus dem Terrarienraum entfernt werden.

Bei starkem Milbenbefall können Reptilien mit 0,2–0,4%iger Neguvon-Lösung (Wirkstoff Trichlorphos) behandelt werden. Dazu werden 2–4 g Neguvon in 1 l Wasser gelöst und mit dieser Lösung ein Baumwoll- oder Leinensack getränkt. Erst wenn der Stoff völlig getrocknet ist, werden die Reptilien in den Sack überführt und sollten dort über Nacht (ca. 24 Std.) verweilen.

Das Terrarium kann mit 2%iger Neguvonlösung ausgesprüht werden, oder ein ganzer Insektenstrip wird ins Terrarium gelegt, solange die Tiere in einem separaten Behälter im Neguvonsack übernachten, denn auf eine Milbe am Tier kommen mehrere im Terrarium. Neguvon zersetzt sich nach 2 bis 3 Tagen unter Lichteinfluß, dennoch sollten das Terrarium und alle Einrichtungsgegenstände danach gut abgespült werden. Mit dem Trinkwasser dürfen die Tiere es nicht zu sich nehmen, sonst können Todesfälle auftreten. Da die Milbeneier bei dieser Vorgehensweise nicht vernichtet werden, muß die Neguvon-Behandlung 2– bis 3mal in Abständen von jeweils 7 bis 10 Tagen wiederholt werden.

Bakterielle Erkrankungen

Äußere bakterielle Erkrankungen auf der Haut (Behandlung mit Gentianaviolett, Acriflavin) oder an den Schleimhäuten im Mundbereich (beginnende Maulfäule) können mit Antiseptika (Wasserstoffperoxid 3%ig, Betaisodona-Lösung) behandelt werden. Besonders bei Maulfäule empfiehlt sich die orale Antibiotikagabe, da meist auch der Verdauungstrakt befallen ist.

Maulfäule wird durch Pseudomonas-, Aeromonas-, Klebsiella- oder Proteuskeime hervorgerufen, also Bakterien, die durchaus auch bei gesunden Echsen in einem Rachenabstrich nachgewiesen werden können. Erst eine übermäßige Vermehrung bei unhygienischen Haltungsbedingungen oder Streß führt zur Erkrankung des Wirtstieres. Die krankheitserregende (pathogene) Wirkung hängt auch von der Anzahl, von der Art und vom Stamm der Keime sowie vom Immunstatus der Tiere ab. Dasselbe gilt für Salmonellen, die oft auch in klinisch gesunden Tieren in einer geringen Keimzahl nachzuweisen sind.

Bei Wasserschildkröten tritt eine bakterielle Allgemeinerkrankung auf, die auch die Haut befällt und mit Panzernekrose verwechselt werden kann. Im Englischen wird sie als SCUD bezeichnet (septikämische ulzerative Hauterkrankung). Sie läßt sich nur durch Antibiotikagaben behandeln.

Endoparasiten

Viele parasitische Würmer leben im Magen-Darm-Trakt ihrer Wirte, ohne sie ernsthaft zu schädigen. Würmer, die einen Zwischenwirt benötigen, um sich weiterzuentwickeln, sind weitaus weniger gefährlich als solche Wurmarten, die sich ohne Zwischenwirt über Eier oder in den Organen selbst vermehren. Erst bei Massenbefall kommt es zu Schädigungen der Darmschleimhaut mit anschließender Sekundärinfektion durch Bakterien. Werden im Kot Würmer festgestellt, sollte die Wurmart von Fachleuten ermittelt werden, um eine gezielte Behandlung vornehmen zu können.

> **Häufigkeit von Erkrankungen**
>
> Bakterielle Erkrankungen aufgrund von Immunschwäche, hervorgerufen durch Streß, Überbesatz, falsche Haltungsbedingungen sind wohl die häufigste Erkrankungs- und Todesursache bei Terrarientieren. Erkranken die Tiere plötzlich und ohne ersichtlichen Grund, sind dafür oft auch in gesunden Tieren nachzuweisende Bakterien verantwortlich. Erst wenn das Immunsystem der Tiere geschwächt ist, können sich die Keime übermäßig stark vermehren. Ebenso häufig führen Lebererkrankungen, vor allem Fettleber durch falsche oder zu reichliche Ernährung, zum Tod der Tiere. Parasiteninfektionen als Todesursache sind von wesentlich geringerer Bedeutung.

Zestoden (Bandwürmer) sind nur bei Wildfängen zu finden. Sie benötigen einen Zwischenwirt und können sich deshalb im Terrarium nicht weiterentwickeln. Verweigerte Futtertiere (Mäuse) könnten aber als Zwischenwirt dienen und sollten deshalb vorsichtshalber nicht an andere Tiere weiterverfüttert werden.

Nematoden (Rundwürmer) befallen meist den Magen-Darm-Trakt und führen zu Sekundärinfektionen durch eindringende Bakterien. Einige Nematoden benötigen einen Zwischenwirt und sind deshalb nur bei Wildfängen nachzuweisen. Rundwürmer mit direkter Entwicklung können sich im Verlauf der Jahre stark im Tier vermehren. Bei geringem Befall schädigen sie den Wirt kaum merklich.

Strongyliden legen Eier, in denen sich bereits entwickelte Larven befinden. Die Infektion erfolgt meist über das Trinkwasser. Im Verlauf von mehreren Jahren kann es so zum wirtsschädigenden Massenbefall kommen.

Lungenwürmer (*Rhabdaisiden*) können das Lungengewebe schädigen und Folgeinfektionen hervorrufen.

Oxyuren (Madenwürmer) können bei Massenbefall einen Darmverschluß hervorrufen. Aktive Tiere werden davon weniger bedroht, da sie die Würmer regelmäßig ausscheiden. Wenn aber während einer Ruhephase das Immunsystem weniger aktiv ist, kann es zu Todesfällen durch Sekundärinfektionen oder zu Darmverschlüssen durch Massenvermehrung der Würmer kommen. Oxyuren von Schildkröten benötigen keinen Zwischenwirt.

Oxyuren lassen sich aber leicht mit Molevac in der Dosierung 1 ml/kg Körpergewicht bekämpfen.

Askariden (Spulwürmer) können sich direkt (Schildkröten) oder über Zwischenwirte (Schlangen) entwickeln. Auch hier führt der Massenbefall zu Sekundärinfektionen oder Darmverschlüssen.

Darmnematoden (außer Oxyuren) können mit Panacur beseitigt werden. Abhängig von der Wurmart ist eine Dosierung von 25–100 mg/kg Körpergewicht erforderlich.

Zungenwürmer (Pentastomiden) zählen zu den Gliedertieren und nicht zu den Würmern. Auch sie erzeugen Blutungen im beschädigten Gewebe, was auch hier zu bakteriellen Folgeinfektionen führt. Es gibt sowohl Arten mit direkter wie mit indirekter Entwicklung. Zungenwürmer können behandelt werden, allerdings muß die Medikamentengabe sowie die Dosierung beim Tierarzt erfragt werden, denn die Behandlung ist nicht immer risikolos.

Pilzerkrankungen

Hautverpilzungen zu behandeln, kann recht langwierig sein, wenn der Pilz tief ins Gewebe eingedrungen ist. Innere Verpilzungen des Magen-Darmtraktes sind nur sehr schwer zu behandeln. Wer nicht sicher ist, ob eine Pilzerkrankung vorliegt, sollte das Tier einem Tierarzt oder erfahrenen Terrarianer zeigen. Stellt man Hautverpilzungen fest, müssen zuerst die Verkrustungen und das zerstörte Gewebe bis hinunter zum gesunden Gewebe entfernt werden.

Bei Veränderungen am Schildkrötenpanzer (Mischinfektionen durch Pilze und Bakterien) beispielsweise schabt man die weichen, zerstörten Schichten aus, bis festes Gewebe zum Vorschein kommt und eine leichte Blutung auftritt. Die befallenen Bezirke werden mit antibiotischen und pilzhemmenden Salben (z.B. Daktar oder Betaisodona-Salbe) mehrmals täglich eingerieben oder mit desinfizierenden Lösungen (Betaisodona oder Gentianaviolett) bestrichen. Wasserschildkröten werden während der Behandlung trocken untergebracht und nur alle paar Tage für einige Stunden ins Wasser gesetzt.

Protozoen

Mit Protozoen sind Einzeller wie Amöben, Flagellaten, Ciliaten und Kokzidien gemeint. Oft gehören solche Einzeller (Ciliaten bei Pflanzenfressern, Flagellaten bei allen Reptilien, Limaxamöben bei Schildkröten) zur normalen Darmflora und beeinträchtigen die Tiere bei geringer Populationsgröße nicht bzw. gehören eventuell sogar zur natürlichen Darmflora.

Die Amöbe *Entamoeba invadens* verursacht bei Reptilien Amöbenruhr oder Darmfäulnis. Auf den Mensch ist sie nicht übertragbar, denn bei Temperaturen über 35–36 °C sterben diese Amöben ab. Bei Reptilien dringen sie in Darmzellen ein und verursachen Schleimhautschäden, die sich schnell zu blutigen Darmentzündungen entwickeln. Oft kommt es zu bakteriellen Sekundärinfektionen. Die Amöben können auch übers Blut in die Leber gelangen und dort Abszesse bilden. Bei starkem Befall kommt es zu einem Leberausfall, der zum sofortigen Tod führt.

Bei Schlangen endet ein Amöbenbefall schon nach wenigen Wochen tödlich. Hier läßt ein verdickter, aufgetriebener Hinterleib (ein Stück vor der Afteröffnung), der nicht mehr eingerollt wird, auf eine Amöbeninfektion schließen. Bei Echsen führt eine Amöbeninfektion erst nach mehreren Monaten zum Tod, während Landschildkröten resistent zu sein scheinen, da es bei ihnen meist zu keiner Erkrankung kommt. So können

Landschildkröten als verborgene Dauerausscheider andere Reptilien bei der Haltung im selben Raum über nicht desinfizierte Geräte oder bei der Vergesellschaftung in einem Terrarium direkt anstecken und eine Seuche mit hoher Sterblichkeitsrate auslösen.

Kokzidien können Magen- und blutige Darmentzündungen hervorrufen. Allerdings sind Kokzidien (z.B. *Eimeria*) sehr wirtsspezifisch: z.B. sind Kokzidien von Bartagamen nicht auf Phelsumen übertragbar. Zudem sind sie streng orts-/organspezifisch, d.h. Dünndarmkokzidien befallen nur den Dünndarm, nicht andere Darmabschnitte oder Organe. Von Bartagamen ist das Problem der Kokzidien-Dauerausscheidung bekannt. Äußerlich gesunde Tiere scheiden dabei laufend Kokzidien oder deren Dauerstadien aus, meist ohne selbst zu erkranken. Hierbei scheint es sich jedoch eher um resistente Kokzidienstämme oder um tief im Gewebe sitzende, für Medikamentenzugriff unerreichbare Dauerstadien zu handeln als um über Blut in andere Organe verfrachtete Kozidien.

Jungtiere sind durch Kokzidien besonders gefährdet, erwachsene Tiere, z.B. Dauerausscheider, die eine Infektion überlebten, entwickeln eine Immunität, die sie vor neuer Erkrankung schützt.

Die Behandlung von Protozoen sollte nicht auf eigene Faust erfolgen, denn bei falscher Behandlung und Überdosierung der Medikamente treten sonst Todesfälle auf. Bei Massenbefall mit Protozoen kommt es häufig zu Sekundärinfektionen durch Bakterien, so daß Antibiotikagaben nötig werden können.

Virusinfektionen

Virusinfektionen sind bisher noch wenig untersucht, scheinen aber glücklicherweise nicht besorgniserregend häufig vorzukommen. Wenn Virusinfektionen auftreten, dann meist seuchenhaft. Sie sind aber nur schwer, z.B. mit Gewebeuntersuchungen, zu diagnostizieren und kaum zu therapieren. Hier kann, wenn überhaupt, nur ein Tierarzt weiterhelfen. Bei Landschildkröten-Wildfängen konnten Herpes-Viren als Erreger für tödlich verlaufende Erkrankungen festgestellt werden, wobei auch hier Behandlungen weitgehend erfolglos blieben.

Verletzungen

Abszesse: Abszesse sind meist mit festem, „käsigem" oder seltener mit flüssig-eitrigem Inhalt gefüllte Hohlräume, die bei Reptilien recht häufig vorkommen. Reptilien reagieren auf Fremdkörper anders als Säugetiere. Es kommt bei ihnen nicht zu einer Reifung mit spontaner Entleerung des flüssigen Eiters nach außen. Ihr Körper versucht zwar den Fremdkörper bzw. Entzündungsherd unschädlich zu machen, aber nicht durch Entleerung, sondern durch Abkapslung mit Bindegewebe und Fibrin. Erreicht der Abszeß eine gewisse Größe, sollte er entfernt werden, bevor es zu mechanischen Behinderungen kommt, die weitere Folgeinfektionen nach sich ziehen, oder sogar zum Austritt seines eventuell jauchig-eitrigen Inhaltes ins Blut sowie anschließender Blutvergiftung.

Sehr kleine, deutlich nach außen ragende Abszesse (pickelähnliche Beulen) unter der Haut können eventuell vom Pfleger selbst geöffnet, sauber ausgeräumt und die Wunde danach mit 70%igem Alkohol desinfiziert werden. Sie verheilen nach Entfernen des Eiters schnell. Es muß aber darauf hingewiesen werden, daß

Bahama-Anolis mit Abszeß im Kopfbereich

nach dem Tierschutzgesetz ein chirurgischer Eingriff ausschließlich vom Tierarzt vorgenommen werden darf.

Abszesse im Kopfbereich, z.B. Mittelohrentzündungen, oder in der Leibeshöhle, die tiefe Schnitte und eventuell ein Vernähen nach sich ziehen, dürfen nur vom Tierarzt behandelt werden. Wenn beim Menschen bei vergleichbaren Eingriffen eine Betäubung unterbleiben würde, kann auch beim Tier auf eine solche verzichtet werden. Der Tierarzt entscheidet auch, ob eine Wunddrainage und Antibiotikagaben als Nachbehandlung nötig sind.

Darm- und Penisvorfälle: Beide Organe sind sehr empfindlich gegen Austrocknung und Verletzungen. Bleiben sie zu lange außerhalb des Körpers, können sie vertrocknen und absterben. Manchmal helfen Bäder in warmem Wasser, andernfalls muß versucht werden, sie mit leichtem Druck wieder in den Körper zurückzuschieben. Gelingt dies nicht, muß ein Tierarzt aufgesucht werden.

Verbrennungen: Sollte es je zu Verbrennungen durch nicht sachgerecht installierte Heizgeräte kommen, kann bei leichten Verbrennungen die Stelle mit Wund- und Heilsalbe behandelt werden. Bei Schlangen heilen leichte Rötungen der Bauchschilde innerhalb von 1–2 Wochen so schnell wieder ab. Nässende Wunden werden mit Wund- und Heilpuder versorgt. Bei schweren Verbrennungen muß ein Tierarzt aufgesucht werden, der die nötigen Therapiemaßnahmen notfalls mit lokalen Antibiotikagaben unterstützt.

Verletzungen: Bißverletzungen und offene Wunden sollten mit 0,9%iger Kochsalzlösung ausgewaschen und mit Betaisodona-Lösung oder 70%igem Alkohol desinfiziert werden. Leichte, oberflächliche Hautschäden ohne Blutung können mit Wund- und Heilsalben behandelt werden, kleine, nässende Wunden mit antibiotischen Wund- und Heilpudern verschlossen werden. Schwellen Verletzungen nach einigen Tagen stark an, müssen sie mit einem Antibiotikum behandelt werden.

Vollständig gebrochene Schwänze müssen entfernt werden, leicht angebrochene Schwänze können mit Verbänden fixiert werden und wachsen meist wieder an. Aufgestoßene Schnauzen können, solange sie sich nicht entzünden, mit Wund- oder Heilsalbe behandelt werden (bei leichten Entzündungen z.B. mit Daktar, bei stärkerer Entzündung werden die Wunden mit 3%igem Wasserstoffperoxid oder Betaisodona-Lösung gereinigt und bepinselt). Bei Übergang zur Maulfäule kann ein geeignetes Antibiotikum (vorher Resistenztest machen lassen) auf die befallene Stelle getropft werden.

Haltungs- und ernährungsbedingte Krankheiten

Fehler bei der Haltung, z.B. zu niedrige Luftfeuchtigkeit, führen zu Häutungsschwierigkeiten und Dehydration, ein Mangel an geeigneten Eiablageplätzen zu Legenot bei Weibchen. Falsche Vergesellschaftung und/oder Überbesatz verursachen u.a. Streß und erhöhen die Gefahr von Verletzungen.

Betrachtet man die Häufigkeit ernährungsbedingter Krankheiten bei Terrarientieren, so fällt auf, daß bei Fleischfressern, die ihre Beutetiere als

Dieses Chamäleon zeigt eine typische Streßfärbung.

Durch überreiche Fütterung zu dicke Wüstenagame

Ganzes verschlingen (z.B. Schlangen), wesentlich seltener Probleme durch Fehlernährung auftreten als bei Pflanzenfressern – außer natürlich bei zu reichlichen Futtergaben. So sind lebend bzw. frischtot verfütterte Kleinsäuger reich an Vitaminen, Ballaststoffen und Kalzium. Mäuse z.B. besitzen ein günstiges Kalzium/Phosphor-Verhältnis von 1,4 : 1. Deshalb treten bei Schlangen in der Regel trotz ausschließlicher Verfütterung von Mäusen selbst nach Jahren keine Probleme auf.

Werden jedoch Fleischfresser mit reinen Fleisch- oder Filetstücken ohne Vitamin- und Kalkzusätze gefüttert, treten auch bei ihnen Erkrankungen auf. Wenn beispielsweise Gemischtköstler wie Wasserschildkröten nur mit einer Futtersorte, z.B. getrocknetem Gammarus oder Hackfleisch, gefüttert werden, kommt es schnell durch Vitamin-A-Mangel zu Augenschwellungen und Häutungsproblemen.

Weitaus mehr Probleme bereitet die Versorgung von Pflanzenfressern. Da die natürlichen Futterpflanzen in der Regel nicht zur Verfügung stehen und jahreszeitliche Änderungen des Futterpflanzenspektrums meist unbekannt sind, müssen bei ihrer Ernährung möglichst hochwertige Ersatzfutterpflanzen angeboten werden, denn „Grün ist nicht gleich Grün" (siehe Vegetarische Futtermittel, S. 48).

Austrocknung (Dehydration): Tiere, die stark vertrocknet wirken, besitzen einen gestörten Flüssigkeitshaushalt. Dies kann durch Wassermangel oder durch Krankheitserreger hervorgerufen werden. Um das Flüssigkeitsdefizit auszugleichen, verabreicht man täglich 20–40 ml einer Elektrolytlösung (0,9%ige Kochsalzlösung oder Ringerlösung) pro Kilogramm Körpermasse. Verweigern die Tiere die Aufnahme, kann der Tierarzt die Lösung auch direkt unter die Haut spritzen. Natürlich muß auch die Feuchtigkeit des Bodens, wenigstens an einer Stelle, deutlich erhöht werden. Die Tiere können zusätzlich zur Elektrolytgabe über Nacht auch in einen Behälter mit einem feuchten Tuch überführt werden.

Erkältung und Lungenentzündung: Bei zu kühler, trockener oder feuchter Haltung, Zugluft oder durch Krankheitserreger (z.B. bei Streß) kann es zu einer Erkältung kommen. Schon im Anfangsstadium, wenn nur leichte Atemgeräusche zu hören sind, sollte gleich ein Arzt konsultiert werden. Bei starker Erkältung bzw. nun schon Lungenentzündung muß der Schleim des Rachenraumes entfernt werden, um einem Ersticken vorzubeugen. Der Erreger der Lungenentzündung muß durch einen Rachenabstrich ermittelt werden, um das richtige Antibiotikum verabreichen zu können. Zusätzlich sollten Vitamingaben zur Stärkung des Immunsystems erfolgen.

Der Erfolg von Inhalationen ist fragwürdig, da Reptilien oft sehr lange die Luft anhalten können und eventuell die ätherischen Öle überhaupt nicht einatmen.

Fibröse Osteodystrophie, Höckerbildung bei Schildkröten: Durch falsche Ernährung verschiebt sich besonders häufig bei pflanzenfressenden Reptilien das Kalzium/Phosphor-Verhältnis zugunsten des Phosphors (optimal wäre Kalzium und Phospor im Verhältnis 1–1,5 (2) : 1). Dies u.a. führt zu einer Nebenschilddrüsenüberfunktion, welche ihrerseits die Entmineralisierung des Skelettes hervorruft. Der Körper versucht dies durch Bindegewebsbildung auszugleichen. Davon betroffen sind vor allem die Gliedmaßen und die Kiefer, welche wie geschwollen wirken. Auch die Höckerbildung bei der Aufzucht von Landschildkröten wird zum Teil auf ein ungünstiges Kalzium-Phosphor-Verhältnis der Nahrung zurückgeführt. Eine Rückbildung der Schwellung ist nicht möglich. Vorbeugend wird den Tieren stets Kalzium (z.B. Eierschalen oder Sepiabrösel) angeboten, um ihnen jederzeit eine selbständige Kalkaufnahme zu ermöglichen. Neben Kalkmangel scheinen auch überreiche Futtergaben (Eiweiß) ohne Fastentage zur Höckerbildung zu führen.

Häutungsschwierigkeiten: Häutungsschwierigkeiten sind meist die Folge falscher Haltung (zu trocken, zu geringe Luftfeuchtigkeit) oder Ernährung (Vitaminmangel, Überdosis an Vitamin A, auch die Verwendung von Vitamin-A-haltiger Lebertransalbe kann Häutungen auslösen; Unterernährung). Auch Milben können Häutungsprobleme verursachen. Können die Tiere ihre Haut nicht abstreifen, werden sie in warmes Wasser gesetzt (aber nur so weit, daß sie noch den Kopf über die Wasseroberfläche strecken können). Ist die Haut gut eingeweicht, löst sie sich meist von allein. Wichtig ist, darauf zu achten, daß auch die Augen (vor allem bei Schlangen, sonst drohen Entzündungen) und die Schwanzspitze (kann sonst absterben) mitgehäutet werden. In hartnäckigen Fällen können festhaftende Hautpartien auch mit Vaseline oder Lebertransalbe aufgeweicht werden. Natürlich müssen auch die Ursachen beseitigt, z.B. Haltungsbedingungen überprüft und verbessert bzw. die Milben bekämpft werden.

Leberverfettung: Leberverfettung ist bei Terrarientieren neben bakteriellen Erkrankungen die häufigste Todesursache. Durch zu reichliche und/oder einseitige Ernährung ohne ausreichend Bewegung kann es zu einem plötzlichen Ausfall der Leber kommen, was sofort zum Tod der Tiere führt. Abhilfe schafft ein abwechslungsreiches Nahrungsangebot sowie sparsames Füttern und das Einlegen von zwei bis drei Fastentagen pro Woche (bei Tieren mit längeren Intervallen der Nahrungsaufnahme auch mehrere Fastenwochen). Dies gilt natürlich nicht pauschal für alle Terrarientiere und Altersstufen gleichermaßen. So müssen Jungtiere normalerweise öfter und reichlicher gefüttert werden als erwachsene Tiere, da sie erst Reserven aufbauen müssen und die Nahrung in Größenzuwachs umsetzen und so eine geringere Verfettungsgefahr als bei ausgewachsenen Tieren besteht.

Legenot: Unterschiedlichste Ursachen können bei trächtigen Reptilienweibchen zu Legenot führen. In Frage kommen u.a. Erkrankungen des Weibchens, Streß (z.B. durch Transport, Umsetzen oder andere Terrarieninsassen), das Fehlen geeigneter Eiablageplätze (z.B. ungeeignete Bodentemperatur und -feuchtigkeit oder fehlende Substrattiefe), Auszehrung durch andauernde Reproduktion oder übergroße Gelege (durch fehlende Ruhephasen bzw. zu reichaltige Fütterung), Eianomalien oder Mineralstoff-, insbesondere Kalziummangel. Stellen zuvor sehr aktive, hochträchtige Weibchen (gut zu erkennen an den sich durch die Haut der Flanken abzeichnenden Eiern) die Suche nach einem Eiablageplatz ein, beenden die Probegrabungen, ohne daß eine Abnahme des Leibesumfanges festzustellen ist, verhalten sich wieder auffällig ruhig und scheinbar normal oder beginnen sogar wieder zu fressen, sind dies die ersten Anzeichen einer sich anbahnenden Legenot. Nun heißt es, das Weibchen genau zu beobachten und beim ersten Verdacht auf Legenot sofort bei einem reptilienkundigen Tierarzt um Rat nachzufragen. Denn durch rechtzeitiges Einleiten der Eiablage kann sowohl das Weibchen als auch das Gelege gerettet werden. Kommt es erst einmal zur klinischen Ausprägung der Legenot, d.h. sitzt das Weibchen bereits seit längerem nur noch mit hochgewölbtem Rücken, eingefallener Schwanzwurzel und geschlossenen Augen apathisch im Terrarium, ist also körperlich schon sehr geschwächt und die Legenot bereits weit fortgeschritten, ist es für eine erfolgreiche Behandlung meist zu spät. Gelingt dann dennoch durch die tierärztliche Hilfe die Eiablage, sind die Eier meist bereits abgestorben und „verkäst", was deutlich an ihrer gelblichen Verfärbung zu erkennen ist. Bestätigt sich der Verdacht einer beginnenden Legenot, muß der Tierarzt die Eiablage durch Hormongaben in geeigneter Dosierung, d.h. mit Oxytocin (1–5 IE/KgKG i.m., bei Schildkröten bis zu 10 IE), einleiten. Dazu wird am besten in zwei Behandlungsschritten jeweils nur die halbe Oxytocindosis im Abstand von ca. 2 Stunden injiziert. Gegebenenfalls können Kalziumgaben vor der Hormonbehandlung (höchstens 50 mg/KgKG i.m., Injektion in Herznähe führt zu Herzstillstand) unterstützend wirken. Schlägt auch eine weitere Oxytocin/Kalziumanwendung (einen Tag später mit etwas höherer Dosis) fehl, bleibt als letzte Chance zur Rettung des Weibchens nur noch ein chirurgischer Eingriff.

Wichtig bei Legenot, auch bei erfolgreich induzierter Eiablage, ist immer die Kontrolle der kompletten Ablage aller Eier mit Hilfe einer Röntgenuntersuchung (besonders bei Schildkröten). Denn sollte auch nur ein einziges Ei im Mutterleib zurückbleiben, stirbt das Tier wenige Wochen später mit Sicherheit an einer eitrigen Infektion der Eileiter, da beschalte Eier nicht mehr resorbiert werden können.

Nahrungsverweigerung: Verweigern die Tiere trotz Verbesserung oder Veränderung der Haltungsbedingungen die Nahrungsaufnahme und magern stark ab, hilft oft nur eine Zwangsfütterung. Da der Verdauungsapparat nach langem Fasten durch große, schwerverdauliche Brocken überfordert würde, sollte zuerst nur leichtverdauliche, flüssige Nahrung (z.B. Boviserin oder Amynin), am besten mehrmals täglich in kleinen Portionen (8–15 ml pro kg Körpergewicht), eingeflößt werden. Erholen sich die Tiere, kann Säuglingsnahrung, bei Pflanzenfressern am besten Karottenbrei oder Gemüsemischungen, gefüttert werden. Fleischfresser erhalten fleischhaltige Säuglingsbreisorten, rohes Ei mit geschabtem Fleisch, Schlangen gibt man Babymäuse. Schlucken die Tiere nicht selbständig, müßte der Brei mittels einer Magensonde (Fachmann oder Tierarzt) verabreicht werden.

Rachitis und Osteomalazie: Rachitis ist die Folge von Vitamin-D_3- und/oder Kalzium-Mangel. Es wird zu wenig Kalk oder Vitamin D_3 mit der Nahrung aufgenommen bzw. Vitamin D_3 aufgrund fehlender UV-Bestrahlung nicht in der Haut gebildet. Dadurch wird in das Knochengewebe nicht genügend Kalk eingebaut, und es kommt zu Wirbelsäulen-, Kiefer- und Gliedmaßenverformungen. Bei Jungtieren wird dieser Mangel Rachitis genannt, bei Erwachsenen Osteomalazie, welche hauptsächlich bei Weibchen nach der Eiablage aufgrund des Kalkverbrauches zur Eischalenbildung auftritt.

Verstopfung/Darmverschluß: Verstopfungen können durch Wassermangel, gezielte Substrataufnahme bei Mineralmangel oder durch zu große Fremdkörper verursacht werden. Zunächst empfehlen sich warme Bäder sowie Ölgaben (Rhizinus, Sonnenblumenöl, ca. 2–3 ml/kg Körpergewicht; oral und über die Kloake gegeben). Führt dies zu keiner Besserung, hilft – wenn überhaupt – nur noch ein chirurgischer Eingriff durch den Tierarzt.

Vitaminmangel: Vitamine sind lebensnotwendige Katalysatoren, die der Organismus für einen reibungslosen Stoffwechsel benötigt, aber nicht selbst herstellen kann. Bei vielen Lebewesen werden bestimmte Vitamine im Darmtrakt von Mikroorganismen hergestellt und müssen nicht aufgenommen werden. Antibiotikabehandlungen wirken sich deshalb auch auf die Vitaminversorgung aus. Mangelerscheinungen trotz ausreichender Vitamingaben können oft auch die Folge einer gestörten Vitaminaufnahme der Dünndarmzellen sein.

Die Hauptursache von Vitaminmangel ist aber einseitige oder falsche Ernährung. Werden Tiere mit falscher Nahrung, ausschließlich einer Sorte, womöglich noch überaltertem Trokkenfutter, purem Muskelfleisch ohne Ballaststoffe oder fettem Hackfleisch – jeweils ohne ausreichende Vitamingaben – gefüttert, kommt es schnell zu Vitaminmangel-Erscheinungen.

Frißt das Tier noch selbständig, können Multivitamingaben über die Dauer von 3 Wochen zur Heilung führen, bei Nahrungsverweigerung hilft nur noch das Spritzen (höchstens 1- bis 2mal) von Vitaminen. Dies muß aber vom Tierarzt durchgeführt werden, denn bei Überdosen an Vitaminen kommt es ebenfalls zu krankhaften Körperveränderungen.

Vitamin-A-Mangel führt zu auffälliger Schwellung der Drüsen der Augenlider, oft bildet sich zwischen Hornhaut und Augenlid eine käsige Masse, es kommt zur Ödembildung im Körper, die Haut verhornt, wird spröde und narbig, was bakterielle Infektionen begünstigt. Bei Landschildkröten, die permanent erkältet zu sein scheinen, kann durch einseitige oder falsche Ernährung ein latenter Vitamin-A-Mangel vorliegen, wodurch in der Nase laufend Epithel und Entzündungszellen abgestoßen werden und sie deshalb dauernd läuft. Betroffen von Vitamin-A-Mangel sind besonders häufig Wasserschildkrötenbabys, die ausschließlich mit getrocknetem Gammarus ernährt werden. Vitamin-A-Mangel kann durch abwechslungsreiche Fütterung verhindert werden. Deshalb Pflanzenfressern immer frisches Grün anbieten, Gemischtköstlern 1–2mal monatlich Leber oder regelmäßig frischen Fisch anbieten. Zur Therapie werden die Augen gereinigt bzw. gespült und mit Vitamin-A-haltiger Augensalbe versorgt. Täglich kleine Vitamin-A-Gaben, oral verabreicht (z.B. Vitamintropfen oder Multimulsinpaste verfüttern), sind besser als Vitamin-A-Spritzen, wo es häufig zu Überdosierung kommt und die Tiere dann an Vitamin-A-Vergiftung sterben.

Vitamin-B-Mangel äußert sich durch Gleichgewichtsstörungen, Zitterkrämpfe und Lähmungserscheinungen. Betroffen davon sind vor allem „Fischfresser", die ausschließlich mit „günstigen" toten Karpfenfischen, z.B. lebendgebärenden Zahnkarpfen u.a., Guppies oder Weißfischen versorgt werden. Das Fleisch von Karpfenfischen enthält das Vitamin-B-abbauende Enzym Thiaminase, welches nach dem Tod der Fische freigesetzt wird. Wird bei Zitterkrämpfen ein Vitamin-B-Präparat (B_1–B_{12} und Folsäure) injiziert oder oral verabreicht, lassen die Krämpfe in der Regel innerhalb weniger Stunden nach.

Vitamin-C-Mangel kann zum Absterben der Schwanzspitze oder Hautveränderungen führen. Bei Hautverletzungen (Verbrennungen) und Erkältungen wirken sich Vitamin-C-Gaben positiv auf den Heilungsprozeß aus.

Vitamin-D-Mangel verhindert die Kalkeinlagerung ins Skelett (Rachitis, Osteomalazie), führt zu Zahnausfall und Panzererweichung bei Schildkröten.

Um Vitaminmangel vorzubeugen, sollte so abwechslungsreich wie möglich gefüttert werden. Heranwachsende benötigen mehr Vitamine als ausgewachsene Tiere. Vitamin-Kalk-Mischungen können bei Jungtieren durchaus bei jeder Fütterung zugesetzt werden, bei ausgewachsenen Tieren genügt eine Vitamingabe 1– bis 2mal in der Woche, während sonst nur die Insekten mit Kalkpulver bestäubt werden.

Mein Tip: Da fettlösliche Vitamine in Pulverform oft nicht ausreichend aufgenommen werden, sollten sie in emulgierter Form als Tropfen oder Paste zweimal im Monat in der vom Hersteller angegebenen Dosierung gegeben werden.

Vitaminüberdosierung: Auch zu hohe Vitamindosen können krankhafte Körperveränderungen auslösen. Bei Vitamin-A-Überdosen kommt es zu inneren Blutungen in den Organen oder zu flächigen Hautablösungen (Dermatitis) sowie Folgeinfektionen.

Bei zu hohen Vitamin-D_3-Gaben wird Kalk an falschen Stellen im Körper, z.B. in Arterien, abgelagert oder es treten übermäßige Knochen- und Knorpelwucherungen auf.

Erkrankungen bei Amphibien

Die Krankheiten der Amphibien sind bei weitem nicht so gut untersucht wie die von Reptilien. Ein Problem ist das schnelle Vertrocknen der toten Tiere, was eine nachträgliche Untersuchung unmöglich macht. Am besten werden, sobald irgendeine Veränderung festgestellt wird, die lebenden Tiere einem Tierarzt oder einem Institut vorgeführt.

Würmer

Häufig finden sich im Darmtrakt von Amphibien Zwergfadenwürmer, die sich durch Panacurgaben (30 mg/kg Körpergewicht) oder über bestäubte Futtertiere ausdünnen bzw. entfernen lassen. Bei starkem Wurmbefall kommt es ohne Behandlung zu Folgeinfektionen durch Bakterien und Pilze. Die Darmentzündung kann sich zum Darmdurchbruch weiterentwickeln, an dem die Tiere schließlich sterben.

Auch Lungenwürmer sind häufig bei Amphibien vorhanden, und Arten mit Entwicklungszyklen ohne Zwischenwirten können sich im Terrarium schnell stark über den ganzen Bestand ausbreiten. Auch hier kommt es zu Sekundärinfektionen, die oft tödlich enden. Das Vorhandensein von Lungenwürmern kann mit Kotproben nachgewiesen werden, die Medikamentenauswahl und -dosierung sollte mit einem Tierarzt oder Institut abgesprochen werden. Das Terrarium muß nach jeder Behandlung gründlich desinfiziert werden, um freilebende Stadien abzutöten.

Bakterielle Erkrankungen, Molchpest, Red-Leg-Disease

Bei falscher Haltung entstehen Streßzustände, die die Abwehrkräfte der Tiere schwächen und sie erkranken lassen. Die Tiere verweigern die Nahrungsaufnahme und werden apathisch. Äußere Symptome sind meist Hautblutungen, Rötungen der Haut, Ödeme und Bauchwassersucht. Bei der Red-Leg-Disease treten die Hautrötungen oft an den Gliedmaßen auf. Durch zu hohe Temperaturen, Wasserverschmutzung, mangelnde Hygiene im Terrarium, falsche Ernährung und Überbesatz werden zum einen die Abwehrkräfte der Tiere geschwächt, zum anderen erhöht sich die Zahl der auch sonst gegenwärtigen Bakterien sehr stark, so daß eine Krankheit ausbrechen kann.

Größere Amphibien (Agakröten, große Salamander) sind noch eher zu retten als nur wenige Zentimeter messende Kleinamphibien. Zuallererst müssen Hygiene und Haltungsbedingungen verbessert werden. Es kann versucht werden, befallene Tiere nach Rücksprache mit einem Tierarzt (Medikamentenwahl und -dosierung) mit antibiotischen Bädern oder oralen Antibiotikagaben zu retten, was meist jedoch nicht gelingt. Stellt man die ersten Todesfälle fest, bleibt meist keine Zeit zur Untersuchung und zum Abwarten des Ergebnisses mehr, da die betroffenen Tiere innerhalb von 1 bis 2 Tagen sterben.

Offene, nässende Hautstellen können manchmal mit antibiotischen Pudern behandelt und auch geheilt werden. Auch hier muß die Haltungshygiene verbessert und die Temperatur (meist zu hoch) überprüft werden.

Pilzerkrankungen

Das Erkennen von Pilzerkrankungen fällt dem Laien schwer und ist oft nur mit dem Mikroskop möglich. Hier hilft nur eine Untersuchung durch den Tierarzt.

Streichholzbeinchen

Diese Unterentwicklung der Vordergliedmaßen bei Froschlurchen hat verschiedene Ursachen. Neben Mutationen im Erbgut der Tiere (Eltern oder Larven) oder Vitaminmangel bei Kaulquappen durch falsche Ernährung können auch zu kühles Wasser oder falsche Wasserbeschaffenheit bei den Jungfröschen Streichholzbeinchen hervorrufen.

Erkrankungen bei Wirbellosen

Bei Wirbellosen sind Krankheiten noch weniger erforscht als bei Amphibien.

Außenparasiten

Wird bei Wirbellosen ein Milbenbefall festgestellt, können diese mit Öl benetzt, so abgetötet und mit einer Pinzette entfernt werden. Wirbellose können vor der Behandlung kurz kühlgestellt werden, um ihre Bewegungsfähigkeit herabzusetzen. Dann lassen sie sich leichter handhaben.

Im Mundbereich von Vogelspinnen leben Milben, die sich symbiotisch von Nahrungsresten ernähren. Vermehren sie sich zu stark, können sie mit einem Pinsel abgestreift werden.

Schlupfwespenlarven fressen sich nach und nach durch den Körper ihrer Opfer (Insekten, Vogelspinnen, Skorpione) und werden oft erst erkannt, wenn das Tier stirbt. Sie kommen nur bei Wildfängen vor, und dem befallenen Tier kann nur der Tod durch Einfrieren erleichtert werden. Dasselbe gilt für den Befall mit Fadenwürmern.

Pilzbefall

Ein Pilzbefall bei Spinnen rührt meist von schlechten oder unhygienischen Haltungsbedingungen her. Äußere Verpilzungen, meist als weiße oder graue Beläge zu erkennen, werden mit pilzhemmenden Salben behandelt oder mit Isopropanol (mit einem Wattestäbchen auftragen und danach gleich wieder abtrocknen). Dies hilft natürlich nur gegen oberflächliche Verpilzungen. Hat der Pilz erst einmal das Körperinnere mit seinem Mycel durchwuchert, ist eine Behandlung unmöglich.

Bakterien und Viren

Beim Befall mit Bakterien und Viren kann den Tieren bisher ebenfalls nicht geholfen werden. Einzig durch optimale Haltungsbedingungen kann versucht werden, es erst gar nicht zu einer Erkrankung kommen zu lassen.

Verletzungen der Gliedmaßen

Alle Wirbellosen besitzen nahe am Körper Sollbruchstellen an ihren Gliedmaßen, damit sie diese im Notfall abwerfen können, um ihr Leben zu retten. Werden Gliedmaßen verletzt und nicht selbständig abgeworfen, können die Tiere durch den dauernden Verlust von Körperflüssigkeit Schaden nehmen. Auch bei den folgenden Häutungen kann es zu Problemen bis hin zum Tod kommen, wenn die beschädigten Gliedmaßen wegen Verklebungen durch die Wundflüssigkeit die reibungslose Häutung stören oder verhindern.

Deshalb ist die Entfernung beschädigter Extremitäten ratsam. Meist genügt es, die verletzte Gliedmaße fest mit einer Pinzette zu fassen und das Tier zu reizen. Dann wirft es das beschädigte Glied freiwillig an der Sollbruchstelle ab. Bei der nächsten Häutung wird es dann durch ein etwas kleineres ersetzt, um nach mehreren Häutungen wieder Originalgröße zu erreichen.

Dies funktioniert bei Wirbellosen ohne weitere Häutung nach der Geschlechtsreife natürlich nicht mehr. Viele Arten kommen jedoch mit ein oder zwei Beinen weniger meist noch gut zurecht. Bei Verlust beider Mundgliedmaßen verhungern die Tiere allerdings. Wenn z.B. bei Vogelspinnen nur eine Chelicerenklaue abbricht, können sie weiterhin, wenn auch stark behindert, Nahrung zu sich nehmen.

Risse am Körper

Große Platzwunden oder Schnitte führen zum Tod durch Ausfluß der Körpersäfte. Nur bei größeren Vogelspinnen kann versucht werden, die Blutung kleinerer Wunden mit Sprühverband, Puderzucker oder Vaseline zu stoppen.

Pflanzen im Terrarium

Pflanzen gehören zum Lebensraum von Tieren und stehen am Anfang fast jeder Nahrungskette. Nicht selten werden sie sogar selbst zum Lebensraum. Hier seien nur Urwaldriesen genannt, die einen wahren „Mikrokosmos" darstellen und zahlreiche Tiere und Pflanzen beherbergen.

Mit Terrarien verbinden viele Menschen die Vorstellung von einem üppig mit Orchideen und Bromelien bewachsenen Stück Urwald im Haus. Aber nicht jeder Terrarientyp (z.B. Quarantäne-, Wüsten- oder Trockenterrarium) muß unbedingt reich und üppig bepflanzt werden.

Pflanzen verbessern im Terrarium zweifellos das Kleinklima, geben den Tieren Deckung, Sichtschutz und damit Geborgenheit und können nicht zuletzt dem Pfleger als Indikator für die Pflegemaßnahmen dienen: So gedeihen z.B. Tillandsien (Luftnelken) und andere Aufsitzer in schlecht belüfteten, stickigen Terrarien nicht. Wo Pflanzen gedeihen, stimmen normalerweise Licht, Lüftung, Wärme und Feuchtigkeit und somit auch die Klimawerte für die entsprechenden Terrarienpfleglinge. Zudem wirkt ein schön eingerichtetes und bepflanztes Schauterrarium sehr dekorativ. Mit schönen Dingen beschäftigt man sich gern, und die intensivere Pflege kommt dann wiederum den Terrarientieren zugute.

Pflanzen stellen, ebenso wie die Terrarientiere, bestimmte Ansprüche an Licht, Luft, Wärme, Nährstoffe und Feuchtigkeit. Diese Wachstumsfaktoren wirken in ihrer Gesamtheit auf die Pflanze ein. Liegt nur einer im ungünstigen Bereich, kommt es zu Wachstumsstörungen. Die im Handel erhältlichen Zimmerpflanzen werden allerdings schon lange kultiviert und sind meist sehr tolerante und widerstandsfähige Arten, die kleinere Pflegemängel verzeihen.

Mein Tip: **Unverwüstliche Terrarienpflanzen sind die Efeutute (*Epipremnum pinnatum*), *Scindapsus pictus*, *Monstera*-Arten, *Anthurien* und *Ficus pumilia*.**

Die Auswahl

Die Auswahl an Terrarienpflanzen im Handel ist natürlich im Vergleich zu der Vielzahl der Pflanzen in den Lebensräumen unserer Terrarienpfleglinge eher gering. Dennoch steht uns heute für die Einrichtung unseres Terrariums eine große Palette an Zimmerpflanzen zur Verfügung, und spezialisierte Fachgärtnereien erfüllen so manchen ausgefallenen Wunsch.

Die Pflanzenauswahl richtet sich naturgemäß nach den Ansprüchen der gepflegten Tiere. Regenwaldpflanzen beispielsweise werden sich in einem Trockenterrarium für Bartagamen nicht lange halten. Am einfachsten wäre die Verwendung von Pflanzen aus den jeweiligen Biotopen der Tiere, zumal einige Terrarianer die Pflege ihrer Schützlinge in „authentischen" Biotopbecken, d.h. nur mit Pflanzen aus deren natürlichen Lebensräumen bevorzugen. Für Bartagamen-Terrarien z.B. sind aber im Handel wohl kaum Gewächse aus dem australischen Busch erhältlich. Es müssen also bei der Auswahl der Pflanzen meist Kompromisse gemacht werden. Andererseits wird es aber z.B. einer Grasnatter auch recht egal sein, ob sie in einem amerikanischen oder in einem asiatischen Strauch Deckung und Geborgenheit findet.

Bei der Bepflanzung und der Einrichtung achtet man darauf, daß alle Pflegemaßnahmen, z.B. das Säubern von Einrichtungsgegenständen, und die Kontrolle der Tiere problemlos möglich bleiben. Viele Pfleglinge strapazieren in der räumlichen Enge des Terrariums die Bepflanzung natürlich weitaus mehr, als dieser zuträglich ist (z.B. Großechsen und Riesenschlangen). Durch andauernde mechanische Belastung bzw. Beschädigungen, Ausgraben und Anfressen, aber auch durch übermäßige Düngung bzw. Schädigung durch die Stoffwechselausscheidungen haben Pflanzen oft einen schweren Stand im Terrarium. Bei großen Terrarientieren muß deshalb häufig auf Kunststoffpflanzen zur Beckenbegrünung zurückgegriffen werden. Durch geschicktes, dem Zugriff der Tiere entzogenes Plazieren der Pflanzen können allerdings auch Becken mit Pflanzenfressern oder größeren Tieren mit echten Pflanzen ausgestattet werden.

Stachelige oder dornige Pflanzen (z.B. viele Kakteen), welche die Tiere verletzen könnten, sind ebenso wie Pflanzen mit giftigen Säften, Blüten, Beeren, Blättern oder Knollen (z.B. Eibe oder Seidelbast) für Terrarien und Freigehege ungeeignet. Pflanzenfresser sind hierbei naturgemäß stärker gefährdet als Räuber, aber auch letztere könnten versehentlich ein giftiges Pflanzenteil mitfressen.

Die Wirkung von Pflanzengiftstoffen auf Terrarientiere ist noch völlig unerforscht. Dieffenbachien und Wolfsmilchgewächse beispielsweise sind wegen ihres giftigen, hautreizenden Milchsaftes für Menschen, vor allem Kleinkinder, gefährlich. Bisher wurde aber noch kein einziger Fall der Vergiftung eines Terrarientieres durch diese beiden Pflanzen bekannt. Zum einen sind pflanzenfressende Reptilien sehr robust, zum anderen kommen diese Pflanzen in ihrem natürlichen Lebensraum vor, so daß sie sie wohl instinktiv meiden. (Allerdings können unter Terrarienbedingungen manchmal unnatürliche Verhaltensweisen auftreten!)

Deshalb können Sukkulente, dickfleischige und derbe Wolfsmilchgewächse bei der Bepflanzung von Trockenterrarien für Nicht-Vegetarier ebenso eingesetzt werden wie Dieffenbachien in Regenwaldbecken ohne Pflanzenfresser.

 **Mein Tip:** Im Zweifelsfall sollten Sie auf die Verwendung von unbekannten Pflanzen im Terrarium verzichten.

Licht

Das Sonnenlicht ist für Pflanzen die Quelle des Lebens. Bei ausreichender Beleuchtung können die Pflanzen am ehesten einen Mangel an anderen Wachstumsfaktoren ausgleichen. Entscheidend für das Wachstum und den pflanzlichen Stoffwechsel ist die Lichtzusammensetzung und eine artspezifisch unterschiedliche Lichtstärke. Besonders die Blau- und Rotanteile des Tageslichtspektrums sind für die Photosynthese und das Wachstum der Pflanzen wichtig.

Spezielle Pflanzenlampen und -leuchtstoffröhren besitzen in diesen Bereichen ihre Hauptstrahlungsabgabe, weshalb ihr Licht rötlich-purpurn erscheint. Auf das menschliche Auge wirkt das Licht dieser Pflanzenlampen unnatürlich und dunkel, da unser Absorptionsmaximum im grüngelben Spektralbereich liegt.

Ohne Licht gehen Pflanzen zugrunde, Lichtmangel führt zu verstärktem Streckungswachstum (Vergeilen) und Vergilben der Pflanzen. Zuviel Sonne führt zu Verbrennun-

Lebende Steine, Mittagsblume (S. 79)

gen, wobei im Terrarium oder im Zimmer aber wohl kaum zu hohe Lichtwerte erreicht werden, sondern eher Hitzeschäden auftreten.

Auch Pflanzen atmen bei Tag und Nacht, d.h. sie verbrauchen Energie. Die Photosynthese (also der Traubenzuckeraufbau) setzt bereits bei einigen 100 Lux ein, aber nur bei ausreichender Beleuchtung übersteigt die Photosynthese die Atmung (den Traubenzuckerabbau) bei weitem. Jede Pflanze besitzt einen artspezifischen Minimallichtbedarf, den sogenannten Lichtkompensationspunkt, an dem die Summe des Zuckeraufbaus gleich der des Abbaus ist. Unterhalb dieses Punktes überwiegt der Abbau, und die Pflanze zehrt noch eine Weile von ihren Reserven, ehe sie „verhungert".

Einige Bodenpflanzen aus schattigen Wäldern kommen bereits mit 400 – 500 Lux als Minimallichtbedarf zurecht. Etwa 1000 – 2500 Lux benötigen auch solche Pflanzen, um ein mäßiges Wachstum zu zeigen. Bei Pflanzen mit mittlerem Lichtbedarf liegt das Minimum bei ca. 700 – 1000 Lux, die empfohlene Lichtmenge zur Pflege bei ca. 2500 – 5000 Lux. Für ein optimales Wachstum und zum Substanzaufbau benötigen also auch schattenliebende Pflanzen wesentlich höhere Beleuchtungsstärken von bis zu 10 000 Lux. Pflanzen mit hohem Lichtbedarf benötigen wenigstens 1 500 Lux, die empfohlene Lichtmenge liegt bei über 10 000 Lux, und die optimale Lichtmenge ist mit Kunstlicht allein kaum zu erreichen.

Auswahl der Leuchtmittel

Neben Pflanzenleuchtstoffröhren besitzen auch Tageslicht-, Biolux-, Weiß- oder Warmtonröhren (am besten die De-Luxe-Ausführungen) eine gute Farbzusammensetzung für Pflanzen. Mit speziellen Pflanzenstrahlern oder mit im Energieverbrauch/Lichtabgabe-Verhältnis etwas wirtschaftlicheren Niedervolt-Halogenlampen (hier die Kaltlichtversionen) lassen sich einzelne lichthungrige Pflanzen (z.B. Orchideen) zusätzlich versorgen und auch optisch ansprechend hervorheben. HQL- (De-Luxe-Ausführung) und HQI-Lampen besitzen ebenfalls eine gute Farbzusammensetzung bei sehr guter Lichtausbeute. Sie sind aber erst ab 50 bzw. 70 Watt erhältlich und kommen wegen der damit verbundenen hohen Wärmeabgabe nicht für alle Terrarien in Frage. Bei ihrem Einsatz muß vor allem auf einen ausreichenden Abstand zu den Pflanzen und eine gute Wärmeabfuhr geachtet werden.

Mein Tip: Um eine ausgewogene Lichtqualität für Tiere und Pflanzen zu erzielen, wäre eine Kombination verschiedener Leuchtmittel zu empfehlen, neben punktuellen Pflanzen(wärme)strahlern z.B. eine Pflanzenröhre, eine Tageslicht-, Biolux- oder Warmtonröhre sowie eine UV-Licht abgebende Reptilienröhre.

Es gilt auch zu bedenken, daß Leuchtstoffröhren über die gesamte Länge gleichmäßig Licht abgeben, Strahler je nach Ausstrahlwinkel nur eine sehr begrenzte Kreisfläche ausreichend ausleuchten. Zudem vergrößert sich mit zunehmendem Abstand von der Lichtquelle die bestrahlte Fläche und damit sinkt die Lichtintensität rapide. Der Einsatz von Reflektoren hilft, die Lichtausbeute der Leuchten zu optimieren. Dennoch gelangt mit zunehmender Beckenhöhe und auch durch Einrichtungsgegenstände oder dichte Be-

Lanzenrosette (s. S. 70)

pflanzung immer weniger Licht auf den Terrarienboden oder in den Wasserteil von Paludarien, so daß die Zahl der Leuchtmittel erhöht werden muß, um die gewünschte Lichtintensität am Boden zu erreichen.

Je wärmer ein bepflanztes Regenwaldterrarium ist, desto heller sollte es beleuchtet werden, damit die Pflanzen nicht „vergeilen", denn Wärme beschleunigt das Wachstum.

Lichtansprüche der Pflanzen

Die Lichtansprüche bzw. die Lichtverträglichkeit der Terrarienpflanzen wird in den Beschreibungen unter dem Stichwort „Standort" angegeben.

Sonnig: Die Pflanzen vertragen ganztägig volle Sonne (bis 100 000 Lux) am Südfenster oder im Wintergarten.

Hell: Nur kurzzeitig etwas Sonne, am Ost- oder Westfenster; die Pflanzen benötigen etwa 10 000 – 20 000 Lux.

Halbschattig: Keine direkte Sonne, etwa an Nordfenstern; Lichtintensität von 5 000 – 10 000 Lux genügt.

Schattig: Standort im Zimmer nicht direkt am Fenster; Lichtintensität von ca. 2 500 – 5 000 Lux reicht den Pflanzen aus.

Beleuchtungsdauer

Die meisten Terrarienpflanzen kommen mit einer Beleuchtungsdauer von 12 bis 14 Stunden gut zurecht. Außer für die Photosynthese ist die Beleuchtungsdauer noch wichtig für die Blütenbildung der Pflanzen. Kurztagpflanzen blühen erst, wenn die Beleuchtungsdauer 12 Stunden unterschreitet, Langtagpflanzen, wenn 12 Stunden überschritten werden. Daneben gibt es tagneutrale Pflanzen, hier wird die Blütenbildung nicht durch die Tageslänge, sondern durch andere Faktoren (z.B. Feuchtigkeit) angeregt.

Temperatur

Wie der Lichtbedarf ist auch der Wärmebedarf und die Toleranz für kurzzeitige Extremtemperaturen bei den einzelnen Pflanzen sehr unterschiedlich ausgeprägt und der Artenbeschreibung zu entnehmen. Viele Tropenpflanzen benötigen „warme Füße", d.h. eine gewisse Bodenwärme, die tagsüber bei 22 °C liegen und nachts nicht unter 18 °C sinken sollte. Als Richtlinie für die Temperaturansprüche der Pflanzen gelten folgende Werte:

Warm: ganzjährig am Tag über Zimmertemperatur (22 °C), nachts nicht bzw. nur kurz unter 16 – 18 °C

Temperiert: mäßig warm: am Tag durchschnittlich 20 – 22 °C (d.h. sie vertragen stundenweise auch höhere Temperaturen), Nachtabsenkung unter 18 °C; im Winter tagsüber 15 – 18 °C, nachts bis 10 – 12 °C

Kühl: im Sommer schattig im Freiland, im Winter frostfrei bei 5 – 10 °C

Luftfeuchtigkeit

Die Luftfeuchtigkeit ist der Wasserdampfgehalt der Luft. Die Wasserdampfaufnahmefähigkeit der Luft steigt jedoch mit der Temperatur. Meist enthält die Luft weniger Feuchtigkeit, als sie maximal aufnehmen könnte. Die relative Luftfeuchtigkeit in Prozent gibt an, wieviel Feuchtigkeit tatsächlich vorhanden ist (im Vergleich zur theoretisch maximalen Menge).

Je nach Herkunft sind die Terrarienpflanzen unterschiedliche Luftfeuchtigkeitswerte gewöhnt, und viele Arten aus feuchtwarmen Gegenden leiden bei zu trockener Luft. In Deutschland schwankt die relative Luftfeuchtigkeit zwischen 65% und 100%, je nach Wetter, Tages- und Jahreszeit. In beheizten Zimmern und Terrarien liegt die relative Luftfeuchtigkeit meist nur zwischen 30% und 40%, zu niedrig für viele Pflanzen, die Werte zwischen 80 und 95% gewöhnt sind, aber durchaus mit 60% zurechtkommen. In bepflanzten Regenwaldterrarien und Paludarien muß deshalb mit regelmäßigem Sprühen, Beregnungsanlagen, Ultraschall-Verneblern oder Wasserläufen die relative Luftfeuchtigkeit erhöht werden. Da mit sinkender Temperatur die Wasseraufnahmefähigkeit der Luft sinkt, steigt mit dem Erlöschen der austrocknenden und die Lufttemperatur erhöhenden Beleuchtung automatisch die Luftfeuchtigkeit an.

Luftfeuchtigkeitsbedarf von Zimmerpflanzen	
Hoch:	über 80%
Normal:	50 – 80%
Trocken:	unter 50%

Wasserversorgung

Der Wasserbedarf der einzelnen Pflanzen wird in der Artbeschreibung angegeben. Grundsätzlich steigt der Wasserbedarf mit Zunahme von Lichtintensität und Temperatur. Entscheidend ist zudem die Wasserqualität. Aufsitzerpflanzen benötigen eine andere Wasserqualität als bodenwurzelnde Arten. Normalerweise decken Epiphyten ihren Wasserbedarf ausschließlich mit mineralarmem Regenwasser. Regenwasser kann in unseren Breiten allerdings Schadstoffe aus der Luft enthalten (saurer Regen), weshalb in städtischen Ballungsräumen besser auf Regenwasser verzichtet werden sollte.

Leitungswasser enthält neben Härtebildnern wie Kalk oft auch Nitrat und Schadstoffe wie z.B. Halogenkohlenwasserstoff. Kalkhaltiges Leitungswasser hinterläßt zudem auf Scheiben und Blättern nach dem Abtrocknen unschöne Rückstände (Kalkränder). Ab einer deutschen Wasser-

Flammendes Schwert (s. S. 71)

härte von 5° bietet sich der Kauf einer Wasseraufbereitungsanlage (z.B. einer Umkehrosmoseanlage) an, um das Sprühwasser aufzubereiten. Das Sprühwasser sollte zudem immer temperiert, d.h. etwas wärmer als die Zimmertemperatur sein.

Düngen

Viele Aufsitzerpflanzen kommen mit geringen Düngergaben aus. Im Terrarium ist die Düngung durch die Exkremente der Pfleglinge meist schon zu stark. Hier müssen eher die Ausscheidungen regelmäßig entfernt werden, als daß zusätzliche Düngung nötig wäre. Schädigungen entstehen eher durch Lichtmangel, Stickluft, Zugluft, eine Versalzung des Bodens oder zu reichhaltiges Wässern. Dennoch müssen hin und wieder, vor allem bei starkwüchsigen Pflanzen, Eisen und Spurenelemente nachgedüngt werden.

Flüssigdünger sollte gezielt verabreicht werden, so daß die Tiere ihn nicht trinken oder er sich in Blattrosetten ansammeln kann. Gut geeignet sind Düngerstäbchen mit Langzeitwirkung, die in den Wurzelballen gesteckt werden. Terrarianer, die ein Aquarium besitzen, können bei weichem Wasser das „Abwasser" des wöchentlichen Wasserwechsels nutzen, um den Nährstoffbedarf der Terrarienpflanzen zu decken.

Mein Tip:
Ein sehr interessanter Düngertip ist die Verwendung von Aspirin + Vitamin C als Nährstoff und zur Erhöhung der Widerstandskraft. $^1/_2$ Brausetablette in 10 l Wasser auflösen und die Pflanze damit gießen.

Frauenhaarfarn

Pflanzen für feuchtwarme Regenwaldterrarien

Farne

Frauenhaarfarn
Adiantum pedatum

Allgemeines: Es sind etwa 200 *Adiantum*-Arten bekannt. Sie vertragen weder trockene Zimmerluft noch Zugluft. Nur wenige Arten sind deshalb im Handel erhältlich.
Heimat: Die Gattung ist weltweit verbreitet.
Standort: halbschattig, keine Sonne
Temperatur: 20 – 25 °C, nicht unter 16 °C abkühlen
Luftfeuchtigkeit: hoch, nicht direkt besprühen
Gießen: Wurzelballen immer gleichmäßig feucht halten, nur mit weichem Wasser gießen
Düngen: alle 14 Tage

Nestfarn, Streifenfarn
Asplenium

Allgemeines: Die Gattung umfaßt über 700 Arten. Der Nestfarn ist ein Epiphyt im Urwald und bildet ähnlich wie Bromelien Trichter zur Wasser-, Humus- und Nährstoffaufnahme.
Heimat: Die Gattung ist weltweit verbreitet.
Standort: halbschattig

Nestfarn, Streifenfarn

Temperatur: 18 – 23 °C, nicht unter 15 °C abkühlen
Luftfeuchtigkeit: kommt erstaunlicherweise auch mit trockener Zimmerluft zurecht, gedeiht aber feuchtwarm am besten; verträgt auch direktes Besprühen
Gießen: Wurzelballen stets feucht halten und immer etwas Wasser in die Rosette geben
Düngen: alle 14 Tage

Mein Tip:
Um Aufsitzerpflanzen (Epiphyten) auf Terrarienäste zu binden (z.B. mit Nylonschnur), werden ihre Wurzelballen am besten in spezielle Orchideenpflanzkörbe (aus Xaxim, grobem Fasertorf oder Sphagnumhäcksel), die Feuchtigkeit speichern, aber ebenso für einen guten Wasserabfluß sorgen, eingepflanzt oder die Wurzeln beim Aufbinden mit Sphagnummoos umhüllt.

Bromelien

Allgemeines: Bromelien sind mit ca. 2 000 Arten eine sehr große Pflanzenfamilie.
Heimat: Ihre Heimat ist der amerikanische Kontinent, wobei die Artenvielfalt der Tropen die der anderen Zonen bei weitem übertrifft. Der Großteil der Bromelien wächst in Regenwäldern, einige auch in Halb-

wüsten und Savannen. Es gibt baumbewohnende (epiphytische), bodenbewohnende (terrestrische) und felsbewohnende (lithophytische) Arten. Die bekannteste Bromelie, genauer ihre Frucht, ist die Ananas. Die als Zimmerpflanzen erhältlichen Arten sind meist epiphytische Regenwaldbewohner. Als Aufsitzer kommen sie ohne aufwendige Stamm- oder Sproßbildung ans Licht, haben aber keine Verbindung zum Erdboden und damit zur Wasser- und Nährstoffversorgung. Deshalb sind ihre Blattscheiden zu trichterförmigen Zisternen umgebildet, um darin Wasser, Staub, Kotreste von Tieren oder tote Tiere selbst zu sammeln und zu verdauen. Nicht über Wurzeln, sondern über ihre Blätter gelangen sie an Nährstoffe. Große Bromelienstöcke auf den Ästen von Urwaldriesen dienen ganzen Lebensgemeinschaften als Jagdrevier, Versteck, Nahrungsquelle und Kleinstgewässer zum Ablaichen. Epiphyten oder Aufsitzerpflanzen schädigen ihre Wirtspflanzen nicht, allerdings können die Äste mit der Zeit unter ihrem Gewicht brechen. Aufsitzerpflanzen erschließen humusfreie und nährstoffarme Plätze. Tillandsien wachsen zum Beispiel auf ungünstigen Standorten wie Telefonkabeln. Im Terrarium können Bromelien durch überreiche Düngung, z.B. bei übermäßiger Kotansammlung im Blatttrichter, sogar Schaden nehmen und ausfaulen. Kräftiges Sprühen mit weichem Wasser zum Durchspülen und Säubern der Trichter schafft meist Abhilfe. Bromelien blühen nur einmal, dann gehen sie langsam zugrunde. Zum Glück bilden die meisten Arten Ableger, sogenannte Kindel. Die Vermehrung über den gebildeten Samen ist zwar ergiebiger, aber sehr schwierig, so daß sie meist nur Spezialisten gelingt.

Lanzenrosetten
Aechmea

Allgemeines: Die Gattung Aechmea umfaßt ca. 180 teils epiphytische, teils terrestrische Arten (Abb. S. 67).
Heimat: Mexico bis Argentinien
Standort: hell, ohne direkte Sonne
Temperatur: nie unter 18 °C, optimaler Bereich um 25 °C
Luftfeuchtigkeit: mittel
Gießen: Wurzelballen leicht feucht halten, keine Staunässe; Trichter mit Wasser füllen, besonders bei hohen Temperaturen
Düngen: einmal im Monat

Erdstern, Verstecktblüte
Cryptanthus

Allgemeines: Die Gattung umfaßt etwa 20 Arten. Erdsterne wachsen am Boden in trockenen Wäldern, manchmal auch auf modernden Baumstümpfen, wo sie dichte Bestände bilden können. Ihre Wurzeln benötigen immer etwas Substrat. Sie können aber, die Wurzelballen mit etwas Substrat umhüllt, auch epiphytisch auf Äste oder an die Rückwand verpflanzt werden. Erdsterne besitzen meist auffällig gezeichnete oder gefärbte Blattrosetten.
Heimat: Brasilien
Standort: hell bis halbschattig
Temperatur: 20 – 25 °C, nicht unter 18 °C
Luftfeuchtigkeit: hoch, öfter sprühen
Gießen: Wurzelballen immer gleichmäßig feucht halten, nur weiches Wasser benutzen

Guzmanie
Guzmania

Allgemeines: Die Gattung zählt etwa 100 Arten. Es handelt sich um Bro-

Erdstern, Verstecktblüte

melien mit hellgrünen, schmal-länglichen Blättern, die trichterförmige Rosetten bilden.
Heimat: Mittelamerika bis nördliches Südamerika
Standort: hell bis halbschattig, keine pralle Sonne
Temperatur: 18 – 28 °C, nicht unter 15 °C
Luftfeuchtigkeit: mittel bis hoch, regelmäßig sprühen
Gießen: ganzjährig mäßig mit weichem Wasser, Wurzelballen verträgt keine Trockenheit und keine Staunässe; Pflanzen aber oft besprühen
Düngen: alle 2 – 4 Wochen

Tillandsien, Luftnelke
Tillandsia

Allgemeines: Tillandsien bilden mit über 500 Arten eine sehr artenreiche Gattung. Alle Arten sind Aufsitzer, Epiphyten. Die meisten Tillandsien bilden keine wassersammelnden Trichter aus. Die Lebensraumansprüche sind sehr unterschiedlich. Regenwaldtillandsien sind grün und mehr oder weniger weichblättrig mit Trichterbildung oder Ansätzen dazu, z.B. *T. leiboldiana*, *T. flabellata* oder *T. cyanea*. In Trockenwäldern treten Tillandsien mit beschuppten Blättern auf, deren Blattschuppen Feuchtigkeit von Tau und Nebel aufsaugen. Sie können auch lange Trockenperioden in sengender Hitze überstehen, denn bei Trockenheit schützen die luftgefüllten Saugschuppen die Pflan-

Guzmanie

Tillandsien, Luftnelke

zen vor der Sonnenstrahlung. Durch die Lichtreflexion erscheinen sie dann silbergrau. Völlig wurzellos ist das Louisianamoos *T. usneoides,* das in langen Bärten von den Bäumen hängt. *T. xerographica* bildet große, weiße Blattrosetten aus und kann einschließlich Blüte bis zu 1 m hoch werden. Ein Vertreter der Felswüstentillandsien ist *T. tectorum* aus Peru. Die Blätter erscheinen in trockenem Zustand schneeweiß, da sie dicht von großen Schuppenhaaren bedeckt sind. Sie bilden zwischen den Felsblöcken ausgedehnte Bestände. *T. recurvata* ist in der Neuen Welt weit verbreitet. Sie wächst auf Bäumen, an Felswänden und auf Kakteen. Besonders auf Kakteen kann sie so zahlreich gedeihen, daß die Kakteensprosse wie verpackt erscheinen.

Heimat: tropisches und subtropisches Amerika

Standort: grüne Tillandsien hell, ohne direkte Sonne, bei zu starker Belichtung färben sie sich gelblich. Weiße und graue Tillandsien vertragen pralle Sonne.

Temperatur: Das Optimum liegt bei 15 – 25 °C, das Minimum bei 8 – 10 °C, das Maximum bei 40 – 45 °C. Nach einer zu langen Exposition bei 40 – 45 °C sterben Teile der Pflanzen ab.

Luftfeuchtigkeit: Da Tillandsien der Luft Feuchtigkeit entnehmen, sollte öfter gesprüht werden, am besten morgens, denn wenn die Pflanzen über Nacht naß sind, kann es zu Fäulnis kommen. Bei grünen, trichterbildenden Arten sollte immer etwas Wasser im Trichter stehen, der Wurzelballen wird nur leicht feucht gehalten, Staunässe ist zu vermeiden.

Gießen: Je trockener die Luft und je höher die Temperatur ist, desto öfter sollte der Wurzelballen gegossen werden. Die Pflanze kann auch getaucht, überbraust oder besprüht werden. Weiße Tillandsien halten es im Sommer auch einmal 1 – 2 Wochen ohne Wassergaben aus.

Düngen: während der Wachstumsphase 1 – 2mal monatlich mit Flüssigdünger

Flammendes Schwert
Vriesea (Foto S. 68)

Allgemeines: Die Gattung umfaßt über 200 vornehmlich epiphytische Arten, die zu den schönsten und haltbarsten Bromelien zählen. Das Flammende Schwert ist ein typisches Ananasgewächs mit kräftigen Trichterrosetten. Die dunkelgrünen Blätter sind olivgrün gebändert, der schwertähnliche Blütenschaft ist meist rot gefärbt.

Heimat: tropisches Südamerika

Standort: hell bis sonnig

Temperatur: 18 – 30 °C, nicht unter 15 °C

Luftfeuchtigkeit: hoch, mindestens 60%

Gießen: Wurzelballen ganzjährig leicht feucht halten, Trichter immer mit weichem Wasser füllen

Düngen: alle vier Wochen

Orchideen

Allgemeines: Es gibt über 25 000 Orchideenarten. Sie sind weltweit verbreitet, außer an Extremstandorten wie Wüste oder Polarregion. Über 90% aller Orchideenarten sind in den Tropen und Subtropen Asiens, Australiens, Afrikas und Amerikas beheimatet. Orchideen wachsen auf dem Boden, einige wenige auf Felsen, der überwiegende Teil epiphytisch auf anderen Pflanzen. Die Wurzeln dienen der Verankerung. Über ihre Luftwurzeln entnehmen sie der Luft die nötige Feuchtigkeit. Nährstoffe erhält die Pflanze aus der hauchdünnen Humusschicht des Untergrundes sowie aus den Exkrementen der zahlreichen im Schutz der Epiphyten lebenden Tiere.

Da es so viele Orchideenarten aus den unterschiedlichsten Klimazonen gibt, ist eine einheitliche Pflegeempfehlung kaum möglich.

Temperatur: Orchideen lassen sich hinsichtlich ihrer Temperaturansprüche grob in drei Kategorien einteilen: Pflanzen für den kalten Bereich (5 – 15 °C, frostfrei), für den

Orchideen

temperierten Bereich (Zimmertemperatur 15 – 22 °C) und für den warmen Bereich (22 – 30 °C). Auch die Ansprüche an Licht und Feuchtigkeit und das Einlegen von Ruhephasen sind wichtig und in der Fachliteratur nachzulesen. Im folgenden können nur einige Hinweise gegeben werden. Empfehlenswerte Arten für feuchtwarme Regenwaldterrarien: Die Gattung *Calanthe* aus Asien und Afrika umfaßt etwa 200 vorwiegend terrestrische Arten. Sie lieben aufgrund ihrer bodenbezogenen Lebensweise schattige bis halbschattige Standorte. Immergrüne Arten für feuchtwarme Terrarien mit Temperaturen von 22 – 26 °C sind z.B. *C. triplicata*, *C. rosea* und *C. vestita*. Die Gattung *Cattleya* aus Mittel- und Südamerika zählt ca. 60 Arten. Sie leben epiphytisch und haben schöne große, farbenprächtige Blüten. Für feuchtwarme Terrarien mit Ansprüchen sind Calanthe-Arten geeignet, z.B. *C. dowiana*, *C. trianae* und *C. warscewiczii*.

Die Gattung *Dendrobium* aus Südostasien bis Australien umfaßt ca. 240 Arten. Aufgrund der langen Haltbarkeit ihrer Blüten sind zahlreiche Hybriden im Handel erhältlich. *D. densiflorum* und *D. phalaenopsis* vertragen Temperaturen von 22 – 30 °C, *D. fimbriatum* 22 – 26 °C an einem hellen bis halbschattigen Standort mit hoher Luftfeuchtigkeit.

Die Gattung der Frauenschuh-Orchideen aus Südostasien, *Paphiopedilum*, zählt etwa 65 Arten, die größtenteils terrestrisch, zum Teil auch auf Felsen wachsen. Alle besitzen immergrüne Blattrosetten. Arten mit einfarbig grünen Blättern stammen meist aus kühleren Gegenden, Arten mit marmorierten Blättern normalerweise aus warmen Gebieten, sie eignen sich deshalb gut für helle, feuchtwarme Terrarien. Für das feuchtwarme Regenwaldterrarium empfehlenswerte Arten sind: *P. bellatulum*, eine nur 10 cm hoch werdende Art mit bis zu 15 cm langen Blättern; *P. masterianum* und *P. rothschildianum*.

Die Gattung *Phalaenopsis*, Falterorchideen aus Asien, umfaßt ca. 40 Arten. Es sind epiphytische Orchideen für feuchtwarme, schattige Standorte und damit bestens für Terrarien geeignet. Außer den zahlreichen im Handel angebotenen Hybriden sind folgende Arten zu empfehlen: *P. amabilis* aus Indonesien mit bis zu 70 cm langem Blütenstand und 30 cm langen, derben, eiförmigen Blättern; *P. lueddemanniana* aus Indien bleibt etwas kleiner.

Die Gattung *Vanda* umfaßt etwa 70 Arten und ist im tropischen Asien verbreitet. Es sind überwiegend baumbewohnende Arten mit kräftigen, langen Luftwurzeln. Der Standort sollte bei den meisten Arten hell sein, bei zu wenig Licht entwickeln sich viele Blätter, aber die Blüte bleibt aus. Für feuchtwarme Terrarien empfehlenswert: *V. coerulea* (Birma bis Thailand; mit dichtbeblättertem Stamm und reichlich Luftwurzeln, kann bis 1 m hoch werden), *V. sanderana* und *V. teres*.

Blatt- und Blütenpflanzen

Kolbenfaden
Aglaonema commutatum

Allgemeines: Die Gattung *Aglaonema* ist in Südostasien beheimatet und umfaßt ca. 50 Arten. Sie ist mit der Gattung *Dieffenbachia* nahe verwandt, beide gehören zu den Aronstabgewächsen. Auf den ersten Blick können Kolbenfaden und Dieffenbachien leicht verwechselt werden, Aglaonema

Kolbenfaden

besitzt jedoch schmalere Blätter. Es handelt sich um dekorative Blattpflanzen, die sich wegen ihres geringen Lichtbedarfs hervorragend für die Terrarienbepflanzung eignen.

Heimat: Südostasien
Standort: schattig bis halbschattig, keine pralle Sonne
Temperatur: 20 – 25 °C, nicht unter 18 °C
Luftfeuchtigkeit: hoch, häufig sprühen
Gießen: Wurzelballen stets feucht halten, Staunässe vermeiden
Düngen: alle 14 Tage

Flamingoblume
Anthurium-Hybriden

Allgemeines: Etwa 550 Arten von Flamingoblumen wachsen in tropischen Regenwäldern sowohl am Boden als auch auf Bäumen. Die Blüten der Flamingoblume sind nicht die roten Hüll- oder Hochblätter (Spatha), sondern die daraus herausragenden Kolben.
Heimat: tropisches Amerika
Standort: hell bis halbschattig, keine pralle Sonne
Temperatur: Große Flamingoblume 18 – 25 °C, Kleine Flamingoblume 16 – 25 °C

Flamingoblume

Buntwurz, Kaladie

Columnea

Luftfeuchtigkeit: hoch, öfter Blätter ansprühen; Spatha nicht besprühen, bekommt braune Flecken
Gießen: Wurzelballen leicht feucht halten
Düngen: alle 14 Tage

Buntwurz, Kaladie
Caladium-Bicolor-Hybriden

Allgemeines: Pflanze mit großen, farblich sehr ansprechenden Blättern. Im Handel werden ausschließlich *Caladium-Bicolor*-Hybriden angeboten. Im Herbst werden die Blätter eingezogen; den knolligen Wurzelstock bei 18 – 20 °C trocken ruhen lassen.
Größe: alle Varietäten 25 – 35 cm hoch
Besonderheit: prächtige, aber nicht ganz einfach zu pflegende Pflanze, empfindlich gegen Zugluft
Heimat: Brasilien
Standort: sehr hell, keine pralle Sonne
Temperatur: 18 – 30 °C
Luftfeuchtigkeit: hoch, die Blätter nicht besprühen
Gießen: zur Zeit des Austriebes reichlich gießen
Düngen: nach dem Austrieb wöchentlich

Kroton, Wunderstrauch
Codiaeum variegatum

Allgemeines: Der „bunte Hund" unter den Blattpflanzen. Von der einzigen in Kultur befindlichen Art werden zahlreiche Sorten mit unterschiedlichen Farben und Blattformen im Handel angeboten.
Größe: in freier Natur bis 1 m, im Terrarium viel kleiner
Heimat: Molukken, Malaiische Halbinsel
Standort: hell, sonnig, keine pralle Sonne
Temperatur: 20 – 25 °C, nicht unter 18 °C, empfindlich gegen plötzlichen Temperaturwechsel
Luftfeuchtigkeit: hoch, oft mit weichem Wasser besprühen
Gießen: Wurzelballen stets feucht halten
Düngen: wöchentlich

Columnea
Columnea-Arten

Allgemeines: Schöne Ampelpflanze, beliebt wegen ihrer vielen, bis 6 cm langen Blüten. Die Blüten sind röhrenförmig und enden in einem weit geöffneten Schlund mit großen Lippen. Einfach durch blütenlose Stecklinge zu vermehren

Heimat: ursprünglich Mittelamerika, Costa Rica
Standort: hell bis halbschattig
Temperatur: 20 – 25 °C
Luftfeuchtigkeit: hoch
Gießen: gleichmäßig feucht halten, Staunässe vermeiden
Düngen: wöchentlich
Besonderheit: benötigen zur Blütenbildung im Winter eine etwa einmonatige Ruhephase bei ca. 18 °C

Strauchige Keulenlilie
Cordyline fruticosa

Allgemeines: Agavengewächs, von den zahlreichen Keulenlilienarten ist *C. fruticosa* die bekannteste und formenreichste Art und in den Tropen als Zierpflanze weit verbreitet. Keulenlilien verdanken ihren Namen ihren weißen, keulenförmig verdickten Wurzeln. Es sind kleine, meist unverzweigt wachsende, einkeimblättrige Sträucher bis 5 m Höhe. Durch Entfernen der Spitze bzw. Rückschnitt verkahlter Pflanzen wird die Verzweigung angeregt.
Heimat: ursprünglich tropisches Ostasien
Standort: hell (aber nicht sonnig) bis halbschattig, bei zu dunkler Haltung

BLATT- UND BLÜTENPFLANZEN

färben sich die bunten Zuchtsorten nicht richtig aus.
Temperatur: 22 – 30 °C, nicht unter 18 °C
Luftfeuchtigkeit: hoch, Pflanze öfter besprühen
Gießen: Wurzelballen stets feucht halten, bei Staunässe verfaulen die Wurzeln
Düngen: alle 14 Tage

Dieffenbachie
Dieffenbachia-Hybriden

Allgemeines: Von Dieffenbachien gibt es zahlreiche Zuchtformen, teils buschig wachsend, teils einen dicken Stamm bildend. Besonderen Wert legen die Züchter auf Sorten mit weißen Blättern und grünen Blatträndern.
Heimat: Die Urformen stammen aus den tropischen Regenwäldern Mittel- und Südamerikas.
Standort: hell bis halbschattig, nicht in praller Sonne
Temperatur: 20 – 28 °C, nicht unter 15 °C
Luftfeuchtigkeit: mittel – hoch
Gießen: Wurzelballen nie antrocknen lassen, immer leicht feucht halten, keine Staunässe und keine Zugluft
Düngen: wöchentlich, niedrig dosiert
Besonderheit: Kahle Pflanzen können durch Rückschnitt zum Neuaustrieb gebracht werden. Danach Hände waschen, der Pflanzensaft kann Haut- und Schleimhautreizungen hervorrufen!

Drachenbaum, Drachenlilie
Dracaena

Allgemeines: Die Gattung *Dracaena* umfaßt ca. 80 Arten. Obwohl Drachenbäume Palmen sehr ähnlich sehen, sind sie mit dieser Pflanzenfamilie nicht verwandt, sondern gehören zu den Agavengewächsen. Allerdings können sie leicht mit Keulenlilien (*Cordyline*) verwechselt werden, von denen sie sich durch ihre unverdickten, orangefarbenen bis gelben Wurzeln unterscheiden.
Größe: mehrere Meter
Heimat: ursprünglich Afrika und Südostasien
Standort: hell bis halbschattig, keine pralle Sonne; bunte Sorten „vergrünen" bei zu dunkler Haltung
Temperatur: 18 – 25 °C
Luftfeuchtigkeit: mittel bis hoch, öfter sprühen
Gießen: Wurzelballen stets feucht halten, Staunässe oder Trockenheit begünstigen Blattausfall
Düngen: alle 14 Tage

Efeutute
Epipremnum pinnatum

Allgemeines: Die Efeutute bildet bis zu 10 m lange Triebe. Im Handel gibt es ausschließlich die Varietät *E. p.* 'Aureum'; sie ähnelt *Scindapsus pictus* und *Philodendron scandens*.
Heimat: Salomoninseln
Standort: Hell bis schattig. Im Schatten vergeilen die Pflanzen, die Blätter werden grüner und bleiben kleiner.
Temperatur: 20 – 25 °C, nicht unter 16 °C
Luftfeuchtigkeit: mittel, täglich einmal sprühen
Gießen: mäßig feucht halten, verbraucht beim Beranken großer Fläche mehr Wasser, öfter kontrollieren
Düngen: wöchentlich

Tropische Feigenbäume
Ficus spp.

Allgemeines: Die Gattung *Ficus* umfaßt etwa 1 000 – 2 000 Arten; davon werden nur etwa 15 Arten als Zierbäume und Zimmerpflanzen kultiviert. Die Varietäten sind sehr unterschiedlich in der Blattform und Farbe sowie in der Wuchsform – von kleinen Kletterpflanzen bis zu uralten, mächtigen Baumriesen wie z.B. die *F. benghalensis* oder die *F. aoa* von den Samoa-Inseln. Der umgangssprachliche „Feigenbaum" schlechthin ist die in Südeuropa als Nutzpflanze eingebürgerte *Ficus carica*. Empfehlenswerte Arten: Der Gummibaum, *F. elastica*, eine robuste, unverwüstliche Zimmerpflanze mit meist eintriebigem, etwas steifem Wuchs; wächst bei Wärme und hoher Luftfeuchtigkeit besser als „frei" im Zimmer. Er wurde

Dieffenbachie

Drachenbaum, Drachenlilie

inzwischen von der Birkenfeige, *Ficus benjamina,* einem durch sein buschiges Wachstum viel attraktiveren Ficusvertreter, verdrängt. Im Handel sind viele buntlaubige Varietäten, vom Zimmerbonsai bis zum Bäumchen, erhältlich. *Ficus binnendijkii* ist eine sehr schöne, selten angebotene Ficusart, die durch ihre langen, schmalen, dunkelgrünen Blätter auffällt. Große, feste Blätter in Form eines Geigenkastens zeichnen die Geigenfeige, *F. lyrata,* aus. Sie wächst wie der Gummibaum sehr steif und wenig verzweigt. Die unverwüstliche Kletterfeige *F. pumila* stammt aus China. Sie ist eine üppig wachsende, kleinblättrige, bodendeckende bzw. kletternde Feigenart. Die Kletterfeige verträgt noch Temperaturen knapp über dem Gefrierpunkt und kann auch in unbeheizten Terrarien gut eingesetzt werden.

Heimat: tropische und subtropische Gebiete Ostasiens
Standort: sehr hell, nicht in der prallen Sonne
Temperatur: 15 – 25 °C (bis 30 °C)
Luftfeuchtigkeit: variabel, mit steigender Temperatur verlangen Ficusarten höhere Luftfeuchtigkeit, dankbar für häufiges Besprühen
Gießen: Wurzelballen immer leicht feucht halten, Staunässe vermeiden
Düngen: wöchentlich, während der Ruhepause nur einmal im Monat

Wachsblume
Hoya

Allgemeines: Die Gattung umfaßt etwa 200 Arten. Es sind Schlingpflanzen, die gut in Spalten oder Wandaussparungen der Terrarienrückwand eingepflanzt werden können.
Heimat: ursprünglich Südostasien, Australien

Tropische Feigenbäume: *Fic. benjamina, Fic. pumila, Fic. binnendijkii*

Wachsblume

Standort: hell bis halbschattig
Temperatur: 20 – 25 °C, nicht unter 18 °C
Luftfeuchtigkeit: mittel bis hoch, öfter sprühen
Gießen: ganzjährig feucht, keine Staunässe
Düngen: alle 14 Tage

Pfeilwurz
Maranta leuconeura

Allgemeines: Die Gattung zählt etwa 25 Arten. Alle Maranten sind Bodendecker mit schön gezeichneten, fast künstlich wirkenden Blättern. In der Nacht rollen Maranten ihre Blätter zusammen. Werden sie zu trocken

Pfeilwurz

BLATT- UND BLÜTENPFLANZEN

gehalten, so bleiben sie auch tagsüber eingerollt.
Heimat: Regenwälder Brasiliens
Standort: hell, aber nicht in praller Sonne
Temperatur: 20 – 25 °C, nicht unter 18 °C abkühlen, empfindlich gegen plötzlichen Temperaturwechsel
Luftfeuchtigkeit: hoch, häufig mit weichem Wasser besprühen
Gießen: Wurzelballen immer gleichmäßig feucht halten
Düngen: alle zwei Wochen

Fensterblatt
Monstera deliciosa

Allgemeines: Die Gattung *Monstera* gehört zu den Aronstabgewächsen und zählt mehr als 220 Arten. Das Fensterblatt verdankt seinen Namen den Löchern in den älteren Blättern. Es klettert im Regenwald an Bäumen empor und bildet anfangs kleine, geschlossene, später bis 60 cm große, durchlöcherte bzw. geschlitzte Blätter und lange Luftwurzeln aus.
Heimat: Mittelamerika
Standort: hell, auch schattig, nicht in praller Sonne
Temperatur: 15 – 30 °C, nicht unter 10 °C
Luftfeuchtigkeit: liebt hohe Luftfeuchtigkeit, wächst aber auch bei mittleren Werten gut
Gießen: stets feucht halten, Staunässe vermeiden
Düngen: alle 14 Tage
Besonderheit: Monstera wurde aus der Gattung Philodendron ausgegliedert, wird aber noch oft als Philodendron bezeichnet. Unterscheidungsmerkmale sind: Philodendren sind kleiner, ihre Blätter sind nicht „durchbrochen", sich neu bildende Blätter sind anfangs noch von einem Hüllblatt umgeben, das später abfällt.

Fensterblatt

Zwergpfeffer
Peperomia

Allgemeines: Die Gattung umfaßt etwa 1 000, meist kleine, krautige Arten mit oft dickfleischigen, ovalen Blättern. Peperomien wachsen auch epiphytisch.
Heimat: tropisches Mittel- und Südamerika
Standort: grünblättrige Arten hell bis halbschattig, panaschierte und bunte Arten hell, vertragen kurzzeitig Sonne
Temperatur: 15 – 25 °C, nicht unter 18 °C abkühlen
Luftfeuchtigkeit: bei Arten mit fleischigen Blättern gering, bei weichblättrigen Peperomien mittel
Gießen: Wurzelballen nur leicht feucht halten, Staunässe vermeiden
Düngen: wöchentlich

Philodendron, Baumfreund
Philodendron

Allgemeines: Philodendren zählen zu den Aronstabgewächsen und wachsen an den Bäumen als Schling- und Kletterpflanzen, als „Lianen". Die Gattung umfaßt etwa 375 Arten. Die Blattformen variieren stark, zudem unterscheiden sich die Blätter auch bei jungen und alten Pflanzen. Einige Arten haben gefiederte Blätter, aber nie „durchlöcherte" wie bei Monstera. Junge Blät-

Philodendron, Baumfreund: *P. scandens*

Phil. bipennifolium

ter sind von einer roten Blattscheide umhüllt, die später abfällt.
Heimat: Mittel- und Südamerika
Standort: Hell, keine pralle Sonne, *P. scandens* verträgt auch Halbschatten. Bei zu dunkler Haltung werden die Triebe zwischen den Blättern sehr lang, die Pflanzen vergeilen.
Temperatur: 18 – 30 °C, nicht unter 15 °C
Luftfeuchtigkeit: mittel bis hoch, öfter besprühen
Gießen: Wurzelballen immer gut feucht halten, keine Staunässe
Düngen: alle 7 – 14 Tage
Besonderheit: Philodendren lieben hohe Luftfeuchtigkeit und warme „Füße".

Gefleckte Efeutute
Scindapsus pictus

Allgemeines: Die Gattung *Scindapsus* zählt zu den Aronstabgewächsen; es

Gefleckte Efeutute

Einblatt

Aloe, Bitterschopf

Segge

sind etwa 40 *Scindapsus*-Arten bekannt, wobei nur *S. pictus* kultiviert wird. Kletterpflanze mit rankendem Wuchs. Im Handel wird überwiegend die Varietät *S. p.* 'Argyraeus' angeboten, deren Blätter weiß gefleckt sind.
Heimat: Indonesien
Standort: hell bis halbschattig, keine pralle Sonne
Temperatur: 20 – 25 °C, nicht unter 18 °C abkühlen
Luftfeuchtigkeit: hoch
Gießen: Wurzelballen mäßig feucht halten, aber nicht austrocknen lassen
Düngen: alle 7 – 14 Tage

Einblatt
Spathiphyllum-Arten

Allgemeines: Die Gattung zählt zu den Aronstabgewächsen und umfaßt rund 40 Arten. Durch Kreuzungen entstanden fast meterhohe Hybriden.
Heimat: Mittel- und Südamerika, inzwischen auch in anderen Regionen
Standort: anpassungsfähig, hell bis schattig
Temperatur: 18 – 25 °C, nicht unter 16 °C abkühlen
Luftfeuchtigkeit: mittel bis hoch, täglich mehrmals sprühen
Gießen: Wurzelballen gleichmäßig feucht halten, bei höheren Temperaturen öfter nachwässern
Düngen: wöchentlich

Tradeskantie, Dreimasterblume
Tradescantia

Allgemeines: Tradeskantien zählen zu den Comeliengewächsen; es sind etwa 30 Arten bekannt. Unverwüstliche, üppig wuchernde Arten sind *T. albiflora* und *T. fluminensis* aus dem tropischen Südamerika. *T. virginiana*-Hybriden eignen sich für helle, ungeheizte Terrarien.
Heimat: Amerika
Standort: hell bis halbschattig
Temperatur: 20 – 30 °C, *T. virginiana* im Winter um 10 °C
Luftfeuchtigkeit: normal bis hoch, in warmen Terrarien öfter besprühen
Gießen: Wurzelballen stets leicht feucht halten
Düngen: alle 2 Wochen bei feuchter Wärme, während Ruhephase nur alle 4 Wochen

Pflanzen für Trocken-, Savannen- und Steppenterrarien

Aloe, Bitterschopf
Aloe

Allgemeines: Die Gattung umfaßt etwa 200 Arten und zählt zu den Liliengewächsen. Aloen dienen als Nutz- und Heilpflanzen, z.B. *A. vera* in der Kosmetik und zur Wundheilung. Es gibt aufliegende, polsterrosettenartige und bis 10 m hohe, baumförmige Arten. Aloen sind gutwachsende, anspruchslose Sukkulenten mit dickfleischigen, dreieckigen Blättern, die häufig schön gemustert sind und z.T. Stacheln tragen. Sie bilden zahlreiche glockige, überwiegend gelbe und rote Blüten.
Heimat: ursprünglich Südafrika
Standort: hell bis sonnig
Temperatur: im Sommer warm, im Winter nicht unter 15 °C
Luftfeuchtigkeit: gering
Gießen: nur bei trockenem Substrat gießen, fault bei Staunässe
Düngen: alle 14 Tage, während der Ruhephase nicht

Segge
Carex brunnea

Allgemeines: Die Riedgrasgewächse sind weltweit verbreitet. Die grasartig wachsenden Pflanzen eignen sich hauptsächlich für schwach bis nicht geheizte, feuchte Terrarien.
Heimat: weltweit verbreitet
Standort: halbschattig
Temperatur: 15 – 25 °C, im Winter um 10 °C
Luftfeuchtigkeit: normal
Gießen: Wurzelballen immer leicht feucht halten, nie austrocknen lassen
Düngen: alle 14 Tage

Crassula, Dickblatt

Echeverie, Dickblatt

Gasterie

Crassula, Dickblatt
Crassula

Allgemeines: Die Gattung *Crassula* ist sehr arten- und sortenreich. Es sind anspruchslose und pflegeleichte Blattsukkulenten. Die Gattung umfaßt einjährige Pflanzen, Sumpf- und Wasserpflanzen ebenso wie mehrjährige, baumartige hochsukkulente Pflanzen.
Heimat: weltweit verbreitete Gattung, sukkulente Arten überwiegend in Südafrika
Standort: ganzjährig sehr hell, benötigt kühle, trockene Ruhephase
Temperatur: um 20 °C, während Ruhephase 8 – 15 °C
Luftfeuchtigkeit: gering, bei zu hoher Luftfeuchtigkeit tritt Pilzbefall auf
Gießen: ein- bis zweimal wöchentlich, Wurzelballen darf antrocknen; während der Ruhephase fast trocken halten
Düngen: sparsam, einmal im Monat

Wolfsmilch: *Euph. tirucalli*

Echeverie, Dickblatt
Echeveria

Allgemeines: Die Gattung umfaßt ca. 150 stammlose, z.T. dichte Polster bildende Rosettenstauden. Es sind anspruchslose, hochlandbewohnende Blattsukkulenten der Neuen Welt.
Heimat: Mittel- und Südamerika
Standort: hell bis vollsonnig
Temperatur: um 20 °C, während der Ruhephase bis 5 – 10 °C
Luftfeuchtigkeit: gering
Gießen: bei warmen Temperaturen reichlich, Wurzelballen stets leicht feucht halten, während der Ruhephase nur so viel, daß die Blätter nicht schrumpfen
Düngen: während der Wachstumsphase monatlich einmal

Wolfsmilch
Euphorbia

Allgemeines: Die Gattung der Wolfsmilchgewächse ist eine der artenreichsten in der Pflanzenwelt und zählt über 2 000 Arten, davon sind etwa 500 Sukkulenten. Nicht sukkulent ist z.B. der berühmte Weihnachtsstern (*E. pulcherrima*). Die Gattung ist sehr formenreich, es gibt krautige Arten, Stauden, Sträucher und Bäume. Für die Terrarienhaltung kommen nur Arten ohne Stacheln in Frage.
Heimat: Tropen der Alten Welt
Standort: hell bis sonnig, Sukkulenten auch in praller Sonne
Temperatur: 20 – 30 °C, nicht unter 15 °C
Luftfeuchtigkeit: niedrig

Gießen: Wurzelballen mäßig feucht halten, bei Sukkulenten ruhig antrocknen lassen, Staunässe vermeiden
Düngen: alle 2 – 4 Wochen

Gasterie
Gasteria

Allgemeines: Liliengewächse. Gasterien sind anspruchslose, meist stammlose, blattsukkulente Pflanzen, die auch im Alter klein bleiben. Die anfangs fächerförmige Blattstellung geht mit zunehmendem Alter bei vielen Arten in eine spiralig-rosettenartige über.
Heimat: Südafrika
Standort: hell, auch in der prallen Sonne
Temperatur: 15 – 30 °C, in der Ruhephase bis 10 °C, nicht unter 5 °C
Luftfeuchtigkeit: niedrig
Gießen: mäßig, nie zu feucht, während der Ruhephase nicht ganz austrocknen lassen
Düngen: alle vier Wochen

Haworthie
Haworthia

Allgemeines: Liliengewächse. Haworthien sind in der Regel stammlose, rosettenbildende Blattsukkulenten mit fleischigen Blättern, die oft perlartige bis warzige Höckerchen tragen. Wegen ihrer geringen Größe sind sie auch für kleine Terrarien geeignet.
Heimat: Südafrika
Standort: hell, keine pralle Sonne
Temperatur: 18 – 30 °C, Ruhephase bei 11 – 18 °C
Luftfeuchtigkeit: gering

Haworthie

Gießen: wenig, Wurzelballen nie ganz austrocknen lassen, nicht direkt auf die Pflanze gießen
Düngen: während der Wachstumsphase einmal im Monat

Bogenhanf
Sanseveria

Bogenhanf

Palmlilie, Yucca-Palme

Allgemeines: Es sind etwa 70 Bogenhanfarten bekannt. Sanseverien werden schon seit über 200 Jahren kultiviert, es sind zähe, gut haltbare Pflanzen. Neben Arten mit langen, aufrecht wachsenden Blättern gibt es auch welche mit niedrigem, rosettenartigem Wuchs.
Heimat: Afrika, Indien, Sri Lanka
Standort: sonnig bis halbschattig
Temperatur: 15 – 25 °C, ertragen bis 30 °C, nicht unter 10 °C
Luftfeuchtigkeit: geringe Ansprüche
Gießen: nach Bedarf, wenn der Ballen oberflächlich antrocknet. Zuviel Wasser und Staunässe bringen die Pflanze um.
Düngen: alle vier Wochen

Palmlilie, Yucca-Palme
Yucca

Allgemeines: Von diesen baumartig wachsenden Agavengewächsen sind etwa 40 Arten aus Trockengebieten der USA und Mittelamerikas bekannt. Die Art Y. aloifolia besitzt harte, lange Blätter mit stechender Spitze und ist deshalb nicht für alle Terrarienbewohner geeignet. Wenn Palmlilien im Terrarium zu groß werden, kann der Stamm abgesägt werden. Die Schnittstelle sollte verschlossen werden, um Infektionen vorzubeugen. Der Stamm treibt dann z.T. mehrfach wieder aus, auch kleine Stammstückchen können Wurzeln bilden und austreiben.
Heimat: südliche USA und Mittelamerika
Standort: hell, verträgt volle Sonne
Temperatur: 10 – 35 °C
Luftfeuchtigkeit: wenig anspruchsvoll
Gießen: bei hohen Temperaturen oft gießen, bei niedrigen nur ab und zu
Düngen: alle 2 Wochen

Pflanzen für Wüstenterrarien

Lebende Steine, Mittagsblumen
Lithops

Allgemeines: Die Gattung umfaßt etwa 40 Arten aus den Geröll- und Sandwüsten Südafrikas. Die nur aus einem zusammengewachsenen Blattpaar bestehenden Pflänzchen sehen Steinen zum Verwechseln ähnlich. Die Pflegeansprüche sind bei allen Arten gleich, die sich nur in der Blattfarbe und -zeichnung und der Farbe der Blüten unterscheiden (Abb. S. 66).
Heimat: Süd- und Südwestafrika
Standort: hell bis vollsonnig
Temperatur: um 20 °C, während der Ruhephase 5 – 10 °C
Luftfeuchtigkeit: gering
Gießen: alle paar Wochen einmal gründlich von unten wässern, in der Ruhezeit nicht gießen
Düngen: wenig, alle vier Wochen

Fetthenne
Sedum

Allgemeines: Dickblattgewächs. Die Gattung umfaßt ca. 600 Arten, darunter viele beliebte Steingartenpflanzen. Es sind meist kleine, mehr oder minder blattsukkulente Pflänzchen.
Heimat: weltweit verbreitet
Standort: hell bis vollsonnig
Temperatur: 15 – 30 °C, nicht unter 10 °C
Luftfeuchtigkeit: gering
Gießen: Wurzelballen mäßig feucht halten, vor zu großer Nässe schützen
Düngen: alle vier Wochen wenig

Fetthenne

Tiere im Terrarium

Reptilien sind aufgrund ihres interessanten, oft sogar bizarren Äußeren wohl die beliebtesten aller Terrarienpfleglinge. Als höhere Wirbeltiere sind sie zudem lernfähig. So legen viele Reptilien bereits nach kurzer Eingewöhnungszeit jegliche Scheu ab und werden schnell zutraulich.

Reptilien

Die erdgeschichtlich ältesten Fossilienfunde, die als von Reptilien (Kriechtieren) stammend angesehen werden, kommen aus dem Unterkarbon Schottlands und sind ca. 340 Millionen Jahre alt. Die Geschichte der Reptilien kann in drei Abschnitte gegliedert werden:

1. Aufstieg der Reptilien zur dominanten Landwirbeltiergruppe gegen Ende des Erdaltertums (Paläozoikum) ab dem Unterkarbon vor 360 – 340 Millionen Jahren bis ins Perm. Am Ende des Perms vor etwa 250 Millionen Jahren kommt es durch ein Massenaussterben zu einer starken Dezimierung der oberpermischen Reptilienfauna.

2. Blütezeit der Reptilien, sie umfaßt das ganze Erdmittelalter (Mesozoikum, vor 245 – 66 Mio. Jahren). Die größte Formen- und systematische Vielfalt wird im Trias erreicht. Am Ende des Trias, vor etwa 208 Millionen Jahren, kommt es erneut zu einem Massenaussterben.

Jura und Kreide sind die Zeitalter der Dinosaurier. Bis zum Ende der Kreidezeit (vor 66 Mio. Jahren) nahm die Artenvielfalt der Dinosaurier – sie beherrschten die Erde etwa 140 Millionen Jahre lang – immer weiter zu, bis das Zeitalter der Reptilien plötzlich durch ein Massenaussterben beendet wurde und der Aufstieg der Säugetiere begann.

3. Nur wenige Reptiliengruppen überlebten bis ins Tertiär: die Schildkröten (*Chelonia*), die Brückenechsen (*Rhynchocephalia*), die Krokodile (*Crocodylia*) und die Schuppenkriechtiere (*Squamata*). Während die drei erstgenannten Ordnungen mehr oder weniger stagnierten, breiten sich die Squamaten auch heute noch weiter aus.

Systematik der Reptilien

Außer den vielen fossilen Reptilienarten sind heute etwas über 6 000 noch lebende Reptilienarten bekannt. Aufgrund von Bauunterschieden des Schädels und des Kiefers unterteilt man fossile wie rezente Kriechtiere in drei Unterklassen.

Erste Unterklasse: *Anapsida*. Dies sind primitivste erste Reptilien mit geschlossenem Schädeldach ohne Schläfenfenster. Von den *Anapsiden* überlebte nur die Ordnung der Schildkröten (*Testudines* oder *Chelonia*, 220 – 250 Arten) bis in unsere Tage.

Schon bald nach den ersten anapsiden Reptilien tauchten die ersten diapsiden Reptilien, eine Reptiliengruppe mit einem oder zwei Schläfenfenstern (*Diapsida*) auf.

Die große Mehrheit aller fossilen wie rezenten Reptilien wird inzwischen zu dieser Unterklasse gezählt. Dazu zählt u.a. die Ordnung der Schuppenkriechtiere (*Squamata*), die wiederum in drei Unterordnungen unterteilt wird:

1. Echsen (*Sauria*, ca. 3 000 Arten)
2. Doppelschleichen (*Amphisbaenia*, ca. 143 Arten)
3. Schlangen (*Serpentes,* über 3 000 Arten) sowie die Ordnung der Brückenechsen (*Rhynchocephalia*). Brückenechsen waren kleine bis mittelgroße Reptilien, die bereits seit 225 Millionen Jahren, lange vor der Blütezeit der Dinosaurier, weltweit verbreitet waren. Vor 60 Millionen Jahren sind sie, mit Ausnahme von 2 – 3 Arten bzw. Unterarten in Neuseeland, überall ausgestorben. Heute leben Brückenechsen nur noch auf mehreren kleinen Inselchen vor Neuseeland, auf den Hauptinseln sind sie ebenfalls ausgestorben.

Die Ordnung der Panzerechsen (*Crocodylia*, 21 Arten) zählt zu den *archosauromorphen Diapsiden* oder zur Unterklasse der *Archosauromorpha*. Dazu gehören auch die nicht erst seit „Jurassic Park" bekannten, ausgestorbenen Dinosaurier.

Merkmale der Reptilien

Die Haut der Reptilien ist, in Anpassung an das Landleben, von hornigen Schuppen, Hornschildern oder Hautknochenplatten bedeckt und arm an Drüsen. Die mehrschichtige Oberhaut sondert laufend Zellen ab, die absterben, nach außen wandern und die Hornschicht bilden. Sie beschränkt die Wasserabgabe und ermöglicht es, trockene Gebiete zu besiedeln. Die Atmung erfolgt hauptsächlich über die Lungen. Einige wasserlebende Reptilien können zusätzlich noch etwas Sauerstoff über die Haut, die Mundhöhle oder die Darmanhangsblasen zu sich nehmen und so die Tauchzeit verlängern.

Bei Reptilien gibt es in der Regel zwei Geschlechter, der Fortpflanzung geht eine innere Befruchtung voraus. Die Vermehrung erfolgt meist durch an Land abgelegte dotterreiche, beschalte Eier, aus denen fertig ausgebildete Jungtiere schlüpfen. Nur selten werden sofort lebende Junge „geboren". Der Embryo wird von mehreren Embryonalhüllen umgeben: von dem an der Schaleninnenseite anliegenden Chorion, das dem Gasaustausch dient, vom Amnion, in dessen Fruchtwasser er schwimmt, von der Allantois, der embryonalen Harnblase, aus der sich bei den Säugetieren die Placenta entwickelte, und vom Dottersack. Reptilien, Vögel und Säugetiere besitzen diese Embryonalhüllen und werden deshalb auch als *Amnioten* oder „höhere Wirbeltiere" bezeichnet.

Schildkröten

Schildkröten zählen zu den urtümlichsten heute noch lebenden Landwirbeltieren. Ihr Ursprung reicht zurück bis in die Anfänge des Erdmittelalters am Übergang des Perm zum Trias. Die ersten fossilen Funde stammen aus dem Trias und sind ca. 200 – 230 Mio. Jahre alt. Sie ähneln im Grundbauplan verblüffend den heutigen Schildkröten.

Das auffälligste Erkennungsmerkmal der Schildkröten ist der den ganzen Körper umfassende Panzer, bestehend aus Rückenpanzer (*Carapax*) und Bauchpanzer (*Plastron*), der die inneren Organe vor Verletzungen schützt. Der Panzer besteht hauptsächlich aus von der Lederhaut gebildeten, mit den Rippen verwachsenen Knochenplatten. Er ist mit großen Hornschuppen bedeckt, deren Grenzen jedoch nicht mit denen der darunterliegenden Knochenplatten übereinstimmen. Die Wirbelsäule, der Schulter- und der Beckengürtel liegen auf der Innenseite des Panzers und sind mit ihm teilweise verwachsen. Bei Weichschildkröten dagegen ist der Knochenpanzer stark zurückgebildet und die Hornplatten werden durch eine feste, ledrige Haut ersetzt.

Beim Größenzuwachs bilden sich bei einigen Schildkröten, z.B. den Gattungen *Testudo* und *Cuora*, konzentrische „Jahresringe", von denen sich aber nicht das genaue Alter ableiten läßt. Sie entstehen dadurch, daß sich unter dem alten Hornschild ein neuer bildet, ohne daß der alte abgestoßen wird. Dagegen werden bei vielen Wasserschildkrötenarten die alten, oft mit Algen bewachsenen Hornplatten nach der Bildung neuer einfach abgeworfen.

Schildkröten besitzen keine Zähne (außer den ältesten fossilen Formen), vielmehr enden die Kiefer in scharfen Hornschneiden, mit denen die Tiere empfindlich zubeißen können. Das Hörvermögen ist nur schlecht ausgebildet, dafür sehen die Tiere sehr gut, und auch der Geruchssinn ist gut entwickelt.

Schildkröten können recht alt werden: Riesenschildkröten bis zu 200 Jahre, Griechische Landschildkröten über 100 Jahre und Wasserschildkröten über 40 Jahre.

Die Ordnung der Schildkröten umfaßt 12 – 13 Familien mit ca. 220 – 250 Arten. Unterteilt werden sie in zwei Untergruppen: Die Halsberger (der überwiegende Teil der Schildkröten), die den Kopf durch ein S-förmiges, vertikales Krümmen der Wirbelsäule unter den Panzer einziehen können, und die Halswender, die den Kopf durch eine horizontale, seitliche Biegung der Halswirbelsäule unter den Panzerrand zurücklegen.

Alle Schildkrötenarten legen Eier, um sich fortzupflanzen. Die Männchen besitzen einen unpaaren Penis. Schildkröten besiedeln sowohl das Land wie auch Süß- und Salzwasser. Sie sind hauptsächlich in den Tropen und Subtropen verbreitet.

Landschildkröten ernähren sich vorwiegend vegetarisch, Wasserschildkröten bevorzugen animalische Kost. Die meisten Arten sind aber Gemischtköstler, die sich nach dem jeweiligen Nahrungsangebot richten.

Viele Schildkrötenarten sind inzwischen leider durch massive Umweltveränderungen vom Aussterben bedroht und stehen unter strengstem Schutz.

Abkürzungen

(A) Buchführungspflicht und Ausnahmegenehmigung der Bundesartenschutzverordnung erforderlich.
(B) Innerhalb der EU kein Cites-Dokument nötig, aber Buchführungspflicht.
(C) Citesdokument erforderlich
KL Körperlänge
KRL Kopfrumpflänge
PL Panzerlänge

Landschildkröten

Griechische Landschildkröte (C)
Testudo hermanni

Größe: östliche Unterart (*T. hermanni boettgeri*) ca. 20 – 25 cm, maximal 30 cm, westliche Unterart (*T. hermanni hermanni*) knapp 20 cm
Lebenserwartung: über 60 Jahre
Verbreitung: Ostrasse Balkanhalbinsel bis Süditalien und Sizilien, Westrasse Mittelitalien bis Spanien einschließlich Balearen, Korsika und Sardinien
Lebensraum: Grasebenen, Buschgelände (Macchia) und lichte Waldgebiete
Haltung: am besten im Freiland; Jungtiere vorsichtshalber die ersten 2 Jahre bei naßkaltem Wetter im Terrarium (8 × 4 PL) mit Erde und grobem Flußsand als Boden, flacher Trinkschale und einem Unterschlupf; eine Ecke immer feucht halten; UV-Licht-Bestrahlung sehr zu empfehlen
Temperatur: Luft 20 – 30 °C, lokale Sonnenplätze bis 40 °C
Luftfeuchtigkeit: normal, im Terrarium täglich einmal etwas sprühen
Ernährung: überwiegend pflanzlich, z.B. Wildkräuter, Heu, Stroh, Gemüse; gelegentlich auch tierische Kost (z. B. Regenwürmer, Schnecken) und Obst
Zucht: Zur Zucht ist eine mehrmonatige Winterruhe, etwa ab Ende Oktober bis Ende März, bei 4 – 8 °C unbedingt nötig. Zwischen Mai und August wird ein Gelege mit bis zu 14 hartschaligen, runden Eiern vergraben; Zweitgelege möglich. Beste Bruterfolge werden bei einer Inkubation in nur mäßig feuchtem Substrat bei Temperaturen zwischen 26 und 32 °C erzielt. Außerhalb dieses Temperaturbereichs erhöht sich die Mortalitätsrate (100% bei 24 °C und bei 35 °C). Bei 25 – 30 °C schlüpfen nur Männchen, bei 31,5 °C ist das

Griechische Landschildkröte: Westrasse

Ostrasse

Geschlechterverhältnis ausgeglichen, bei 32 – 33 °C schlüpfen überwiegend Weibchen. Schlupf bei 28 – 32 °C nach 54 – 80 Tagen.

> **Mein Tip**
> Bei ausschließlicher Freilandhaltung von Landschildkröten ist dennoch die Anschaffung eines beheizbaren Ausweichquartiers (z.B. Frühbeet oder Gewächshaus) zu empfehlen, um die Tiere auch bei längeren naßkalten Wetterperioden artgerecht pflegen zu können.

Landlebende Sumpfschildkröten

Gelbrand-Scharnierschildkröte
Cuora flavomarginata flavomarginata

Größe: knapp 20 cm
Lebenserwartung: über 30 Jahre
Verbreitung: Südchina, Taiwan und Formosa
Lebensraum: Feucht- und Sumpfge-

Gelbrand-Scharnierschildkröte

biete mit flachen Wasserlachen, Reisfelder. Sie ist ein guter Schwimmer, lebt aber überwiegend an Land.
Haltung: Terrarium (4 × 2 PL) mit feuchtem Erd-Sand-Gemisch, Moos, Rindenstücken und flachem Wasserbecken
Temperatur: Luft 24 – 28 °C, lokaler Sonnenplatz über 30 °C, obwohl meist keine direkten Sonnenbäder genommen werden; Nachtabsenkung auf Zimmertemperatur
Luftfeuchtigkeit: im Biotop im Sommer (Regenzeit) feucht-warm, im Winter kühler und trockener
Ernährung: süße Früchte, Kräuter, Schnecken, Insekten und Würmer
Zucht: 2–3monatige Winterruhe bei 10 – 15 °C mit zunehmender Austrocknung des Bodensubstrats als Zuchtvorbereitung; Temperaturanstieg und Feuchtigkeitserhöhung als Paarungsauslöser; bis zu 2 Gelege mit 1 – 2 Eiern; Schlupf bei 28 – 30 °C nach 70 – 101 Tagen
Besonderheit: flinke, vorwitzige, landlebende „Sumpfschildkröte", die ohne großen technischen Aufwand gut zu halten ist

Wasserlebende Sumpfschildkröten

Rotwangen-Schmuckschildkröte (B)
Trachemys scripta elegans

Größe: Männchen bis 22 cm Rückenpanzerlänge, Weibchen fast 30 cm
Lebenserwartung: 30 – 60 Jahre
Verbreitung: ursprünglich Nordostmexiko und östliche USA, heute in vielen wärmeren Ländern, auch Europas, ausgewildert
Lebensraum: Fast alle Gewässerarten; bevorzugt ruhige, verkrautete Gewässer. Die Tiere verbringen viel Zeit im Wasser, das sie nur zum Sonnen oder zur Paarung verlassen.
Haltung: geräumige Aquarien (5 × 2,5 PL) mit Landteil mit darüber installierter Wärme- und UV-Lichtquelle; im Sommer Freilandhaltung vorteilhaft
Temperatur: Wasser 20 – 25 °C, Luft 25 – 30 °C, lokaler Sonnenplatz 35 – 40 °C
Ernährung: Allesfresser, der fast alles, was im Wasser lebt oder ins Wasser fällt, frißt. Jungtiere bevorzugen tierische Kost, mit zunehmendem Alter steigt der pflanzliche Anteil.
Zucht: je nach Herkunft Überwinterung oder nur leichte Temperaturabsenkung zur Zuchtvorbereitung nötig; 1 – 23 länglich-ovale Eier pro Gelege, bis zu fünf Gelege pro Saison; Inkubation im feuchten Vermiculite; Schlupf bei 25 – 30 °C nach 60 – 100 Tagen; bei 25 °C überwiegend Männchen, bei 29 °C Weibchen
Besonderheit: Tiere aus dem nördlichen Verbreitungsgebiet sind winterhart, sicherheitshalber jedoch in kühlen Räumen überwintern. Die Tiere sind aufgrund der ökologischen Gefahr für heimische Tiere buchführungspflichtig.

Chinesische Dreikielschildkröte
Chinemys reevesi

Größe: 15 – 18 cm, selten mehr
Lebenserwartung: über 30 Jahre
Verbreitung: China, Korea, Taiwan und Japan
Lebensraum: flache Kleingewässer, in Sumpfgebieten, Reisfeldern und Bewässerungsgräben
Haltung: Aquaterrarium (5 × 2,5 PL) mit großem, flachem Wasserteil; im Sommer auch im Gartenteich

Gelbwangen-Schmuckschildkröte

Rotwangen-Schmuckschildkröte

Temperatur: Luft bis 30 °C, Wasser 20 – 25 °C, lokaler Sonnenplatz bis 40 °C
Ernährung: bevorzugt tierische Kost, nimmt aber auch gern Fertigfutter; selten werden Obst und Gemüse genommen oder Wasserpflanzen beschädigt
Zucht: Etwa ab 6 cm Panzerlänge läßt sich das Geschlecht erahnen, die Männchen werden dunkler, ihr Schwanz dicker und kräftiger und der Bauchpanzer leicht konkav. Bei älteren Männchen („Schwärzlinge") sind der Panzer und die Weichteile dunkelgrau bis schwarz gefärbt, selbst die Iris ist schwarz. Bei den hell- bis dunkelbraunen Weibchen und Jungtieren sind die Ober- und Unterseite der Iris dagegen hellgelb gefärbt.
8 – 12 Wochen Winterruhe bei 5 – 10 °C an Land in Überwinterungskiste mit feuchtem Erd-Sand-Gemisch; 2 – 6 Eier je Gelege, bis vier Gelege im Abstand von 4 – 6 Wochen; Schlupf bei 23 – 28 °C nach 47 – 79 Tagen, bei 24 – 30 °C nach 63 – 85 Tagen; bei 25 °C entwickeln sich überwiegend Männchen, bei 32 °C Weibchen.
Besonderheit: wenig empfindlich gegenüber Temperaturschwankungen; wird schnell zutraulich. Die schwarzen Männchen wurden zuerst als eigene Art beschrieben.

Chinesische Dreikielschildkröte

Gewöhnliche Moschusschildkröte
Sternotherus (Kinosternon) odoratum

Größe: bis 14 cm
Lebenserwartung: bis 55 Jahre
Verbreitung: Südosten Kanadas entlang der Ostküste der USA bis nach Florida, westwärts bis Texas und Wisconsin
Lebensraum: stehende oder schwach strömende, vegetationsreiche Gewässer mit weichem Bodengrund
Haltung: paarweise im 60 l-Aquaterrarium mit Landteil oder Aquarium (3 × 1,5 PL) mit flachem Wasserstand (ab 10 cm); im Sommer im Gartenteich möglich
Temperatur: Wasser 22 – 25 °C, lokaler Sonnenplatz bis 35 °C
Ernährung: tierische Kost und Fertigfutter
Zucht: Eine kalte Überwinterung ist nicht unbedingt notwendig. Tiere nördlicher Populationen graben sich bei 6 – 10 °C im Landteil ein, teilweise, bei verringerter Beleuchtungslänge und Zimmertemperatur, auch die südlicher Populationen. Gelege mit bis zu neun Eiern; bei 23 – 30 °C Schlupf nach 61 – 120 Tagen. Bei 23 – 25 °C Inkubationstemperatur entwickeln sich nur Männchen, bei 27 °C ist das Geschlechterverhältnis ausgeglichen, und bei 28 – 30 °C entwickeln sich nur Weibchen. Erstaunlicherweise sollen sich bei 21,5 –

Die Gewöhnliche Moschusschildkröte verläßt nur selten zum Sonnen das Wasser.

22,5 °C ebenfalls nur Weibchen entwickeln.
Besonderheit: Nacht- bzw. dämmerungsaktive Art, die sehr wasserbezogen lebt und sich nur gelegentlich sonnt. Das Wasser wird hauptsächlich zur Eiablage, Überwinterung oder nachts nach Regen verlassen.

Mississippi- oder Kohn's Höckerschildkröte
Graptemys (pseudogeographica) kohni

Größe: Männchen bis ca. 13 cm, Weibchen bis 26 cm
Lebenserwartung: über 40 Jahre
Verbreitung: USA von Osttexas bis

Mississippi- oder Kohn's Höckerschildkröte. Höckerschildkröten ähneln sich äußerlich stark und können hauptsächlich anhand der Kopfzeichnung unterschieden werden.

Falsche Landkartenschildkröte

Rückenstreifen- oder Südliche Zierschildkröte

Südostkansas, Westmississippi, Südillinois und Missouri
Lebensraum: stehende und langsam fließende Gewässer mit dichtem Pflanzenwuchs
Haltung: paarweise im geräumigen Aquarium (5 × 2,5 PL) mit Landteil und darüber installierter Wärme- und UV-Lichtquelle; nur im Sommer im Freiland
Temperatur: Luft 25 – 30 °C, Wasser um 25 °C; lokaler Sonnenplatz bis 40 °C
Ernährung: überwiegend tierische, nur selten pflanzliche Kost
Zucht: in Brutsaison 2 – 4 Gelege mit bis zu zehn Eiern, bei 23 – 28 °C überwiegend Männchen, bei 30 – 33 °C Weibchen
Besonderheit: Etwas scheue Art, die laut Literatur bei zu geringer Lichtstärke im Wachstum zurückbleibt. Der Artstatus wird noch diskutiert.

Rückenstreifen- oder Südliche Zierschildkröte
Chrysemys picta dorsalis

Größe: Männchen bis 10 cm, Weibchen bis 15 cm, selten mehr
Lebenserwartung: über 40 Jahre
Verbreitung: Südosten der USA
Lebensraum: stehende oder ruhig fließende Gewässer mit reicher Vegetation
Haltung: Aquarium (5 × 2,5 PL) mit Landteil und darüber installierter Wärme- und UV-Lichtquelle
Temperatur: Luft 25 – 30 °C, Wasser um 25 °C, Jungtiere wärmebedürftiger, deshalb etwa 2 – 3 °C wärmer halten als erwachsene Tiere; unter lokalem Wärmestrahler bis 40 °C
Ernährung: Allesfresser; Jungtiere vorwiegend tierische, nur gelegentlich pflanzliche Kost
Zucht: 2 – 8 Gelege mit bis zu 10 Eiern, Schlupf bei 25 – 30 °C nach 41 – 67 Tagen; Männchen nach 2 – 5 Jahren, Weibchen nach 4 – 8 Jahren geschlechtsreif

Leguane

Die Familie der *Iguanidae* umfaßt mehr als 50 Gattungen mit über 700 Arten. Eine eindeutige Zuordnung zur Familie der Leguane ist nicht anhand einheitlicher, gut erkennbarer äußerlicher Merkmale möglich. Leguane sind, einfach erklärt, „Neuweltechsen", denen die Agamen als „Altweltechsen" gegenübergestellt werden. Ihr heutiges Verbreitungsgebiet umfaßt vom südwestlichen Kanada über Nord-, Mittel- und ganz Südamerika fast die komplette „Neue Welt". Ferner kommen noch einige Leguanarten auf Madagaskar, Galapagos sowie den Fidschi- und Tongainseln vor.
In der Systematik der Reptilien werden die Leguane in der Nähe der Agamen und der Chamäleons eingeordnet und mit diesen zur Zwischenordnung der Leguanartigen, der *Iguania,* zusammengefaßt.
Anhand der Bezahnung lassen sich Leguane von anderen Echsen unterscheiden. Sie besitzen Einzelzähne, die auf der Innenseite der Kieferbögen wurzeln und bei Verlust nachgebildet werden können. Leguane besitzen Sollbruchstellen im Schwanz und sind in der Lage, verlorengegangene Schwanzstücke zu regenerieren. Allerdings weisen die nachgebildeten Stücke nicht mehr die Länge und Beschuppung des Originals auf. Je nach Autor wird die Familie der Leguane in 5 – 6 Unterfamilien aufgeteilt.
Die Unterfamilie der *Iguaninae,* der eigentlichen Leguane, umfaßt acht Gattungen, wovon etliche Arten, wie z.B. Grüne und Schwarze Leguane oder Chuckwallas, in Terrarianerkreisen wohlbekannt sind und häufig gepflegt werden. Aber auch seltene, vom Aussterben bedrohte Arten wie der Fidschi-Leguan oder die imposanten, urtümlichen Wirtelschwanzleguane (*Cyclura*) oder die Meerechsen bzw. Galapagosleguane gehören in diese Unterfamilie.

Grüner Leguan (B)
Iguana iguana

Größe: Maximallänge 2,3 m; im Durchschnitt Männchen 1,3 – 1,5 m, Weibchen bis 1,3 m, wovon $^2/_3$ auf den Schwanz entfallen; Jungtiere sind sehr schnellwüchsig.
Lebenserwartung: 15 – 20 Jahre
Verbreitung: Südmexiko bis Zentralbrasilien
Lebensraum: Baumbewohner im tropischen Regenwald, bevorzugt entlang von Fließgewässern, in welche die Tiere als gute Schwimmer oft bei

Grüner Leguan: Männchen (oben), Weibchen (unten)

Schwarzer Leguan

Gefahr flüchten; vereinzelte Populationen auch in trockeneren Gegenden
Haltung: paarweise oder einzeln im hellen Regenwaldterrarium (4 × 3 × 5 KRL) mit stabilen Kletterästen und großem Wasserteil; regelmäßige Bestrahlung mit UV-Licht sehr zu empfehlen
Temperatur: Luft 25 – 30 °C, Wasser 24 – 28 °C, lokale Sonnenplätze bis 40 °C. Nachtabsenkung auf 20 – 22 °C wird gut vertragen; Jungtiere etwas wärmer halten als Erwachsene
Luftfeuchtigkeit: am Tag 50 – 70%, nachts bis 90% ansteigend
Ernährung: Grüne Leguane fressen in der Natur überwiegend Blätter und Blüten, seltener Früchte und nur vereinzelt Insekten. Deshalb im Terrarium vorwiegend Kräuter, Gemüse und Früchte reichen. Nur Jungtieren und trächtigen Weibchen können zur Deckung ihres erhöhten Eiweißbedarfs gelegentlich Insekten zugefüttert werden.
Zucht: Geschlechtsreife nach 2 – 3 Jahren, im Terrarium bereits nach 12 Monaten möglich; Weibchen legt ca. 8 – 10 Wochen nach der Paarung 10 – 80 Eier; Schlupf temperaturabhängig 64 (bei 32 °C) bis 139 (bei 26 °C) Tage nach Eiablage; starke Temperaturschwankungen schädigen das Gelege; optimale Inkubationstemperatur 28 – 30 °C, unter 27 °C sinkt die Schlupfrate deutlich; Inkubationstemperatur beeinflußt Geschlechtsverteilung: bei hohen Temperaturen (30 °C +/- 0,5 °C) überwiegen Männchen
Besonderheit: Grüne Leguane können sehr zutraulich und zahm werden.

Schwarzer Leguan
Ctenosaura similis

Größe: Maximalgröße 1,2 m, im Durchschnitt Männchen bis 1 m, Weibchen 0,85 m; Jungtiere sehr schnellwüchsig
Lebenserwartung: ca. 20 Jahre
Verbreitung: Südmexiko bis Panama
Lebensraum: trockene bis halbtrockene Gebiete, lichte Trockenwälder, Felsformationen, oft auch direkt am Strand
Haltung: lebt in losen Gruppen; im Terrarium aus Platzgründen paarweise oder einzeln; Bodenbewohner, der sehr gut klettern kann und sich bei Gefahr sowohl auf Bäumen wie auch in Hohlräumen verbirgt; Trockenterrarium (5 × 4 × 3 KRL) mit großer Grundfläche und stabilen Kletterästen; regelmäßige UV-Licht-Bestrahlung sehr zu empfehlen
Temperatur: Luft 30 – 35 °C, lokale Sonnenplätze bis 45 °C, Nachtabsenkung auf 20 – 22 °C
Luftfeuchtigkeit: tags 50%, nachts etwas ansteigend bis 80 – 90%
Ernährung: Allesfresser; bei ausgewachsenen Tieren beträgt der pflanzliche Anteil der Nahrung oft über 90%; Jungtiere ernähren sich bevorzugt von Insekten.
Zucht: Geschlechtsreife nach ca. zwei Jahren; Weibchen legt zwei Monate nach der Paarung bis zu 88 Eier; Inkubation in mäßig feuchtem Substrat, Schlupf der Jungen bei 28 – 30 °C und 90 – 100% Luftfeuchtigkeit nach etwa drei Monaten; Jungtiere sind oft leuchtend grün gefärbt, Umfärbung erst nach ca. $^1/_2$ Jahr.

Chuckwalla
Sauromalus obesus

Größe: ca. 40 cm
Lebenserwartung: bis 20 Jahre
Verbreitung: Südwesten der USA bis Nordmexiko
Lebensraum: Felsbewohner in trockenen bis wüstenähnlichen Gegenden
Haltung: leben in freier Natur in Kolonien, im Terrarium aus Platzgründen meist nur paarweise möglich; Trockenterrarium (5 × 4 × 3 KRL) mit Spalten zwischen den Steinauf-

Chuckwalla

Wüstenleguan

bauten als Versteckmöglichkeiten; regelmäßige UV-Licht-Bestrahlung notwendig
Temperatur: Luft 25 – 35 °C, lokale Sonnenplätze bis 50 °C, Nachtabsenkung auf Zimmertemperatur
Luftfeuchtigkeit: tagsüber gering (40 – 50%); nachts ansteigend auf bis zu 80%; einmal täglich abends etwas sprühen, 1 – 2 mal monatlich durch kräftiges Sprühen Regen simulieren
Ernährung: Jungtiere und trächtige Weibchen bevorzugen eher tierische Kost, Erwachsene oft ausschließlich pflanzliche Nahrung.
Zucht: Von Dezember bis Januar 2–3-monatige Winterruhe bei 10 °C nötig, Paarung ab April, Geschlechtsreife ab vier Jahren, Weibchen legen 4 – 14 Eier; Schlupf bei 28 – 31 °C nach ca. 70 – 95 Tagen. Drei Unterarten sind bekannt.

Wüstenleguan
Dipsosaurus dorsalis

Größe: bis 40 cm
Lebenserwartung: bis 15 Jahre
Verbreitung: Südwesten der USA bis Nordmexiko
Lebensraum: ganztägig aktiver Bodenbewohner in kargen, wüstenähnlichen bis steppenartigen Gegenden, auch am Strand
Haltung: Trockenterrarium (5 × 4 × 3 KRL) mit starker Sandschicht und einzelnen großen Steinen oder Wurzeln als Präsentationsplätze; regelmäßige UV-Licht-Bestrahlung sehr zu empfehlen

Temperatur: Luft bis 35 °C, lokale Sonnenplätze bis 50 °C; Nachtabsenkung auf Zimmertemperatur
Luftfeuchtigkeit: tagsüber gering, nachts ansteigend (siehe Chuckwalla); Sand in einer Ecke immer feucht halten, Tiere vergraben sich gern im Sand; einmal täglich sprühen
Ernährung: hauptsächlich vegetarisch, es wird aber auch tierische Kost nicht verschmäht.
Zucht: Als Zuchtvorbereitung ca. 10 Wochen Winterruhe bei 10 °C, Paarung im Frühjahr, Weibchen vergraben ab Juni bis zu 8 Eier in feuchtem Sand, mehrere Gelege möglich. Schlupf bei 32 – 33 °C nach ca. 45 Tagen. Geschlechtsreife etwa ab 5 Jahren
Besonderheit: Wüstenleguane sind noch bei Hitze bis 46 °C aktiv, wenn sich andere Reptilien längst in ihre Bauten zurückgezogen haben. Bei extremen Bodentemperaturen klettern sie, fast weiß gefärbt, zur Kühlung oft in Büsche.

Stachelleguane

Die Unterfamilie der *Sceloporinae* umfaßt zwölf Gattungen. Es handelt sich dabei um ursprüngliche Leguane, die hauptsächlich trockene bis wüstenartige Gebiete in Nord- und Mittelamerika besiedeln.

Halsbandleguan. Die Männchen sind prächtiger gefärbt als die Weibchen.

Halsbandleguan
Crotaphytus collaris

Größe: bis 35 cm
Lebenserwartung: bis 10 Jahre
Verbreitung: mittlere USA und Nordmexiko
Lebensraum: ganztägig aktiver Bodenbewohner in felsigen Trockengebieten und lichten Hartlaubwäldern
Haltung: paarweise im Trockenterrarium (6 × 4 × 4 KRL) mit größtenteils festem Untergrund, z. B. Steinplatten oder Kunstfelsen, sowie Versteck- und Klettermöglichkeiten; regelmäßige UV-Licht-Bestrahlung sehr zu empfehlen
Temperatur: Luft 30 – 35 °C, lokale Sonnenplätze bis 50 °C; Nachtabsenkung auf Zimmertemperatur
Luftfeuchtigkeit: im Sommer gering, täglich einmal sprühen, eine Ecke im Terrarium immer feucht halten; 1 – 2 mal im Monat "Schlechtwetter" durch Lichtabschaltung und kräftiges Sprühen nachahmen
Ernährung: „Räuber", der außer Insekten auch Kleinsäuger und kleine Echsen frißt, gelegentlich auch Pflanzenteile (z.B. Beeren)
Zucht: Zur Zucht ist eine 10 – 16wöchige Winterruhe bei 6 – 12 °C nötig. Trächtige Weibchen tragen rote Flecken auf den Flanken und am Hals. Erste Eiablage

Jungtiere beim Sonnen

Beim Malachit-Stachelleguan sind nur die Männchen auffallend bunt gefärbt.

ca. 4 Wochen nach der Paarung (meist ab April) in leicht feuchtem Substrat; jährlich durchschnittlich 3, maximal 5 Gelege mit 2 – 13 Eiern; Schlupf bei ca. 30 °C nach 44 – 55 Tagen. 6 Unterarten sind bekannt.
Besonderheit: Die Männchen ziehen sich bereits ab August zuerst in die Winterruhe zurück, Jungtiere sind noch bis in den Spätherbst aktiv.

Malachit-Stachelleguan
Sceloporus malachiticus

Größe: bis 20 cm
Lebenserwartung: über 10 Jahre
Verbreitung: tropisches Mittelamerika von Mexiko bis Panama
Lebensraum: feuchte Bergwälder, von 600 – 3800 m; lebt dort an epiphytenbewachsenen Bäumen, Felsen und Steinmauern
Haltung: paarweise oder mit mehreren Weibchen; Männchen sind untereinander sehr unverträglich; geräumiges Terrarium (ab 5 × 4 × 5 KRL) mit Klettermöglichkeiten; Tiere bevorzugen rauhen Untergrund wie Rinde und Felsen; regelmäßige UV-Licht-Bestrahlung empfehlenswert
Temperatur: Luft 20 – 25 °C, lokaler Sonnenplatz bis 40 °C; Nachtabsenkung wenigstens auf Zimmertemperatur; in ihren natürlichen Lebensräumen sogar bis 0 °C; Freilandhaltung von Mai bis September möglich
Luftfeuchtigkeit: 70 – 100%, mehrmals täglich sprühen

Ernährung: alle Arten von Insekten
Zucht: Kurze Ruhephase (bis 6 Wochen) bei Zimmertemperatur stimuliert zur Paarung. Lebendgebärende Art; hochträchtige Weibchen besitzen auffallenden Leibesumfang. Die bis zu zwölf Jungen, die schnellwüchsig sind, können schon nach einem Jahr die Geschlechtsreife erlangen. Die Eltern stellen ihrem Nachwuchs nicht nach, trotzdem ist die Aufzucht im Extrabecken ratsam, um Unfälle zu vermeiden.
Besonderheit: Männchen farblich sehr ansprechend, aber untereinander unverträglich; Weibchen schlicht braungrün gemustert; sehr hübsche, gut zu pflegende Art, bei zu hohen (Nacht-) Temperaturen jedoch hinfällig

Kielschwanzleguane
Unterfamilie Tropidurinae

Außer den in der Terraristik mehr oder weniger bekannten Gattungen der Glattkopfleguane (*Leiocephalus*) und der Erdleguane (*Liolaemus*) umfaßt die Unterfamilie noch 14 weitere, kaum bekannte Gattungen. Die Kielschwanzleguanartigen besitzen das größte Verbreitungsgebiet innerhalb der Leguanfamilie. Es werden die verschiedensten Lebensräume besiedelt. Vertreter der Gattung *Liolaemus*, der Erdleguane, halten gleich zwei Rekorde: *L. magellanicus* ist die südlichste Reptilienart der Erde, *L. multiformis* hält mit 5000 m neben einer Skinkart den Höhenrekord für Reptilienarten.

Bunter Haiti-Maskenleguan
Leiocephalus personatus

Größe: Männchen bis 20 cm, Weibchen kleiner
Lebenserwartung: über 5 Jahre
Verbreitung: Hispaniola, Haiti
Lebensraum: Bodenbewohner auf offenen, trockenen Flächen, oft in Strandnähe im Unterholz
Haltung: paarweise oder mit mehreren Weibchen im Trockenterrarium (6 × 4 × 4 KRL) mit Sandbodengrund, Wurzeln und Steinen als Versteckmöglichkeit; eine Ecke des Bodens immer feucht halten, Tiere vergraben sich gern im Sand; UV-Licht-Bestrahlung empfehlenswert

Bunter Haiti-Maskenleguan

Leiocephalus schreibersi wird in der Literatur häufig mit dem Bunten Haiti-Maskenleguan verwechselt.

Temperatur: Luft 25 – 30 °C, lokaler Sonnenplatz bis 40 °C; Nachtabsenkung auf Zimmertemperatur
Luftfeuchtigkeit: tags um 50%, nachts ansteigend; einmal täglich kräftig sprühen
Ernährung: verschiedene Insekten, gelegentlich süßes Obst
Zucht: bis zu 3 Gelege mit 4 – 8 Eiern pro Jahr möglich; Schlupf bei 26 °C nach 2 Monaten. 8 – 10wöchige Ruhephase bei Temperaturen um 15 – 20 °C stimuliert die Paarungsbereitschaft.

Basiliskenartige
Unterfamilie (Basiliscinae)

Hierzu werden die Gattungen der Basilisken (*Basiliscus*), der Helmleguane (*Corytophanes*) und der Kronenbasilisken (*Laemanctus*) gezählt. Diese Leguanarten sind alle sehr gut an das Leben auf Bäumen angepaßt. Alle Arten bilden große knöcherne Kopffortsätze oder Helme und zum Teil imposante Rückensegel aus, vor allem im männlichen Geschlecht.

Basilisken
Basiliscus

Die Besonderheit der Basilisken ist die Ausbildung von mit Knochenleisten gestützten Kopflappen (bei Weibchen nur angedeutet) und hohen Rücken- und Schwanzkämmen bei Männchen. Die Tiere sind in der Lage, sich mit aufgerichtetem Oberkörper, nur auf den Hinterbeinen laufend, sehr schnell fortzubewegen. Auf diese Art können sie auch Wasserflächen – auf der Oberfläche „wandelnd" – überqueren, weshalb sie in ihrer Heimat auch Jesus-Christus-Echsen genannt werden.

Stirnlappenbasilisk
Basiliscus plumifrons

Größe: über 90 cm, meist jedoch nur bis 75 – 80 cm
Lebenserwartung: 5 – 8, selten über 10 Jahre
Verbreitung: östliches Honduras über Costa Rica bis Nordpanama
Lebensraum: Baumbewohner im tropischen Tieflandregenwald entlang größerer Fließgewässer
Haltung: paarweise oder Männchen mit 2 – 3 Weibchen
Temperatur: Luft bis 30 °C, lokale Sonnenplätze bis 40 °C; Nachtabkühlung auf Zimmertemperatur; UV-Licht-Bestrahlung vorteilhaft
Luftfeuchtigkeit: am Tage ca. 70%, nachts auf fast 100% ansteigend; Regenzeit durch mehrmaliges tägliches Sprühen imitieren, während der „Trockenzeit" nur jeden zweiten Tag
Ernährung: Insekten, Fische, Amphibien, Echsen und Vögel, aber auch Früchte; im Terrarium auch Gemüse
Zucht: einfach und ergiebig; Geschlechtsreife nach ca. 1,5 Jahren, im Terrarium auch schon nach 1 Jahr; jährlich mehrere, bis zu 20 Eier zählende Gelege; Schlupf bei 24 °C nach ca. 90 – 105 Tagen, bei 30 °C nach ca. 55 – 65 Tagen
Besonderheit: In hochformatigen Terrarien fühlen sich Basilisken sicherer (Flucht nach oben), sind viel weniger nervös und rennen weniger gegen die Scheiben.

Anolis

Die Unterfamilie *Anolinae* umfaßt neben den Anolis elf weitere Gattungen, wobei nur Tiere der Gattungen *Polychrus, Chamaeleolis* und *Pristidactylus* hin und wieder als Terrarientiere importiert werden. Die Gattung der Anolis ist die artenreichste (ca. 300 Arten) der Leguanfamilie. Sie werden wegen der Haftlamellen an der Zehenunterseite, die ihnen das Klettern auf glatten Flächen ermöglicht, oft auch als „Saumfinger" bezeichnet. Ein weiteres auffälliges Merkmal ist der mit Hilfe des verlängerten Zungenbeines fächerartig aufspreizbare, leuchtend farbige Kehllappen.
Auch bei den Anolis scheint die Geschlechtsfixierung von der Inkubationstemperatur abhängig zu sein: bei niedrigen Temperaturen (22 – 25 °C) überwiegen die Weibchen. Bei Arten, die ganzjährig reproduzieren, empfiehlt sich eine mehrwöchige Ruhephase, in der die Wärmelampe nur für 3 – 4 Stunden täglich angeschaltet und die Nachttemperatur auf 18 – 20 °C abgesenkt wird, um die Fortpflanzung zu unterbrechen und somit das Weibchen zu schonen.

Stirnlappenbasilisken laufen bei der Flucht nur auf den Hinterbeinen.

Der Rotkehlanolis besitzt in seiner Farbpalette Grün-, Braun- und Gelbtöne, was ihm den Namen „Amerikanisches Chamäleon" eingebracht hat.

Martinique-Anolis-Pärchen. Die Männchen sind sehr prächtig gefärbt, die Weibchen unscheinbar tarnfarben.

Rotkehlanolis
Anolis carolinensis

Größe: Männchen bis 22 cm, Weibchen bis 17 cm
Lebenserwartung: 5 – 7 Jahre
Verbreitung: Südosten der USA, inzwischen auch auf den Bahamas und Kuba eingeschleppt; 2 Unterarten bekannt
Lebensraum: Büsche und Bäume, aber auch als Kulturfolger an Häusern und in Gärten
Haltung: paarweise oder mit mehreren Weibchen; für Baumbewohner Terrarienhöhe wichtiger als Grundfläche (6 × 6 × 8 KRL); Wände mit Korkplatten auskleiden und Äste und buschige Pflanzen als weitere Klettermöglichkeiten einbringen; regelmäßige UV-Licht-Bestrahlung ratsam
Temperatur: Luft 25 – 30 °C, lokale Sonnenplätze bis 40 °C; Nachtabsenkung auf Zimmertemperatur
Luftfeuchtigkeit: tags 50 – 60%; nachts bis 80%, regelmäßig sprühen

Ernährung: Spinnen, Insekten, zum Teil auch kleine Gehäuseschnecken
Zucht: einfach; Winterruhe von bis zu acht Wochen bei 15 – 18 °C erhöht die Paarungsbereitschaft; während Fortpflanzungszeit ca. alle zwei Wochen ein Gelege mit 1 – 2 Eiern; Schlupf bei 30 °C nach 35 – 40 Tagen; bei 20 – 25 °C nach 55 – 60 Tagen

Ritteranolis
Anolis equestris

Größe: bis 55 cm
Lebenserwartung: 10 – 15 Jahre
Verbreitung: Kuba und angrenzende Inseln; in Florida eingeschleppt; 7 Unterarten
Lebensraum: Stamm- bis Kronenbereich der Bäume, sowohl in savannenartigen Gegenden wie auch in Parkanlagen
Haltung: paarweise im Terrarium (6 × 6 × 8 KRL) mit mittelgroßer Grundfläche, aber wenigstens 1 m Höhe; Einrichtung aus dicken Ästen und robusten Pflanzen.
Temperatur: Luft 25 – 30 °C, lokaler Sonnenplatz bis 40 °C; Nachtabsenkung auf Zimmertemperatur; UV-Licht-Bestrahlung empfehlenswert
Luftfeuchtigkeit: tagsüber um 60%, nachts ansteigend bis über 90%; mehrmals täglich sprühen. Die Tiere lecken die Wassertropfen von den Blättern, was aber meist nicht ausreicht, um ihren großen Durst zu löschen, deshalb zusätzlich eine Wasserschale auf einem Ast montieren oder fließendes Wasser anbieten bzw. die Tiere mit einer Pipette gezielt tränken.
Ernährung: alles, was sie mit ihrem großen „Krokodilkopf" erbeuten können, z.B. Insekten, Schnecken, Frösche, Kleinsäuger, Vögel und andere Reptilien, sogar fast gleichgroße Artgenossen werden erlegt. Oft legen adulte Tiere eine freiwillige Fastenzeit von Oktober bis März ein, selbst ohne Temperaturabsenkung.
Zucht: Niedrige Nachttemperaturen (15 – 18 °C) während der Fastenzeit fördern die Paarungsbereitschaft. Weibchen legt alle 2 – 4 Wochen ein Ei; Schlupf bei 25 – 30 °C nach 50 – 70 Tagen. Eltern fressen ihre eigenen Jungen. Geschlechtsreife nach 1 – 2 Jahren

Martinique-Anolis
Anolis roquet summus

Größe: Männchen bis 20 cm, Weibchen bis 17 cm
Lebenserwartung: über 5 Jahre
Verbreitung: Hochland im Norden Martiniques; von Martinique und den umliegenden Inseln sind sechs Unterarten bekannt.
Lebensraum: Baumbewohner im Bergregenwald
Haltung: paarweise im hochformatigen Feuchtterrarium (6 × 6 × 8 KRL) mit dichter Vegetation; UV-Licht-Bestrahlung empfehlenswert

Ritteranolis

Temperatur: Luft tagsüber bis 25 °C, lokaler Sonnenplatz bis 35 °C, Nachtabsenkung auf 20 °C
Luftfeuchtigkeit: am Tage um 80%, nachts noch weiter ansteigend; mehrmals täglich sprühen
Ernährung: kleinere Insekten und Gliedertiere
Zucht: Im Terrarium ganzjährig mit bis zu 30 Eiern. Um die Weibchen zu schonen, kann im Winter eine zweimonatige Ruhephase bei etwas niedrigeren Temperaturen eingelegt werden. Eier werden einzeln vergraben; Schlupf bei 23 – 28 °C nach 43 – 65 Tagen

Brauner oder Bahama-Anolis
Anolis sagrei

Größe: Männchen bis 20 cm, Weibchen bis 15 cm
Lebenserwartung: 5 – 7 Jahre
Verbreitung: ursprünglich kubanische Inseln, inzwischen im karibischen Raum weit verbreitet
Lebensraum: sehr anpassungsfähiger Bodenbewohner, der in offenem, trockenem Gelände mit niedriger Vegetation lebt, aber als Kulturfolger auch an Wegrändern, Gartenmauern und an Hütten häufig vorkommt
Haltung: paarweise oder mit mehreren Weibchen im Terrarium mit größerer Grundfläche als Höhe (8 × 6 × 6 KRL) und vielen Klettermöglichkeiten
Temperatur: Luft 25 – 30 °C, lokale Sonnenplätze bis 40 °C, Nachtabsenkung auf Zimmertemperatur, UV-Licht-Bestrahlung empfehlenswert
Luftfeuchtigkeit: um 60%, täglich einmal sprühen
Ernährung: alle möglichen Arten von Gliedertieren
Zucht: 2 – 3 Monate Ruhephase bei etwas tieferen Temperaturen empfehlenswert (siehe Einführung Anolis); Weibchen vergräbt während der Fortpflanzungsperiode alle 2 Wochen ein Ei; Schlupf bei 22 – 28 °C nach 32 – 45 Tagen
Besonderheit: Sehr anpassungsfähige Art, die als Kulturfolger auch in menschlichen Siedlungen anzutreffen ist. 2 Unterarten sind bekannt.

Der Braune oder Bahama-Anolis wurde in Florida eingeschleppt und verdrängt inzwischen den dort heimischen Rotkehlanolis.

Agamen

Die Familie der *Agamidae* umfaßt, je nach Autor, zwischen 34 und 53 Gattungen mit ca. 340 Arten. Agamen weisen eine enorme Vielgestaltigkeit auf, so daß auch bei ihnen eine Zuordnung zur Familie nach rein äußerlichen Gesichtspunkten unmöglich ist (vgl. Leguane). Zusammen mit den Leguanen und den Chamäleons bilden sie die Zwischenordnung der Leguanartigen.

Agamen sind „Altweltechsen", sie besiedeln bis auf wenige Ausnahmen fast ganz Afrika, den Südosten Europas, ganz Asien (außer die kühlen nördlichen Gebiete), den indonesisch-malayischen Archipel sowie Australien. Die Fidschi-Inseln sind die einzige Region, in der die Leguane und die Agamen gemeinsam vorkommen.

Anhand der „modernen" Zahnstellung erkennt man die Vertreter der Agamenfamilie: Ihre Zähne stehen auf der Kieferoberseite, ohne mit ihm verwachsen zu sein. Zum Teil sind sie so eng angeordnet, daß sie sogar eine Zahnleiste bilden. Bei Verlust wächst, anders als bei Leguanen, kein neuer Zahn nach. Die meisten Agamenarten können verlorene Schwanzteile nicht mehr regenerieren, lediglich die Wunde heilt zu.

Blaukopf-Schönechse
Calotes mystaceus

Größe: bis 42 cm, davon entfallen $2/3$ auf den Schwanz
Lebenserwartung: unbekannt, jedoch wenigstens vier Jahre
Verbreitung: Birma, Laos, Vietnam, Thailand, Kambodscha, Adamanen und Nikobaren
Lebensraum: an Bäumen in lichten

Die Blaukopf-Schönechse zeigt ihre türkise Prachtfärbung nur bei Erregung.

Wäldern, als Kulturfolger auch an Straßenbäumen und in Stadtparks

Haltung: paarweise im hochformatigen, mäßig bepflanzten Regenwaldterrarium (5 × 4 × 5 KRL) mit kräftigen Kletterästen; UV-Licht-Bestrahlung empfehlenswert

Temperatur: Luft 24 – 30 °C, am Boden 22 – 24 °C; lokaler Sonnenplatz um 40 °C; Nachtabsenkung auf Zimmertemperatur

Luftfeuchtigkeit: im ursprünglichen Lebensraum saisonabhängig: in der Trockenzeit tagsüber 50 – 70%, nachts ansteigend, während der Monsunmonate tagsüber bis 80% und mehr

Ernährung: Insekten, Gliedertiere, kleinere Amphibien und Reptilien

Zucht: In ihren Biotopen beginnt die Balz gegen Ende der Trockenzeit, etwa ab Februar/März. Bis zu Beginn der Regenzeit ab Mai/Juni erfolgen mehrere Paarungen. Mit Einsetzen der Regenzeit erfolgt die Eiablage. Die Weibchen vergraben bis zu elf Eier, aus denen bei 24 – 26 °C nach 60 – 70 Tagen die Jungen schlüpfen.

Besonderheit: Die Echsen zeigen nur bei Erregung, z.B. während der Paarungszeit, aber auch kurz vor ihrem Tod (Weibchen weniger leuchtend als Männchen), ihre türkisblaue Prachtfärbung. Normalerweise sind sie recht unscheinbar grau-bläulich gefärbt.

Winkelkopfagame
Gonocephalus chamaeleontinus

Größe: Männchen bis 45 cm, Weibchen kleiner

Lebenserwartung: unbekannt, langlebige, langsamwüchsige Art; Geschlechtsreife erst nach ca. 3 Jahren

Verbreitung: Ostküste Malaysias, auf Tioman, Sumatra und Java sowie einigen davor gelegenen Inseln, von Meereshöhe bis in ca. 1500 m Höhe

Lebensraum: Baumbewohner des unteren Stammbereichs, nur in Gewässernähe im Regenwald; Nahrungsaufnahme auch am Boden

Haltung: paarweise im großflächigen, hochformatigen Regenwaldterrarium (ab 5 × 4 × 6 KRL) mit teilweise dichter Bepflanzung; ideal ist ein kleiner Bachlauf oder ein Zimmerbrunnen, da die Tiere nur bewegtes Wasser trinken, z.B. auch die ablaufenden Tropfen während des Beregnens / Sprühens im Terrarium.

Temperatur: Luft tagsüber 22 – 28 °C, Nachtabsenkung auf Zimmertemperatur; lokaler Sonnenplatz 35 – 40 °C; UV-Licht-Bestrahlung vorteilhaft

Luftfeuchtigkeit: tags um 70%, nachts z.T. bis 100% ansteigend, mehrmals täglich sprühen

Ernährung: verschiedene Gliedertiere, Regenwürmer und gelegentlich Mäusebabys

Zucht: Ältere Weibchen vergraben alle 2 – 4 Monate bis zu sieben Eier im feuchten Boden. Die Eiablagestelle wird sorgfältig verschlossen und mit Blättern, Moos oder Ästchen so gut getarnt, daß sie nicht erkennbar ist. Schlupf bei 23 – 25 °C nach 81 – 97 Tagen, bei 19 – 25 °C nach etwa 134 Tagen; etwa zwei Tage nach dem Schlupf erste Nahrungsaufnahme

Besonderheit: schöne, aber leider streßempfindliche Agame. Nach geglückter Eingewöhnung ein dankbarer, langlebiger Terrarienpflegling; vielen Terrarianern aber zu ruhig

Winkelkopfagame

Wasseragamen sind das altweltliche Gegenstück zum Grünen Leguan.

Bartagame

Wasseragame
Physignathus cocincinus

Größe: bis 60 – 80 cm, selten darüber
Lebenserwartung: über 18 Jahre
Verbreitung: Südchina bis Thailand
Lebensraum: stark an Wasser gebundene Art, häufig im Geäst über Fließgewässern an dicht bewachsenen Ufern
Haltung: paarweise im großzügigen Regenwaldbecken (5 × 3 × 4 KRL) mit kräftigen, dicken Ästen und robusten Pflanzen sowie großem, tieferem Wasserteil; UV-Licht-Bestrahlung sehr zu empfehlen
Temperatur: Luft 25 – 30 °C, Wasser 25 °C, lokaler Sonnenplatz bis 40 °C, Nachtabsenkung auf Zimmertemperatur
Luftfeuchtigkeit: 50 – 80 %, nachts bis 90 %; mehrmals täglich sprühen
Ernährung: je nach Größe mundgerechte Futterbrocken, z.B. Würmer, Insekten, Schnecken oder kleine Fische und Wirbeltiere; nimmt aber z. T. auch pflanzliche Kost und Obst gerne an; Jungtiere bevorzugen tierische Kost.
Zucht: Gelege mit bis zu 16 Eiern werden in mäßig feuchtem Boden ca. 20 cm tief vergraben; Schlupf bei 27 – 30 °C nach 65 – 101 Tagen; Jungtiere leben in Gruppen und erreichen bei einer Gesamtlänge von 40 – 50 cm etwa nach zwei Jahren die Geschlechtsreife.
Besonderheit: Wildfänge sind sehr scheu und rennen oft gegen die Scheiben, wobei sie sich die Schnauze aufstoßen. Deshalb Seiten und Rückwände mit Korkrinde auskleiden. Vor allem Nachzuchten können sehr zahm und zutraulich werden.

Bartagame (B)
Pogona vitticeps

Größe: bis 50 cm, selten größer
Lebenserwartung: bis 20 Jahre
Verbreitung: östliche Hälfte Südaustraliens bis südöstliches Zentralaustralien
Lebensraum: heiße Trockengebiete mit lichtem Baumwuchs bis in Wüstenregionen
Haltung: paarweise oder mit mehreren Weibchen im großflächigen Trocken-Wüsten-Terrarium (5 × 4 × 3 KRL); einige größere Äste, Wurzeln und Steine ergänzen die Einrichtung; UV-Licht-Bestrahlung sehr zu empfehlen; als Bodengrund grober Flußsand oder feiner Kies, der an einer Stelle immer feucht gehalten wird
Temperatur: Luft 27 – 35 °C, lokaler Sonnenplatz bis 45 °C; Nachtabsenkung bis auf 20 °C
Luftfeuchtigkeit: gering, jedoch einmal täglich kräftig sprühen
Ernährung: Allesfresser, der verschlingt, was ins Maul paßt, auch kleinere Artgenossen. Neben verschiedenen Wirbellosen und kleinen Wirbeltieren beträgt der pflanzliche Nahrungsanteil vor Ort wenigstens 50 %. Im Terrarium v.a. Insekten sowie Wildkräuter, Gemüse und gelegentlich mundgerechte Obststücke anbieten.
Zucht: Relativ einfach und ergiebig: Zur Zuchtvorbereitung ist eine Winterruhe von 6 – 12 Wochen bei 10 – 15 °C vorteilhaft. Weibchen vergräbt 4 – 35 Eier; mehrere Gelege pro Saison; Schlupf bei 26 – 31 °C nach 56 – 116 Tagen
Besonderheit: Beliebtes Terrarientier, wird häufig nachgezüchtet. Bartagamen werden sehr zutraulich und zahm. Erhöhte Aufmerksamkeit ist bei der Haltung in Gruppen bzw. bei der Jungenaufzucht geboten. Frißt ein Einzeltier nur noch lustlos oder verweigert gar die Nahrungsaufnahme, bleibt im Wachstum zurück oder wird immer apathischer, so ist die Ursache meist Streß. Solche Tiere müssen separat wieder aufgepäppelt werden.

Wüstenagame
Trapelus mutabilis

Größe: bis 25 cm
Lebenserwartung: über 5 Jahre
Verbreitung: von Nordafrika bis Südwestasien
Lebensraum: Bodenbewohner in mit Steinen durchsetzten Halbwüsten und Sandwüsten

Haltung: paarweise im Wüstenterrarium (5 × 5 × 3 KRL) mit Sandboden, Wurzelstücken und Stein- oder Felsaufbauten als Rück- und Seitenwandverkleidung; eine Terrarienecke immer leicht feucht halten

Temperatur: vor Ort ist die Luft morgens kühl, im Tagesverlauf bis 30 °C im Schatten, am Boden in der Sonne über 40 °C; im Terrarium Luft bis 35 °C, lokaler Sonnenplatz bis 45 °C, UV-Licht-Bestrahlung sehr zu empfehlen; Nachtabsenkung auf Zimmertemperatur

Luftfeuchtigkeit: gering, einmal täglich sprühen; während der Winterruhe nur zweimal wöchentlich

Ernährung: verschiedene Insekten; einmal wöchentlich vegetarische Kost, z.B. Löwenzahnblüten, Gemüse und gelegentlich süßes Obst

Zucht: 2 – 3monatige Winterruhe bei 8 – 15 °C nötig; vier Wochen nach der Paarung vergraben die Weibchen ein Gelege mit bis zu zwölf Eiern im feuchten Sand; bis zu 3 Gelege pro Saison; Schlupf bei 28 – 30 °C nach 46 – 61 Tagen, Geschlechtsunterscheidung bereits nach einem halben Jahr möglich

Veränderliche oder Nordafrikanische Dornschwanzagame (B)
Uromastyx acanthinura

Größe: ca. 45 cm, Weibchen etwas kleiner

Lebenserwartung: über 20 Jahre

Verbreitung: übers gesamte nördliche Afrika, 3 Unterarten bekannt

Lebensraum: Stein- und Geröllwüsten (sog. Hamada) mit spärlicher Vegetation; lebt in selbstgegrabenen Höhlen, die im Gegensatz zur Oberfläche ein recht konstantes Klima aufweisen

Haltung: paarweise in großflächigen Wüstenterrarien (ab 5 x 4 x 3 KRL), in Großterrarien auch mit 2 – 3 Weibchen; als Bodengrund lehmiger, grober Flußsand, Felsaufbauten sowie Ton- oder Korkröhren als Versteckplätze; unterste Sandschicht immer feucht halten; hohe Luxwerte und UV-Licht-Bestrahlung notwendig

Temperatur: Luft 28 – 45 °C, lokaler Sonnenplatz 50 – 60 °C, immer auch kühlere Ausweichmöglichkeiten anbieten, Nachtabsenkung auf Zimmertemperatur

Luftfeuchtigkeit: tagsüber sehr gering (15 – 30%), nachts ansteigend auf 60 – 80%, täglich abends etwas sprühen

Ernährung: Allesfresser. Jungtiere nehmen bis zu 75% tierische Nahrung auf, während sich Erwachsene in freier Natur überwiegend mit pflanzlicher Nahrung begnügen müssen. Im Terrarium nicht zuviel tierische Nahrung reichen, um Verfettung zu vermeiden. Neben verschiedenen Insekten vor allem Wildkräuter, Salate, Keimlinge und Sämereien (z.B. Linsen, Weizen, Hirse), aber auch vertrocknete Pflanzenteile oder Heu, gelegentlich Obst anbieten, wobei jedes Tier ganz spezielle Vorlieben entwickelt und nicht immer jedes dargebotene Futter annimmt.

Zucht: Als Zuchtvorbereitung die Tiere 2 – 4 Monate bei 15 – 20 °C kühler halten. Der Wärmestrahler sollte dennoch täglich 6 – 8 Stunden eingeschaltet werden, da sich die Tiere auch in freier Natur an warmen Tagen sonnen. Wenige Wochen nach Beendigung der Ruhephase kommt es zu Paarungen, weitere 4 – 6 Wochen später zur Eiablage. Inkubation der

Unter der Bezeichnung Wüstenagame werden mehrere unterschiedliche Arten importiert. Die Unterscheidung ist schwierig. Links *T. mutabilis*, rechts wahrscheinlich *T. savigny/flavimaculatus*

Veränderliche oder Nordafrikanische Dornschwanzagame

bis zu 26 Eier in nur leicht feuchtem Substrat; bei zu großer Feuchtigkeit verpilzen die Eier. Schlupf bei 28 – 34 °C nach 72 – 116 Tagen. Junge fressen ab dem 3. Tag und können die ersten 1 – 2 Jahre gemeinsam aufgezogen werden, danach bei Unverträglichkeiten Trennung nötig. Geschlechtsreife nach ca. 4 – 5 Jahren
Besonderheit: Auch Wüstentiere wie Dornschwanzagamen sterben bei Körpertemperaturen von über 48 °C.

Chamäleons

Chamäleons sind eine relativ moderne Reptilienfamilie. Ihr Alter wird je nach Autor auf 50 – 100 Millionen Jahre geschätzt. Sie zählen zu den Schuppenkriechtieren (Squamata), deren Entwicklung vor ca. 195 Millionen Jahren im oberen Trias begann.

Der Ursprung der Chamäleons liegt in Ostafrika. Von dort aus breiteten sie sich über ganz Afrika, Madagaskar und die benachbarten Inseln sowie die Arabische Halbinsel bis nach Indien und Sri Lanka (Ceylon) aus. In Europa finden wir nur noch Reliktpopulationen im Mittelmeerraum als Folge der eiszeitlichen Abkühlung.

Die Familie wird in zwei Unterfamilien unterteilt: die Echten Chamäleons (Chamaeleoninae) mit den Gattungen *Bradypodion*, *Calumma*, *Chamaeleo* und *Furcifer*, die etwa 130 Arten zählt, sowie die Erd- oder Stummelschwanzchamäleons (Brookesiinae) mit den beiden Gattungen *Brookesia* und *Rhampholeon* mit etwa 35 Arten.

Aufgrund ihres hochspezialisierten, von anderen Echsen sehr abweichenden Bauplanes wurden Chamäleons früher als eigene Reptilienordnung (Rhiptoglossa) angesehen. Charakteristisch sind u.a. die oft mehr als

Jemenchamäleon-Männchen

körperlange Schleuderzunge, die getrennt voneinander beweglichen Augen und die zu Greifzangen umgeformten Füße. Viele Arten benützen den langen, beweglichen Schwanz als „fünfte Hand", um sich im Geäst sicher fortzubewegen.

Chamäleons sind in der Lage, sich zum Zwecke der Tarnung farblich an die Umgebung anzupassen. Allerdings besitzt jede Art nur ein begrenztes Repertoire an Farben und Mustern. Außer zur Tarnung dient der Farbwechsel der innerartlichen Kommunikation und ist artspezifisch ausgeprägt. Zusätzlich zur Färbung dient auch die Körperform der Tarnung: Echte Chamäleons ahmen Blätter nach. Sie perfektionieren ihre Tarnung, indem sie, wenn sie sich beobachtet fühlen, mit schaukelnden Bewegungen vom Wind bewegte Blätter vortäuschen. Erdchamäleons ahmen vertrocknete Blätter oder Äste nach oder stellen sich tot, indem sie bewegungslos verharren. Die Körperformen und -fortsätze von Chamäleons sind sehr vielgestaltig und dienen außer zur Tarnung auch als Erkennungsmerkmal für die einzelnen Arten. Sie können Hörner, Kopflappen, Helme, Nasenfortsätze, Rückenkämme und Rückenstacheln ausbilden. Das Gehör ist bei Chamäleons unterentwickelt. Die meisten Chamäleons legen Eier, es gibt jedoch auch lebendgebärende Arten.

Früher galten Chamäleons generell als heikle Terrarienpfleglinge, doch sind einige Arten durchaus gut für die Haltung im Terrarium geeignet und können leicht vermehrt werden.

Jemenchamäleon (B)
Chamaeleo calyptratus

Größe: Männchen um 40 cm, selten über 60 cm, Weibchen maximal 45 cm
Lebenserwartung: Männchen 4 – 8 Jahre, selten mehr; Weibchen selten über 3 Jahre
Verbreitung: südliche Arabische Halbinsel, von der Asir-Provinz Saudi-Arabiens bis nach Aden im Jemen
Lebensraum: vor allem vegetationsreiche Wadis, sehr häufig in einem feuchten Hochtal (1200 – 2000 m) zwischen Taizz und Ibb im Jemen, aber es gibt auch Populationen in Trockengebieten. In den vegetationsreichen Hochebenen herrscht subtropisch-tropisches Klima mit zwei Regenzeiten pro Jahr. Die Tiere leben auf Bäumen (Akazien), Nutzpflanzen (Mais) und auf dem Boden. Nachts schlafen sie an den Enden von Ästen.
Haltung: im großen Terrarium (ab 4 × 2,5 × 4 KRL) evtl. paarweise, auf Dauer ist aber meist nur Einzelhaltung möglich; im gut belüfteten Terrarium mit kräftigen Pflanzen und Kletterästen oder auch frei im Blumenfenster; regelmäßige UV-Licht-Bestrahlung empfehlenswert
Temperatur: Luft 25 – 35 °C, lokaler Sonnenplatz bis 45 °C, Nachtabsen-

kung auf Zimmertemperatur. Im Winter können die Temperaturen 5 – 8 °C niedriger liegen.

Luftfeuchtigkeit: tagsüber um 40 – 50%, nachts auf 80% ansteigend, täglich morgens kräftig sprühen, ggf. abends nochmals

Ernährung: gefräßige Echse, die Insekten, Gliedertiere, Würmer, Kleinechsen und Kleinsäuger frißt, aber auch pflanzliche Kost, z.B. Blätter und Früchte, nicht verschmäht; bezüglich Futter oft Individualisten

Zucht: Fortpflanzung findet in der Natur von September bis Oktober statt; im Terrarium ist die Zucht ganzjährig möglich. Ist das Weibchen paarungsbereit, bleibt es beim Anblick des Männchens normal gefärbt, unwillige Weibchen drohen ihm schwarzgefärbt. Mehrere Paarungen innerhalb einiger Tage, dann nimmt das Weibchen eine Trächtigkeitsfärbung an, und man trennt die Tiere besser.

Etwa 3 – 6 Wochen später vergräbt das Weibchen 30 – 50, max. 85 Eier. Schlupf der Jungen bei Schwankungen der Inkubationstemperatur zwischen 30 °C tagsüber und 20 – 22 °C nachts nach ca. 120 – 280 Tagen. Bei konstant hohen Inkubationstemperaturen oder zu feuchtem Bodensubstrat kommt es zu Eiverlusten bzw. bleiben die Jungen zeitlebens Kümmerlinge, falls sie die ersten Wochen überleben.

Die Jungen sind sehr schnellwüchsig: Geschlechtsreife nach 3 – 4 Monaten, nach fünf Monaten bereits Eiablage möglich. Besser ist eine langsamere Aufzucht durch sparsame Nahrungsgabe. Weibchen können ca. 3 – 4 Gelege pro Jahr produzieren, werden dann aber nicht sehr alt.

Besonderheit: Die sehr gut zu pflegende Art wird so häufig nachgezogen, daß inzwischen fast nur noch Nachzuchten angeboten werden.

Pantherchamäleon (B)
Furcifer pardalis

Größe: Männchen um 40 cm, selten über 50 cm, Weibchen bis 35 cm

Lebenserwartung: in der Natur nur ca. zwei Jahre, im Terrarium um vier Jahre, selten über fünf Jahre

Verbreitung: Madagaskar und Nosy-Bé

Lebensraum: Anpassungsfähige Art, die im Küstentiefland sowohl auf Bäumen und Sträuchern als auch am Boden lebt. Sie wird sogar als Kulturfolger bezeichnet.

Haltung: einzeln im gut belüfteten Terrarium (4 × 2,5 × 4 KRL) mit Kletterästen und robusten Pflanzen; UV-Licht-Bestrahlung empfehlenswert; auch für die Haltung auf der Fensterbank geeignet

Temperatur: Luft 25 – 35 °C, lokaler Sonnenplatz bis 45 °C, Nachtabsenkung auf Zimmertemperatur

Luftfeuchtigkeit: tagsüber 60 – 80%, nachts ansteigend bis 100%

Ernährung: Insekten, Kleinsäuger und kleine Reptilien; frißt gelegentlich Blätter und farbige Blüten

Zucht: Weibchen zeigt Paarungsbereitschaft, die bis zu drei Tage anhält, durch Färbung und ruhiges Verhalten an (paarungsunwillige Weibchen drohen „schwarz"): Nur dann beide Geschlechter zusammensetzen! Eiablage nach 30 – 45 Tagen (bis zu 46 Stück); Schlupf bei 25 – 28 °C nach 159 – 323 Tagen; 14 Tage nach Eiablage erneute Verpaarung möglich

Besonderheit: gut zu pflegende, aber sehr aggressive Art; mehrere Farbformen sind bekannt.

Mein Tip: Bei Chamäleons ist allgemein auf eine ausreichende Wasseraufnahme zu achten, vor allem bei freier Haltung im Raum, deshalb mindestens zweimal wöchentlich mit Pipette gezielt tränken.

Pantherchamäleon: Nominatform von Nosy-Bé,

rote Form von der Ostküste Madagaskars

Warane

Die Familie der *Varanidae* umfaßt nur die Gattung *Varanus* mit momentan 47 Arten. Die ältesten Fossilien stammen aus dem Miozän (vor ca. 7 – 26 Mio. Jahren), die frühesten waranähnlichen Fossilien (*Telmasaurus grangeri*) werden auf ca. 65 Mio. Jahre datiert.

Warane sind heute ausschließlich in den tropischen und subtropischen Zonen Afrikas, Südostasiens und Australiens verbreitet. Ihr größter Vertreter, der Komodowaran (*V. komodoensis*), erreicht bis zu 3 m Gesamtlänge bei bis zu 160 kg Körpergewicht, der kleine australische Kurzschwanzwaran (*V. brevicauda*) wird dagegen bei ca. 20 g Gewicht höchstens 25 cm lang. Warane besitzen alle ein recht einheitliches, eidechsenähnliches Aussehen: langer, meist spitzer Kopf auf langem, schlankem Hals, massiger Rumpf, getragen von kräftigen Beinen, sowie ein dicker Schwanz, der meist länger als der Körper ist. Grundsätzliche Bauplanabwandlungen wie in anderen Echsenfamilien finden sich nicht.

Warane kauen ihre Nahrung nicht, sondern verschlingen sie wie Schlangen an einem Stück. Dazu können sie den Zungenbeinapparat abspreizen, um den Schlund zu erweitern. Der Hirnschädel ist zudem vollständig verknöchert und so während des Schluckens vor Druck vom Mundhöhlendach geschützt. Warane besitzen eine gespaltene Zunge und züngeln, um mit dem Jakobsonschen Organ im Mundhöhlendach zu „riechen". Außer Waranen und Schlangen besitzen nur noch einige Vertreter der Familie der Schienenechsen (*Teiidae*) ebenfalls gespaltene Zungen. Alle Warane sind tagaktiv und sehen sehr gut, das Gehör dagegen ist nur schlecht ausgebildet. Schwanzwunden verheilen gut, verlorengegangene Schwanzstücke wachsen aber nicht nach. Alle Warane sind eierlegend. Eine sichere Geschlechtsbestimmung ist bei den meisten Waranarten unmöglich, da äußerliche Geschlechtsmerkmale kaum oder nicht eindeutig ausgebildet werden.

Aufgrund ihres Körperbaus wurden die Warane als nahe Verwandte der Schlangen betrachtet. DNA-Vergleiche widerlegten diese Annahme jedoch.

Die meisten Waranarten sind allein schon wegen ihres großen Platzbedarfs als Terrarientiere ungeeignet, viele Arten sind zudem sehr selten und stehen unter strengem Schutz.

Steppenwaran (B)
Varanus exanthematicus

Größe: maximal 1,3 m, normal 0,75 – 1 m

Lebenserwartung: über 12 Jahre

Verbreitung: in einem geschlossenen Gürtel südlich der Sahara vom Senegal bis in den Sudan, evtl. bis Äthiopien

Lebensraum: trockene, sandig-lehmige Savannen- und Graslandschaften

Haltung: paarweise (ab 5 × 2 × 2 KRL) oder mit mehreren Weibchen im großflächigen Trockenterrarium mit Sandgrund, Korkröhren, Steinen und Wurzelstücken als Versteckmöglichkeit; regelmäßige UV-Licht-Bestrahlung sehr zu empfehlen; Wassergefäß zum Trinken und Baden; in freier Wildbahn leben Steppenwarane oft in Wassernähe, im Terrarium liegen manche Exemplare oft stundenlang im Wasserbecken und baden.

Temperatur: Luft 25 – 35 °C, lokaler Sonnenplatz bis 45 °C, Nachtabsenkung auf 20 °C

Luftfeuchtigkeit: in den Wintermonaten geringer, um 60%, im Frühjahr um 90 – 100%, durch häufiges Sprühen Regenzeit nachahmen

Ernährung: Fleischfresser, der in der Natur trotz seiner Größe hauptsächlich Insekten frißt; nur gelegentlich Mäusebabys, Eintagsküken, Rinderherz und Eier füttern, um eine Verfettung auszuschließen

Zucht: Gelege bis 50 Eier werden oft unter Steinen, in freier Natur auch in Termitenbauten oder unter Baumrin-

Steppenwaran. Warane besitzen eine gespaltene Zunge und züngeln, um zu „riechen", ähnlich wie Schlangen.

de vergraben; Schlupf bei 27 – 30 °C nach 152 – 194 Tagen
Besonderheit: Steppenwarane können sehr zutraulich werden. Jährlich werden viele Warane aus Afrika exportiert, wobei nur ein geringer Teil im Terrarium „landet", überwiegend enden sie in Fabriken in Form von Häuten für die Lederindustrie.

Geckos

Die Familie *Gekkonidae* stellt eine sehr ursprüngliche Echsengruppe dar. Der älteste fossile Geckofund (*Eichstaettisaurus*) stammt aus der Jurazeit und ist ca. 145 – 200 Mio. Jahre alt.

Geckos sind mit mehr als 900 Arten in ca. 90 Gattungen nach den Skinken die artenreichste Echsengruppe und, mit Ausnahme der Antarktis, weltweit verbreitet. Besonders zahlreich sind Geckos in den Tropen und Subtropen vertreten; auch in Gebirgen sind sie zu finden.

Geckos gehören zu den wenigen Reptilien, die zu Lautäußerungen fähig sind, z.B. Gurren, Zirpen, Quaken bis zu lautem „Bellen". Der bekannteste, stimmgewaltigste Gecko ist wohl der Tokeh mit seinem durchdringenden Ruf, dem die Familie ihren Namen verdankt.

Es sind meist kleinwüchsige, bis 15 cm messende Echsen; nur wenige Arten erreichen eine Länge von 30 cm. Von dem 60 cm langen Neuseeländischen Riesengecko (*Hoplodactylus delcourti*) ist nur ein Trockenpräparat aus dem vorigen Jahrhundert erhalten, so daß der Kaledonische Riesengecko (*Rhacodactylus leachianus*) mit ca. 40 cm die größte heute noch lebende Geckoart zu sein scheint.

Die Mehrheit der Geckos ist nacht- oder dämmerungsaktiv, was gleich auf den ersten Blick an ihren großen Augen mit den zu Schlitzen verengten Pupillen zu erkennen ist. Alle Geckos besitzen kräftige Beine, meist ist der Kopf groß und deutlich vom Hals abgesetzt. Der Schwanz ist meist relativ kurz, die Haut dünn und samtartig. Viele Arten sind durch Haftlamellen an der Unterseite der Zehen in der Lage, auch an glatten Flächen emporzuklettern – die wohl am häufigsten mit Geckos in Verbindung gebrachte Eigenschaft.

Ein Geckogelege umfaßt normalerweise zwei Eier, selten drei, kleine Arten legen jeweils nur ein Ei ab.

Die Geckos werden in vier Unterfamilien aufgeteilt: Lidgeckos (*Eublepharinae*), Doppelfingergeckos (*Diplodactylinae*), Eigentliche Geckos (*Gekkoninae*) und Kugelfingergeckos (*Sphaerodactylinae*).

Lidgeckos

Die Lidgeckos (Unterfamilie *Eublepharinae*) gelten als die ursprünglichste, älteste Gecko-Unterfamilie und werden inzwischen sogar als eigene Familie betrachtet. Sie besitzen noch bewegliche Augenlider, die beim Schlafen geschlossen werden. Bei allen anderen Gecko-Unterfamilien sind die Lider zu einer durchsichtigen Schutzhaut über den Augen, der Brille, verwachsen.

Lidgeckos haben einfach gebaute Füße ohne Haftlamellen. Es sind vornehmlich nachtaktive Bodenbewohner. Alle Arten vergraben zur Fortpflanzung zwei weichschalige Eier. Häufig werden im Terrarium neben dem Leopardgecko die Krallengeckos der Gattungen *Coleonyx* und *Hemitheconyx* gehalten.

Leopardgecko
Eublepharis macularius

Größe: bis 25 cm
Lebenserwartung: über 20 Jahre
Verbreitung: Afghanistan, Irak, Iran und Nordwestindien
Lebensraum: steinige Trockengebiete und lichtes Grasland bis 2100 m Höhe
Haltung: paarweise oder in einer Zuchtgruppe mit Weibchenüberzahl im Trockenterrarium (ab 4 × 3 × 2 KRL); grober Flußsand als Bodengrund sowie flache Steine und Korkrindenstücke als Versteckmöglichkei-

Leopardgecko

ten anbieten; Boden in einer Ecke des Beckens immer feucht halten
Temperatur: Luft 22 – 28 °C; lokale Wärmestelle (kann auch Heizstein sein) bis 35 °C; Nachtabsenkung auf Zimmertemperatur
Luftfeuchtigkeit: tags gering, abends ansteigend, deshalb abends täglich etwas sprühen
Ernährung: alle Arten von Insekten, gelegentlich nackte Babymäuse; nascht manchmal an süßen Obststückchen
Zucht: als Zuchtstimulation ca. 4 – 8 Wochen Ruhephase im Winter bei Temperaturen um 15 °C; Weibchen vergraben ihre zwei großen, weichschaligen Eier in feuchtem Substrat; Schlupf bei 26 – 31 °C nach 45 – 65 Tagen; Bruttemperatur beeinflußt das Geschlecht: um 32 °C entwickeln sich hauptsächlich Männchen, bei 25 – 27 °C fast nur Weibchen; „heiß" gebrütete Weibchen (bei über 29 °C Inkubationstemperatur) reagieren aggressiv auf Männchen.
Besonderheit: Der Leopardgecko ist gut zu halten und nachzuzüchten und wird schnell zutraulich. Eingewöhnte Tiere kommen bei Fütterung auch tagsüber aus ihrem Versteck.

Eigentliche Geckos

Die *Gekkoninae* sind bei weitem die artenreichste Unterfamilie, es sind 64 Gattungen mit ca. 600 Arten bekannt. Sie sind, mit Ausnahme der Antarktis, Neuseelands und Teilen der USA, über alle Kontinente verbreitet. Die einzelnen Gattungen unterscheiden sich durch den Bau der Zehen. Alle Arten legen hartschalige, gegen Temperatur- und Feuchtigkeitsschwankungen unempfindliche Eier.

Malayischer Bogenfinger
Cyrtodactylus pulchellus

Größe: bis 26 cm
Lebenserwartung: über 8 Jahre
Verbreitung: Nordostindien, Burma, Südthailand, Westmalaysia, Singapur
Lebensraum: in Regenwäldern bis 1300 m in Gewässernähe am Boden und am unteren Teil von Bäumen, meist in der Nähe von verrottendem Holz
Haltung: paarweise im hochformatigen Regenwaldterrarium (6 × 6 × 8 KRL)
Temperatur: Luft 24 – 27 °C, nicht über 30 °C, Nachtabsenkung auf Zimmertemperatur
Luftfeuchtigkeit: tagsüber um 75%, nachts bis 90% ansteigend; mehrmals täglich sprühen
Ernährung: verschiedene Insekten und Gliedertiere
Zucht: mehrere Gelege mit zwei Eiern jährlich werden in feuchtem Substrat vergraben; Schlupf bei 20 – 28 °C nach 100 – 209 Tagen; Männchen an Hemipenistaschen und Präanalporen gut zu erkennen; Junge besser einzeln aufziehen; Weibchen gelegentlich vom Männchen trennen, um sie zu schonen

Besonderheit: hübscher Gecko für Regenwaldterrarien und Paludarien, allerdings nachtaktiv und deshalb kaum zu sehen; kann als Heimchenverwerter gut mit tagaktiven Echsen vergesellschaftet werden

Tokeh
Gecko gecko

Größe: Männchen über 35 cm, Weibchen kleiner
Lebenserwartung: über 15 Jahre
Verbreitung: ganz Südostasien einschließlich des östlichen Indo-Australischen Archipels, in vielen tropischen Ländern eingeschleppt (z.B. Florida)
Lebensraum: ursprünglich in tropischen Regenwäldern an Felsen und Bäumen, lebt aber als Kulturfolger auch in menschlichen Behausungen
Haltung: paarweise oder als Zuchtgruppe mit mehreren Weibchen im großen, hohen Terrarium (ab 6 × 6 × 8 KRL) mit Erde als Boden, robusten Pflanzen, Kletterästen und Korkröhren als Versteckmöglichkeiten
Temperatur: Luft 25 – 35 °C, lokaler Sonnenplatz bis 40 °C, Nachtabsenkung auf 22 – 25 °C
Luftfeuchtigkeit: tagsüber normal zwischen 50 – 60%, einmal täglich

Malayischer Bogenfinger

Der Tokeh kann bei Bedrohung sehr schmerzhaft zubeißen

kräftig sprühen, nachts bis auf 90% ansteigend

Ernährung: frißt, was er überwältigen kann, z.B. verschiedene Insekten, kleine Reptilien, Vögel und Kleinsäuger

Zucht: Weibchen können alle 30 Tage zwei Eier an dunkle, warme Stellen kleben. Sie bewachen ihre Gelege und die Jungen; Schlupf bei 25 – 30 °C nach 100 – 120 Tagen. Junge sind sehr schnellwüchsig.

Besonderheit: Wehrhafter Gecko, der bei Störungen schmerzhaft zubeißen kann und oft nicht wieder losläßt. Verdankt seinen Namen dem charakteristischen Ruf der Männchen bei der Partnersuche und der Revierverteidigung (Rufe klingen wie „Toke" oder „Geck-o"). Der nachtaktive Gecko läßt sich durch Futter auch tagsüber aus seinem Versteck locken.

Phelsumen, Madagassische Taggeckos

Das Hauptverbreitungsgebiet der Gattung *Phelsuma* ist Madagaskar und verschiedene in der Nähe liegende Inselgruppen wie z.B. die Maskarenen, Seychellen und Komoren. Phelsumen sind beliebte Terrarientiere. Dies verdanken sie ihren leuchtenden Farben und der tagaktiven Lebensweise. Bis auf eine Ausnahme, die *P. barbouri*, sind sie alle Baumbewohner. Einige anpassungsfähige Arten haben sich zu Kulturfolgern entwickelt und leben auch in Gärten, Plantagen und an Gartenzäunen.

Die Füße sind blattförmig verbreitert und tragen auf der Unterseite feine Hautlamellen, mit denen die Tiere auch an relativ glatten Flächen emporklettern können. Taggeckos können bei Bedrohung ihren Schwanz abwerfen. Das verlorene Stück regeneriert meist so gut, daß man es erst bei genauem Hinsehen bemerkt. Männchen tragen auf der Unterseite der Hinterbeine Femoralporen (Schenkelporen), die bei geschlechtsreifen Tieren, vor allem bei großen Arten, deutlich zu erkennen sind.

Goldstaub-Taggecko (B)
Phelsuma laticauda

Größe: bis 13 cm
Lebenserwartung: um 10 Jahre
Verbreitung: Nordwest- und Nordostmadagaskar, Nosy-Bé und Komoren
Lebensraum: feuchtheiße Gegenden; Kulturfolger, häufig in der Nähe von menschlichen Siedlungen in Gärten, an Bananenstauden, aber auch an Bäumen und Mauern
Haltung: mittelgroßes, hochformatiges Terrarium (6 × 6 × 8 KRL) mit glatten Ästen und Bambusstäben; als Pflanzen eignen sich Sanseverien; die Tiere lieben glatte Flächen
Temperatur: Luft 25 – 30 °C, lokaler Sonnenplatz bis 40 °C, Nachtabsenkung auf Zimmertemperatur; UV-Licht-Bestrahlung empfehlenswert
Luftfeuchtigkeit: tagsüber auf 50 – 60%, nachts auf 90% ansteigend, ein- bis zweimal täglich kräftig sprühen
Ernährung: Insekten, Fruchtbrei; gelegentlich auch Fruchtjoghurt oder Quark
Zucht: Weibchen setzen alle 3 – 8 Wochen zwei hartschalige, miteinander verklebte Eier meist in Blattachseln oder hohlen Bambusröhren ab. Schlupf bei 25 – 30 °C nach 40 – 75

Goldstaub-Taggecko

Tagen, bei konstant 28 °C nach 40 Tagen; Temperaturschwankungen erhöhen jedoch die Vitalität der Jungen.
Besonderheit: sehr gut zu pflegende, lebhafte Art; 2 Unterarten bekannt (*P. l. laticauda* und *P. l. angularis*)

Augenfleck- oder Pfauenaugen-Taggecko (B)

Phelsuma quadriocellata

Größe: bis 11 cm
Lebenserwartung: um 10 Jahre
Verbreitung: im Bergland entlang der Ostküste Madagaskars, z. B. um Perinet (Andasibe)
Lebensraum: ursprünglich Regenwaldbewohner in 800 – 1000 m Höhe, inzwischen auch Kulturfolger an Bananenstauden; meidet Küstenregion
Haltung: paarweise im dicht bepflanzten Regenwaldterrarium
Temperatur: im kühlen Südwinter (Juli, August) tagsüber 23 °C, nachts Abkühlung bis auf 10 °C; im Südsommer tagsüber bis 30 °C, nachts ca. 20 °C; UV-Licht-Bestrahlung empfehlenswert
Luftfeuchtigkeit: am Tag 60 – 85%, nachts ansteigend, mehrmals täglich sprühen
Ernährung: Insekten und Fruchtbrei
Zucht: Steigende Temperatur und Luftfeuchtigkeit nach Winterruhe von 8 – 10 Wochen bei niedrigeren Temperaturen stimulieren die Paarungsbereitschaft. Weibchen legen während der Fortpflanzungsperiode alle 3 – 5 Wochen meist ein Doppelei in hohle Bambusstäbe oder Blattachseln; bis zu sechs Gelege möglich; Schlupf bei 28 °C nach 40 – 50 Tagen
Besonderheit: sehr prächtige Art, deren Nachzucht nicht ganz einfach ist; vier Unterarten bekannt

Augenfleck- oder Pfauenaugen-Taggecko

Großer Madagaskar-Taggecko (B)

Phelsuma madagascariensis grandis

Größe: Männchen bis zu 30 cm, Weibchen kleiner
Lebenserwartung: bis 20 Jahre
Verbreitung: im Norden Madagaskars und auf Nosy-Bé
Lebensraum: an Bäumen; als Kulturfolger auch in Plantagen, Gärten und an Häusern
Haltung: paarweise oder mit mehreren Weibchen im großen, hohen Terrarium (ab 6 × 6 × 8 KRL); dicke, glatte Äste, Bambusröhren und robuste, großblättrige Pflanzen schaffen Kletter- und Versteckmöglichkeiten; UV-Licht-Bestrahlung steigert die Vitalität
Temperatur: Luft 25 – 30 °C, lokaler Sonnenplatz bis 40 °C, Nachtabsenkung auf Zimmertemperatur
Luftfeuchtigkeit: tags 50 – 60%, nachts ansteigend, ein- bis zweimal täglich kräftig sprühen
Ernährung: Insekten und Fruchtbrei; ausgewachsene Tiere nur zwei- bis dreimal wöchentlich füttern
Zucht: Fortpflanzungszeit meist No-

Großer Madagaskar-Taggecko

vember bis Mai, selten außerhalb dieser Zeit, im Terrarium ganzjährig: Männchen verbeißt sich bei der Paarung im Nacken des Weibchens, was bei häufigen Kopulationen zu ernsthaften Verletzungen führen kann; eventuell Trennung nötig. Weibchen legen in Abständen von 4 – 6 Wochen jeweils 2 hartschalige, miteinander verklebte Eier meist in Blattachseln, hohlen Bambusröhren oder in Blumentöpfen ab. Schlupf bei 27 – 29 °C nach 50 – 70 Tagen; bei Tag-Nacht-Schwankungen von 20 – 30 °C bis zu 90 Tage Dauer bis zum Schlupf, die Jungen sind aber kräftiger.

Besonderheit: sehr schöne, aber auch sehr aggressive Art, die am besten paarweise gehalten wird. Vergesellschaftung, wenn überhaupt, nur mit ruhigen, unauffällig gefärbten oder nachtaktiven Arten, um Revierkämpfe auszuschließen. 4 Unterarten sind bekannt.

Skinke, Glattechsen

Die Familie der Skinke (*Scincidae*) ist über die ganze Welt verbreitet, ihr Schwerpunkt liegt in Südostasien, Afrika und Australien. Der älteste sicher als Skink identifizierte Fossilienfund ist 40 Mio. Jahre alt. Obwohl die Skinke, je nach Autor, mit 1000 – 1300 Arten in 85 – 100 Gattungen die größte Echsenfamilie überhaupt darstellen, spielen sie in der Terraristik nur eine untergeordnete Rolle. Dies liegt u.a. an der wenig eindrucksvollen Körperform. Es handelt sich überwiegend um schlanke, gestreckte Echsen mit rundlich-walzenförmigem Körper, einem langen, meist spitzen Schwanz sowie einem sich kaum vom Hals absetzenden Kopf.

Des weiteren leben viele Skinke sehr verborgen oder vergraben sich im Bodengrund. Bei zahlreichen Arten kam es zu einer Reduktion der Gliedmaßen. So finden wir neben Skinken mit normalen fünfzehigen Gliedmaßen Übergänge bis zu völlig beinlosen Formen. Der Körper ist bei den meisten Arten von glatten, sich überlappenden Schuppen bedeckt. Viele Arten sind unattraktiv gefärbt, nur Männchen oder Jungtiere tragen manchmal auffällige Farben. Viele Skinke sind dämmerungs- oder nachtaktiv.

Sandfisch oder Apothekerskink

Sandfisch oder Apothekerskink
Scincus scincus

Größe: bis 20 cm
Lebenserwartung: um 10 Jahre
Verbreitung: über ganz Nordafrika; früher als eigene Arten geführte Formen werden neuerdings als Unterarten des Apothekerskinks geführt, damit erweitert sich das Verbreitungsgebiet über Israel, Jordanien, Irak, Iran bis in den Jemen.
Lebensraum: sandige Trockengebiete mit spärlicher Vegetation und Sanddünen der Sahara
Haltung: paarweise im großflächigen Trockenterrarium oder Aquarium (6 × 4 × 3 KRL) mit mindestens 10 – 15 cm hoher Bodenschicht aus feinerem, staubfreiem Flußsand und einer flachen Wurzel.

Die tagaktiven Echsen benötigen eine hohe Lichtintensität, UV-Licht-Bestrahlung ratsam; bei schwacher Beleuchtung sind sie ungewöhnlich inaktiv.

Temperatur: Luft 25 – 30 °C, Sandoberfläche bis 40 °C, lokaler Sonnenplatz bis 45 °C; Nachtabsenkung auf Zimmertemperatur, z.T. bis 15 °C
Luftfeuchtigkeit: gering; Deckung des Flüssigkeitsbedarfes durch kurzes tägliches Sprühen sowie eine kleine Trinkschale; eine Ecke des Terrariums immer leicht feucht halten
Ernährung: je zur Hälfte tierische Kost (verschiedene Insekten, in freier Natur auch Skorpione und kleine Echsen) und pflanzliche Kost (Samen von Süßgräsern, Leinsamen und Kanariensaat)
Zucht: Winterruhe als Zuchtvorbereitung nötig. Die Skinke ruhen von Ende November bis Ende Februar bei Temperaturen von 12 – 15 °C im Sand vergraben. Nach Beendigung der Ruhephase erfolgen im Frühjahr mehrere Verpaarungen. Im Sommer (Juni / Juli) vergräbt das Weibchen 2 Eier in feuchtem Sand. Die Erstnachzucht im Terrarium gelang 1997 Paulduro und Krabbe-Paulduro. Bei ihnen schlüpfte ein Jungtier bei Inkubationstemperaturen von 27,8 – 31 °C, durchschnittlich 29,5 °C, 64 Tage nach der Eiablage. Die erste Nahrungsaufnahme des Jungen erfolgte 11 Tage später.

Besonderheit: Der Skink kann bei Gefahr blitzschnell im Sand eintauchen, dort bewegt er sich schlängelnd fort – deshalb Sandfisch. Den Namen Apothekerskink verdankt er angeblich der Tatsache, daß er pulverisiert als Potenzmittel benützt und sein Kot zur Salbenherstellung verwandt wurde.

Pracht- oder Feuerskink
Lygosoma (Mochlus) fernandi

Größe: bis 37 cm
Lebenserwartung: über 8 Jahre
Verbreitung: von Sierra Leone an der Westküste Afrikas östlich bis Uganda, südlich bis Angola
Lebensraum: dämmerungsaktiver Skink, der in feuchten Regenwäldern unter Baumwurzeln Baue anlegt
Haltung: Terrarium oder Aquarium (ab 4 × 4 × 3 KRL) mittlerer Größe mit 10 cm hoher Bodenschicht aus Orchideenerde, feinem Rindenmulch, Blumenerde oder Terrarienerdmischung. Ein paar flache Steine, Korkrindenstücke oder Torfziegel genügen als Einrichtung und werden als Versteck angenommen.
Temperatur: Luft um 24 °C, Boden 22 °C, unter lokalem Wärmestrahler bis 30 – 35 °C; Nachtabsenkung auf Zimmertemperatur
Luftfeuchtigkeit: 60 – 80%; wichtig ist immer leicht feuchter Bodengrund; einmal täglich sprühen
Ernährung: Insekten, Würmer, Nacktschnecken und sogar Fischstreifen; mit Futtergaben auch am Tage aus dem Versteck zu locken
Zucht: zweimonatige Winterruhe als Zuchtvorbereitung bei Temperaturen um 20 °C; 6 Wochen nach der Paarung vergräbt das Weibchen 8 – 12 Eier und bewacht ihr Gelege; Schlupf bei 28 – 32 °C nach 35 – 60 Tagen
Besonderheit: früher Gattung *Riopa*, neuerdings wieder *Lygosoma*; hübsche, ausdauernde Art, lebt aber sehr versteckt und wird erst nach ca. drei Jahren geschlechtsreif

Gürtelschweife

Die Gattung *Cordylus* ist in Süd- und Ostafrika verbreitet. Die ca. 20 Arten bewohnen felsige Trockengebiete. Auffällig sind ihre dornigen Schuppen an Kopf und Flanken sowie die Wirtelschuppen am Schwanz. Die Männchen sind leicht an ihren Schenkelporen zu erkennen. Alle Gürtelschweife gebären lebende Junge.

Jones-Zwerggürtelschweif (B)
Cordylus jonesii

Größe: knapp 13 cm
Lebenserwartung: 10 – 15 Jahre
Verbreitung: südliches Afrika
Lebensraum: trockene Savannen und Halbwüsten, dort überwiegend an Bäumen; verbergen sich bei Gefahr unter Steinen oder loser Baumrinde
Haltung: auch in Gruppen möglich; paarweise in mittelgroßem Terrarium (ab 5 × 3 × 4 KRL) mit hoher Sandschicht, einsturzgesicherten Steinaufbauten, Wassernapf, Wurzeln als Versteckmöglichkeiten und Korkrinde als Rückwand; regelmäßige UV-Licht-Bestrahlung sehr vorteilhaft; im Sommer Freilandhaltung möglich
Temperatur: Luft 30 – 35 °C, lokaler Sonnenplatz bis 45 °C, Nachtabsenkung auf Zimmertemperatur, sogar bis 13 °C möglich
Luftfeuchtigkeit: gering, einmal täglich etwas sprühen. Echsen können auch über die Haut Wasser aufnehmen.
Ernährung: Insekten, in freier Natur auch Termiten
Zucht: Nach Beendigung der etwa achtwöchigen Winterruhe bei 10 – 15 °C kommt es schon bald zur ersten Paarung. Nach etwa viermonatiger Tragzeit werden bis zu vier lebende Junge geboren. Geschlechtsreife erst nach etwa drei Jahren

Pracht- oder Feuerskink

Jones-Zwerggürtelschweife können ihre Färbung bei der Häutung zwischen braun und rot wechseln (im Sommer rot, im Winter bräunlich).

Sechsstreifige Langschwanzechse. Die Geschlechter sind unterschiedlich gefärbt. Männchen (links) besitzen an den Flanken eine weiße Punktzeichnung.

Besonderheit: Gürtelschweife sind ausdauernde und bizarre, aber recht ruhige Terrarientiere, die schnell jegliche Scheu ablegen.

Schnellläufer

Die Gattung der *Takydromus* ist vom Amurgebiet über das östliche Asien bis nach Indonesien verbreitet. Es sind sehr schlanke Echsen, deren Schwanz das bis zu Fünffache der Körperlänge erreicht.

Sechsstreifige Langschwanzechse
Takydromus sexlineatus

Größe: bis 36 cm; $5/6$ davon entfallen auf den Schwanz
Lebenserwartung: genaue Daten fehlen, dürfte aber bei 3 – 5 Jahren liegen
Verbreitung: östl. Indien, Thailand, Vietnam, Südchina, Westmalaysia, Borneo, Sumatra und Java
Lebensraum: dichtbewachsenes Grasland. Die Echsen „schlängeln" sich durchs Gras.
Haltung: paarweise im mittelgroßen Terrarium (ab 60 × 40 × 40 cm), z.B. mit Zimmerbambus und einigen dünnen Ästen zum Klettern und als Versteck; Erdmischung mit Laubabdeckung als Bodengrund; UV-Licht-Bestrahlung empfehlenswert
Temperatur: Luft 25 – 30 °C, lokaler Sonnenplatz bis 35 °C, Nachtabsenkung auf Zimmertemperatur
Luftfeuchtigkeit: am Tage 50 – 60 %, nachts ansteigend, täglich einmal kräftig sprühen
Ernährung: verschiedene Insekten
Zucht: Weibchen vergräbt 2 – 3 Eier im Boden; Schlupf bei 20 – 24 °C nach 41 – 48 Tagen, bei 31 °C nach 30 Tagen

Schlangen

Schlangen (*Serpentes*) bilden zusammen mit den Echsen (*Sauria*) und den Doppelschleichen die Ordnung der Schuppenkriechtiere (*Squamata*). Vermutlich entwickelten sie sich während der Kreidezeit (vor ca. 155 Mio. Jahren) aus waranartigen Echsen. Schlangen wecken bei vielen Menschen große Ängste und gelten wegen ihrer lautlosen Fortbewegungsart und ihres starren Blicks als böse und hinterhältig. Vor allem aber die Giftigkeit einiger Schlangen – von den etwa 3000 Arten sind rund $^1/_3$ mehr oder weniger giftig – wirft ein schlechtes Bild auf alle übrigen Vertreter dieser Tierart.

Zu den Giftschlangen zählen drei Familien mit etwas mehr als 400 Arten:

1. die Familie der Giftnattern (*Elapidae*) mit den zwei Unterfamilien der echten Giftnattern (*Elapinae*, ca. 200 Arten, z. B. Kobras und Mambas) sowie der Unterfamilie der Seeschlangen (*Hydrophiinae*, 60 Arten).

2. die Familie der Vipern (*Viperidae*) mit den drei Unterfamilien der urtümlichen Vipern (*Azemiopinae*, eine Art), den echten Vipern (*Viperinae*, ca. 45 Arten) und den Grubenottern oder Klapperschlangen (*Crotalinae*, ca. 150 Arten).

3. die Familie der Erdottern (*Atractaspididae*, ca. 15 Arten). Hinzu kommen noch etwa 600 Arten von „Trugnattern" aus der großen Familie der Nattern (*Colubridae*): Schlangen mit vergrößerten, gefurchten Zähnen in der hinteren Hälfte des Oberkiefers, deren Speichel eine mehr oder weniger starke Giftwirkung aufweist. So kann der Biß der afrikanischen Boomslang für den Menschen tödlich enden. Auch die im Buch beschriebene Hakennatter (*Heterodon nasicus*) zählt zu den Trugnattern, ist jedoch für den Menschen völlig ungefährlich.

Als typische Schlangenmerkmale werden der beinlose, langgestreckte Körper, die gespaltene Zunge und der starre Blick (die Augenlider sind zu einer unbeweglichen, transparenten „Brille" verwachsen) angesehen. Einige dieser Merkmale finden sich aber auch bei verschiedenen Echsen wieder, z. B. die Beinrückbildung bei der heimischen Blindschleiche (*Anguis fragilis*), die oft mit einer Schlange verwechselt und deshalb häufig „vorsichtshalber" erschlagen wird; die gespaltene Zungenspitze bei den Waranen und die verwachsenen Lider bei vielen Geckos.

Schlangen besitzen kein Brustbein, ihre Rippen sind frei beweglich. Zudem weisen sie einen komplizierten, aus beweglichen Elementen und Bändern zusammengesetzten Schädel auf. Der Oberkiefer ist beweglich am Hirnschädel befestigt; die nicht fest miteinander verwachsenen Unterkieferäste können „ausgehängt" werden. So ist es Schlangen möglich, Beute zu verschlingen, deren Größe ihren eigenen Umfang beträchtlich übertrifft. Von solch großen Brocken können sie monatelang zehren.

Schlangen „riechen" nicht mit der Nase, sondern mit der Zunge und dem Munddach. Mit den Zungenspitzen führen sie beim „Züngeln" den paarigen Jakobschen Organen, den eigentlichen Riechorganen im Dach der Mundhöhle, Duftmoleküle zu. Einige Schlangen besitzen Wärmesinnesorgane, sogenannte Grubenorgane und Labialgruben, mit denen sie Infrarot „sehen" und so in völliger Dunkelheit Beute orten können. Der Gehörsinn ist bei Schlangen schlecht ausgebildet. Die Ohröffnung mit Trommelfell fehlt, das Mittelohr ist stark reduziert, jedoch ist das Innenohr normal entwickelt. Von bodenlebenden Schlangen ist bekannt, daß sie tiefe Frequenzen und Bodenerschütterungen wahrnehmen können. Das Sehvermögen ist bei den meisten Schlangen sehr gut entwickelt.

Riesen- und Würgeschlangen

Zur Überfamilie der Riesenschlangen (*Booidae*) zählen nach McDowell (1987) nur noch die Familien der Boas (*Boidae*) und der Pythons (*Pythonidae*). Aufgrund anatomischer Unterschiede überführte er die Spitzkopfpythons und die Bolyerschlangen in andere Überfamilien. Riesenschlangen sind eine „urtümliche" Schlangenfamilie, sie weisen noch Reste des Beckengürtels auf, äußerlich meist sichtbar als Aftersporne oder -klauen, die beim Männchen in der Regel größer ausgebildet sind. Sie besitzen im Gegensatz zu „modernen" Schlangen noch zwei voll funktionsfähige Lungenflügel. Die Riesenschlangen erdrosseln ihre Beute. Der Name Riesenschlangen vermittelt einen falschen Eindruck: Trotz etlicher Schauergeschichten von 20 und mehr Meter messenden riesigen Monsterschlangen erreichen nur sechs Arten Längen von über 5 m. Folgende Rekordlängen finden sich in der Literatur: Für die große Anakonda (*Eunectes murinus*) 11,44 m. Zweimal wird ein Netzpython, höchstwahrscheinlich ein- und derselbe, mit einer Länge von 12,2 m genannt. 1979 wurde in Thailand angeblich ein Netzpython (*Python reticulatus*) mit 12,2 m Länge und 220 kg Gewicht gefangen, 1980 wurde ein Tier mit der gleichen Länge aus einem japanischen Zoo gemeldet. Wirklich verbürgt ist die Länge von 9,15 m eines Tieres aus dem Zoo von Pittsburg. Für den Felsenpython (*Python sebae*) wird eine maximale Länge von 7,63 m angegeben, für den Amethystpython (*Morelia (Python) amethistina*) 6,71 m, für den Tigerpython (*Python molurus*) 6,10 m und für die Abgottschlange (*Boa constrictor*) 5,64 m. Der dunkle Tigerphyton, der Königsphyton und die Abgottschlange sind wohl die am häufigsten in Terrarien gepflegten Riesenschlangen.

Boas

Boaschlangen werden nicht so massig wie Pythons und sind in der Regel noch mehr an das Leben auf Bäumen angepaßt, obwohl sich viele Arten bevorzugt auf dem Boden aufhalten. Nur drei Boagattungen (*Corallus, Sanzinia* und z. T. *Epicrates*) besitzen wie Pythons wärmeempfindliche Lippengruben, mit denen die nachtaktiven Jäger ihre Beute lokalisieren. Boas sind lebendgebärend. Ihr Verbreitungsschwerpunkt liegt in der Neuen Welt auf dem amerikanischen Kontinent, dazu kommt ein alter Restbestand in Eurasien und Afrika sowie auf Madagaskar und einigen pazifischen Inseln.

Abgottschlange, Boa (B)
Boa constrictor

Abgottschlange, Boa

Größe: maximal 5,64 m, durchschnittlich Weibchen knapp 3 m, Männchen um 2 m
Lebenserwartung: bis 40 Jahre
Verbreitung: Mexiko bis Nordargentinien, kleine Antillen
Lebensraum: anpassungsfähige Art, von der zahlreiche Unterarten die verschiedensten Lebensräume bewohnen – vom tropischen Urwald über Trockensteppen bis hin zu felsigen Halbwüsten
Haltung: Im geräumigen, stabilen Terrarium, das bei Tieren bis 1,5 m wenigstens Körperlänge, bei größeren Tieren noch 0,75 × 0,5 × 0,75 der Gesamtlänge der Schlange messen sollte; mehrere Plattformen in unterschiedlicher Höhe, Höhlen und stabile, kräftige Kletteräste stellen eine tiergerechte Einrichtung dar, die leicht zu reinigen sein muß. Ein großes, schwach beheiztes Wasserbecken darf nicht fehlen, ebenso eine absolut trockene Ecke.
Temperatur: Luft tagsüber 25 – 28 °C, am Boden auch ungeheizte Bereiche um 20 – 22 °C, an lokalen

Sonnenplätzen bis 35 °C; Nachtabsenkung auf Zimmertemperatur
Luftfeuchtigkeit: 60 – 80%, mehrmals täglich sprühen
Ernährung: maulgerechte Kleinsäuger und Vögel; Jungtiere alle 7-14 Tage, Erwachsene je nach Futtergröße auch in größeren Abständen füttern, um der Verfettung vorzubeugen
Zucht: Gelingt einfach mit einem harmonisierenden, synchronisierten Paar, das sich „riechen" kann. Über die Tragzeitdauer finden sich in der Literatur Angaben von 4 – 10 Monaten. Normalerweise erfolgt zwei Monate nach der Initialpaarung der Eisprung, die Entwicklung zum schlupfreifen Jungen dauert vier Monate, so daß durchschnittlich sechs Monate nach der Paarung der Nachwuchs geboren wird. Die Jungen messen bei der „Geburt" 30 – 60 cm bei einem Gewicht von 30 – 80 g. Mit zunehmender Größe des Weibchens steigt die Nachwuchszahl, sie liegt zwischen 30 – 50, max. 65 Jungtieren; Geschlechtsreife nach 3 – 4 Jahren
Besonderheit: Die Abgottschlange besitzt ein riesiges Verbreitungsgebiet von Mexiko bis Argentinien und variiert in Färbung und Zeichnung daher oft erheblich. Dies führte zur Beschreibung mehrerer Unterarten. Aber auch innerhalb von lokalen Populationen oder eines Wurfes gleicht kaum ein Tier einem anderen. So sind mehrere Populationen mit kontrastreich rotgefärbten Schwanzregionen bekannt, die oft fälschlicherweise als eigene Arten angeboten werden. Boas werden in drei Gruppen aufgeteilt: Die *Imperator*-Gruppe umfaßt Tiere nördlich und westlich der Andenkette; sie bleiben mit um 2,5 m Länge kleiner als Tiere östlich der Anden. Dazu zählen zur Zeit die Unterarten *B. c. imperator, B. c. sigma, B. c. sabogae, B. c. longicauda* und *B. c. ortonii*, die 4 m erreichen kann. Die *Constrictor*-Gruppe enthält alle Abgottschlangen östlich der Anden mit den Unterarten *B. c. constrictor, B. c. melanogaster, B. c. amarali* und *B. c. occidentalis*. Dazu zählen die größten bisher bekannten Boas mit über 5 m Länge. Die Antillen-Gruppe umfaßt zwei deutlich abgegrenzte Inselformen bzw. Unterarten, *B. c. nebulosa* und *B. c. orophias,* für die aufgrund der isolierten Verbreitungsgebiete und ihrer guten Unterscheidbarkeit von einigen Autoren der Artstatus in Erwägung gezogen wird. Boas werden sehr ruhig und zahm, bei Tieren über 3 m Länge ist aber dennoch Vorsicht geboten. Die Terrarien müssen absolut kinder- und ausbruchsicher sein.

Pythons

Das Verbreitungsgebiet der Pythons umfaßt die warmen Regionen der alten Welt. Es reicht von Afrika, Südostasien, Indonesien, Papua bis nach Australien. Pythons (*Pythonidae*) unterscheiden sich von den meisten Boas außer durch anatomische Besonderheiten auch durch ihre zur Wärmewahrnehmung befähigten Lippen- und Labialgruben. Sie leben, außer der grünen Baumpython (*Morelia viridis*), überwiegend am Boden. Py-thons legen, um sich fortzupflanzen, Eier, die vom Weibchen umschlungen und bewacht werden. Einige Arten „bebrüten" ihre umschlungenen Eier sogar aktiv von der Ablage bis zum Schlupf der Jungen, indem sie durch Muskelkontraktionen die Gelegetemperatur um bis zu 10 °C über die Umgebungstemperatur erhöhen.

Dunkler Tigerpython (B)
Python molurus bivittatus

Größe: maximal 6,1 m, meist jedoch wesentlich kleiner: ca. 4 – 5 m
Lebenserwartung: bis 35 Jahre
Verbreitung: Es gibt zwei Unterarten: Der helle Tigerpython (*P. molurus molurus*) stammt vom indischen Subkontinent, er ist blasser gefärbt und bleibt kleiner. Der dunkle Tigerpython ist in Südostasien weit verbreitet.
Lebensraum: Grasland, Sümpfe und lichte Wälder, normalerweise in Wassernähe
Haltung: Für Tiere über 2,5 m Länge ein großes, stabiles Gehege mit Maßen, die 0,75 × 0,5 × 0,75 der Gesamtlänge des Tieres betragen. Bei kleineren Schlangen sollte das Terrarium mindestens so lang sein wie das Tier selbst. Ein großer, leicht zu reinigender Wasserteil mit Abfluß ist empfehlenswert. Mehrere Plattformen in unterschiedlicher Höhe als Liegeplätze, eine Versteckhöhle sowie einen stabilen Kletterast einbauen. (5-m-Schlangen wiegen bis zu 80 kg!)
Temperatur: Luft 26 – 32 °C, Wasser 25 °C, Nachtabsenkung auf Zimmertemperatur; lokaler Sonnenplatz bis 35 °C
Luftfeuchtigkeit: hoch, 70 – 90%, nachts ansteigend
Ernährung: Vögel und Säuger, deren Größe sich nach dem Maß der Schlange richtet; Jungtiere alle 10 – 14 Tage füttern, erwachsene Schlangen je nach Futtergröße nur alle 2 – 4 Wochen, um der Verfettung vorzubeugen
Zucht: Vor allem bei Tieren aus nördlichen Gegenden stimuliert eine sechs- bis zehnwöchige Winterruhe bei 18 – 20 °C die Paarungsaktivitäten. Etwa vier Monate nach der Paa-

Dunkler Tigerpython

rung werden 13 – 100 große, ca. 10 × 6 cm messende, 180 – 250 g schwere, pergamentschalige Eier abgelegt; Schlupf bei 29 – 32 °C nach 55 – 72 Tagen. Die Jungen messen bereits 40 – 60 cm, sind sehr schnellwüchsig und können nach zwei Jahren bereits 2 – 2,5 m Länge und die Geschlechtsreife erreichen, bei übermäßiger Fütterung sogar noch eher.

Besonderheit: Tigerpythons sind robuste Pfleglinge und können sehr zahm und umgänglich werden. Bei allen Riesenschlangen über 3 m Länge ist aber Vorsicht geboten, denn Leichtsinn beim Umgang mit den Tieren hat schon mal, wenn auch sehr selten, Menschenleben gekostet.

Königspython (B)
Python regius

Größe: 120 – 150 cm, selten 180 cm, Rekordlänge 2,5 m
Lebenserwartung: über 20 Jahre, Rekord über 47 Jahre
Verbreitung: West- und Zentralafrika
Lebensraum: offene Wälder, im Busch und in Grasland, oft in Wassernähe
Haltung: im Terrarium mit 1,0 × 0,5 × 0,75 GL; mit stabilen Kletterästen, einer Versteckhöhle und großem Wasserbecken; als Bodengrund Terrarienerde, Rindenhäcksel oder -mulch oder Holzspäne
Temperatur: Luft 26 – 32 °C, Nachtabsenkung 24 °C, lokaler Wärmeplatz bis 35 °C
Luftfeuchtigkeit: 60 – 95%, in der Natur von der Jahreszeit abhängig; Staunässe im Boden vermeiden
Ernährung: Kleinsäuger und Vögel. Wildfänge sind oft auf bestimmte Beutetierarten spezialisiert und ver-

Königspython

weigern monatelang die Futteraufnahme (in einem Zoo sogar einmal 22 Monate lang); Nachzuchten gehen problemlos an die Futtertiere; im Oktober, mit Beginn der natürlichen Ruhezeit, können auch Terrarientiere die Futteraufnahme reduzieren.

Zucht: In Gruppen mit mehreren Männchen; in ihren Biotopen fällt im Oktober/November die Temperatur auf tagsüber 26 – 29 °C, nachts auf 20 °C ab. Auch die Luftfeuchtigkeit sinkt auf 50 – 60%. Um die Tiere zur Paarung zu bringen, trennen viele Züchter die Geschlechter während des Jahres und halten sie ab etwa Mitte Oktober bei tieferen Temperaturen (20 – 25 °C) und verminderter Beleuchtungsdauer (ca. acht Stunden) etwas trockener. Durch Erhöhung von Temperatur, Luftfeuchtigkeit und Beleuchtungsdauer auf Normalwerte wird die von Dezember bis März andauernde Paarungszeit ausgelöst. Während dieser Zeit verweigern die meisten Tiere die Nahrung. Die 2 – 15 (meist 4 – 8) weichschaligen, weißen Eier werden ca. vier Monate nach der Paarung abgelegt und nur vom Weibchen bewacht, nicht jedoch aktiv bebrütet. Schlupf bei 29 – 31 °C nach 55 – 71 Tagen. Die Jungen verbleiben nach dem Aufritzen der Eier noch bis zu 48 Stunden darin. Beim Verlassen des Eis messen sie ca. 40 cm und wiegen 50 – 70 g. Nach etwa 14 Tagen erfolgt die erste Häutung und danach die erste Nahrungsaufnahme; Geschlechtsreife nach ca. drei Jahren.

Besonderheit: Königspythons sind in der Regel sehr friedfertig. Bei Gefahr rollen sie sich zusammen und bilden ein Knäuel. Deshalb heißen sie im Englischen auch Ballpythons.

Nattern

Die Familie der Nattern (*Colubridae*) ist die größte Schlangenfamilie, sie umfaßt ca. 14 Unterfamilien, 290 Gattungen und etwa 2000 Arten. Die Mehrzahl (ca. $^2/_3$) sind ungiftige „Glattzähner" (*Aglypha*), $^1/_3$ jedoch „Furchenzähner" (*Opistoglypha*) oder Trugnattern, die im hinteren Teil des Oberkiefers gefurchte Zähne und mehr oder weniger giftige Speichelsekrete besitzen.

Die Unterfamilie der eigentlichen Nattern (*Colubrinae*) umfaßt ca. 50 Gattungen mit etwa 300 Arten. Die Körperlänge reicht von 60 bis 300 cm.

Kletternattern
Elaphe

Die Kletternattern zählen ca. 50 Arten, darunter einige sehr beliebte Terrarienpfleglinge. Sie besitzen seitlich etwas umgebogene Bauchschilde, um beim Klettern Halt zu finden.

Kornnatter
Elaphe guttata

Größe: maximal 1,9 m, meist nur 0,8 – 1,2 m
Lebenserwartung: über 21 Jahre
Verbreitung: zentrales Nordamerika von Florida bis Nordostmexiko
Lebensraum: Nominatform in sonnigen, lichten Laub- und Kiefernwäldern, auch auf Bäumen; als Kulturfolger auch in Plantagen und auf Feldern
Haltung: im mittelgroßen Terrarium (1,0 × 0,5 × 1,0 GL) mit lockerem Bodengrund, z.B. Holzeinstreu, Korkrindenstücken als Versteckmöglichkeit, Kletterästen und einem Wassergefäß

Von der Kornnatter gibt es sehr viele Farbformen. Hier die Nominatform

Temperatur: Luft 22 – 30 °C, lokaler Wärmeplatz bis 35 °C, Nachtabsenkung auf Zimmertemperatur
Luftfeuchtigkeit: 50 – 70%
Ernährung: verschiedene Kleinsäuger und Vögel, z.T. auch kleine Reptilien
Zucht: Eine etwa 2 – 3 monatige Winterruhe bei 5 – 15 °C (je nach Herkunft) sollte als Zuchtvorbereitung durchgeführt werden. Paarung findet 6 – 8 Wochen nach der Winterruhe statt, Eiablage ca. vier Wochen später. Das Weibchen stellt während der Trächtigkeit die Nahrungsaufnahme ein. Etwa eine Woche vor der Eiablage werden die Weibchen sehr aktiv und suchen nach einem geeigneten feuchtwarmen Ablageplatz. Durch Trockenhalten des Terrariums läßt sich die Eiablage in speziell eingebrachten Ablagekästen erreichen. Das Gelege kann 3 – 40 Eier zählen, Schlupf bei 25 – 29 °C nach 55 – 86 Tagen. Bei gutgenährten Weibchen südlicher Populationen ist nach zwei Monaten ein kleineres Zweitgelege möglich. Die Jungen messen beim Schlupf 23 – 32 cm und fressen nach der ersten Häutung, nach 7 – 10 Tagen, zum ersten Mal.

Besonderheit: Die Kornnatter ist wohl noch immer die am häufigsten gehaltene Schlange, von der inzwischen viele Farbformen herausgezüchtet wurden. Sie ist eine ideale Schlange, nicht nur für den Terrarieneinsteiger.
Es sind 3 Unterarten bekannt:
E. g. guttata, die Präriekornnatter
E. g. emoryi und die Rote Kornnatter
E. g. rosacea.

Erd-, Pilot- oder Kükennatter
Elaphe obsoleta

Weitverbreitete, anpassungsfähige Art, die von Nordostkanada über die östlichen und mittleren USA bis nach Nordostmexiko vorkommt. Es gibt 5, einige Autoren unterscheiden sogar neun Unterarten: Die häufigsten sind die Schwarze Pilotnatter E. o. obsoleta, die Texas-Kükennatter E. o. lindheimeri, die „gelbe" Kükennatter E. o. quadrivittata, die „orange" Everglades-Kükennatter E. o. rossalleni und die Graue Pilotnatter E. o. spiloides. Die größte Unterart E. o. obsoleta erreicht eine Länge von über 2,5 m, die meisten werden jedoch nur 1,5 – 2 m lang. Die Unterarten besiedeln die verschiedensten Lebensräume von der Ebene bis ins Gebirge und sind in feuchten und trockenen Gegenden anzutreffen.

Texas-Kükennatter
Elaphe obsoleta lindheimeri

Größe: 1,1 – 1,8 m, max. bis 2,2 m
Lebenserwartung: über 20 Jahre
Verbreitung: Zentral- und Osttexas, Louisiana und Westkansas
Lebensraum: lichte Wälder (dort häufig in Bäumen) in Gewässernähe, z.T. Kulturfolger
Haltung: größere Terrarien (1,0 × 0,5 × 1,0 GL) mit lockerem, trockenem Bodengrund, Kletterästen, Korkrinde als Versteckmöglichkeit und einem Wassergefäß
Temperatur: Luft 22 – 28 °C; lokaler Sonnenplatz bis 35 °C; Nachtabsenkung auf Zimmertemperatur
Luftfeuchtigkeit: normal, 50 – 70%
Ernährung: Kleinsäuger und Vögel; Jungschlangen fressen auch Reptilien und Amphibien.
Zucht: Eine viermonatige Winterruhe bei 10 – 15 °C ist als Zuchtvorbereitung empfehlenswert. Das Weibchen legt 3 – 30 Eier; Schlupf bei 26 – 29 °C nach 60 – 77 Tagen. Nach der ersten Häutung nehmen die um 30 – 40 cm messenden Jungen erstmals Nahrung zu sich.
Besonderheit: Die Texas-Kükennatter ist hauptsächlich nachtaktiv. Die Nominatform ist wenig attraktiv gefärbt und gilt als eine der aggressivsten und beißfreudigsten amerikanischen Schlangen, die auch nach langer Terrarienhaltung kaum ruhiger wird. Ausnahmen bestätigen die Regel. Besonders schön und begehrt ist eine leuchtend weiße, leucistische Zuchtform mit schwarzblauen Augen.

Königsnattern

Die Gattung *Lampropeltis* umfaßt zur Zeit acht Arten und zahlreiche Unterarten. Ihr Verbreitungsgebiet reicht von den östlichen und südlichen USA über Mittelamerika bis ins nördliche Südamerika. Entsprechend unterschiedlich sind die Lebensräume. Die Größe reicht je nach Art von 35 – 200 cm. Es sind muskulöse Würgeschlangen, die auch andere Schlan-

Texas-Kükennatter. Sehr begehrt ist die leuchtend-weiße leucistische Zuchtform.

gen fressen. Aus diesem Grund ist eine paarweise Haltung nicht ungefährlich. Man hält die Tiere besser einzeln und bringt sie nur zur Paarung zusammen. Königsnattern werden im Gegensatz zu anderen Schlangen bei Einheimischen gern gesehen, weil sie auch Giftschlangen einschließlich Klapperschlangen fressen. Sie ähneln in der Zeichnung stark den giftigen Korallenottern, mit denen sie teilweise zusammen vorkommen. Bei den Korallenottern werden die roten Bänder allerdings meist von gelben oder weißen Bändern („Red on Yellow Kill a Fellow") begrenzt, bei Königsnattern folgt auf rot immer schwarz („Red on Black Friend of Jack"). Aber keine Regel ohne Ausnahme. So ist die mittelamerikanische Korallenotter (*M. mipartitus*) nur schwarz-orange geringelt, und in Florida gibt es selten einfarbige schwarze (melanistische) Exemplare von *M. f. fulvius*, der östlichen Korallenotter.

Gewöhnliche Königsnatter
Lampropeltis getulus

Zur Zeit werden 7 Unterarten anerkannt. In den USA von der Ost- bis zur Westküste weit verbreitete Schlangen

Kalifornische Ketten- oder Königsnatter
Lampropeltis getulus californiae

Größe: 0,9 – 1,5 m, selten bis 2 m
Lebenserwartung: bis 25 Jahre
Verbreitung: von Oregon und Utah bis zur Baja California (Nordwestmexiko)
Lebensraum: Buschland, feuchte Kiefernwälder und felsige Gebiete mit einzelnen Bäumen, oft an Gewässerrändern; häufig unter morschem Holz; tagaktive Art
Haltung: sicherheitshalber einzeln; gut gefütterte, gleichgroße Tiere auch paarweise im mittelgroßen Terrarium (1,0 × 0,5 × 0,5 GL) mit lockerem Bodengrund, der an einer Stelle feucht gehalten wird; Wurzeln und Korkrindenstücke als Versteckplätze; dazu eine Wasserschale, in der die Schlangen oft ausgiebig baden
Temperatur: Luft 25 – 30 °C, lokaler Wärmeplatz bis 35 °C, Nachtabsenkung auf Zimmertemperatur
Luftfeuchtigkeit: 60 – 80%
Ernährung: verschiedene Kleinsäuger, Vögel, Eier und Reptilien, auch kleinere Artgenossen
Zucht: Als Zuchtvorbereitung ist eine

Kalifornische, Ketten- oder Königsnatter

Sinaloa-Milchschlange

3monatige Winterruhe bei 10 – 15 °C nötig. Weibchen legt 3 – 13 Eier an feuchtem Platz; Schlupf bei 26 – 29 °C nach 54 – 77 Tagen. Die ca. 23 – 30 cm messenden Jungen häuten sich nach 10 – 14 Tagen und fressen dann selbständig. Bei guter Fütterung können sie gemeinsam aufgezogen werden, wachsen aber bei Einzelaufzucht besser.

Besonderheit: Es gibt quergeringelte und längsgestreifte Tiere, auch die Farbe der Zeichnung ist variabel und reicht von schwarz bis braun und von gelb bis schneeweiß. Es ist eine ausdauernde, gut haltbare und umgängliche Schlangenart, die auch Einsteigern empfohlen werden kann. Es gibt wenigstens sieben, möglicherweise sogar elf Unterarten.

Milchschlangen
Lampropeltis triangulum

Das Verbreitungsgebiet der Art und ihrer 25 Unterarten reicht vom südlichen Kanada über fast die gesamten USA bis ins nördliche Südamerika. Es werden je nach Unterart die unterschiedlichsten Lebensräume besiedelt, von tropisch-feucht bis trocken. Nordamerikanische Unterarten werden selten länger als 1 m, mittel- und südamerikanische können über 2 m erreichen. Es sind dämmerungs- oder nachtaktive Schlangen.

Sinaloa-Milchschlange
Lampropeltis triangulum sinaloae

Größe: 1 – 1,22 m; selten mehr
Lebenserwartung: über 20 Jahre
Verbreitung: Westmexiko vom südwestlichen Sonora bis nach Chihuahua
Lebensraum: Küstentiefland bis 1000 m Höhe; sehr häufig am Rand von Getreidefeldern
Haltung: besser einzeln, aber auch paarweise möglich; im mittelgroßen Terrarium (1,0 × 0,5 × 0,5 GL) mit lockerem Bodengrund, z.B. Waldhumus oder Walderde; eine Wurzel, Korkrindenstücke und ein Wassergefäß komplettieren die Einrichtung

Temperatur: Luft 25 – 30 °C; lokaler Sonnenlatz bis 35 °C; Nachtabsenkung auf Zimmertemperatur
Luftfeuchtigkeit: 60 – 80%
Ernährung: siehe *L. getulus*
Zucht: Nach drei- bis viermonatiger Winterruhe bei 13 – 15 °C legt das Weibchen etwa 8 Wochen nach der Paarung 2 – 17 Eier. Schlupf der 23 – 25 cm messenden Jungen bei 28 °C nach 56 – 64 Tagen

Rauhe Grasnatter
Opheodrys aestivus

Größe: maximal 1,2 m, durchschnittlich 0,8 m
Lebenserwartung: bis 13 Jahre
Verbreitung: Süden New Jerseys bis Florida Keys, westwärts bis Kansas und südlich bis Tampico in Mexiko; 4 Unterarten
Lebensraum: auf Bäumen, Büschen und anderer Vegetation entlang von Gewässern bis in 1500 m Höhe; in den Everglades in Florida auf dicht bewachsenen Inseln, sog. „Hammocks"
Haltung: Paarweise im mittelgroßen, hellen, hochformatigen Terrarium (1,0 × 0,5 × 1,0 GL) mit guter Lüftung und dichtem Pflanzenwuchs als Versteck- und Rückzugsmöglichkeit. In kleineren Terrarien sind Kunststoffpflanzen zweckmäßig, weil sie mit heißem Wasser gereinigt werden können. Als Bodengrund eignet sich eine Torf-Sand-Mischung. Eine kleinere Wasserschale genügt, da Grasnattern bevorzugt Sprühwassertropfen von den Blättern aufnehmen.
Temperatur: Luft am Tag 25 – 30 °C; lokale Sonnenplätze bis 35 °C; Nachtabsenkung auf Zimmertemperatur
Luftfeuchtigkeit: tagsüber 50 – 60%, nachts ansteigend auf 80 – 90%; täglich abends sprühen; Staunässe vermeiden
Ernährung: verschiedene Insekten, besonders gern Spinnen; Jungtiere jeden zweiten Tag füttern, Erwachsene ein- bis zweimal pro Woche
Zucht: Als Zuchtvorbereitung sollte nach einer wenigstens zweiwöchigen Fastenperiode etwa von November bis Februar eine Winterruhe bei Temperaturen von 8 – 15 °C und verkürzter Beleuchtungsdauer abgehalten werden. Die Schlangen verbergen sich dabei unter Rinde, Moos oder in Laub. Weibchen fressen nach der Paarung sehr viel, etwa 2 – 3 Wochen vor der Eiablage stellen sie die Futteraufnahme ein. Die Gelege mit bis zu 14 Eiern werden an feuchter Stelle im lockeren Boden vergraben; Schlupf der knapp 20 cm messenden, graugrünen Jungen bei 23 – 29 °C nach 36 – 57 Tagen. Die Jungen häuten sich nach 4 – 9 Tagen erstmals und fressen dann bevorzugt Spinnen. Erst nach mehreren Häutungen zeigen sie die leuchtend grüne Erwachsenenfärbung. Die Jungen werden mit etwa 2 Jahren bei ca. 50 cm Länge geschlechtsreif.
Besonderheit: Die Grasnatter verläßt sich auf ihre Tarnfarbe und verhält sich bei Annäherung ruhig, erst beim Ergreifen windet sie sich hektisch, beißt aber nicht zu. Konstant hohe Luftfeuchtigkeit und stickige Stauluft

Die Rauhe Grasnatter ist durch ihre Färbung hervorragend getarnt.

Gebänderte Wassernatter

führen bei Grasnattern leicht zu Hautnekrosen (schwarzbraune, nässende Pusteln) und in fortgeschrittenem Stadium zu eitrigen Entzündungen. Auch starke Zugluft vertragen sie sehr schlecht. Bei zu dichtem Besatz kommt es zu starken Streßsituationen. Die Tiere besetzen Stammplätze, kleinere Exemplare zeigen deutlich Respekt vor größeren Tieren.

Wassernattern

Die Unterfamilie *Natricinae* umfaßt etwa 37 Gattungen mit ca. 185 Arten. Die Körperlänge reicht von 30 – 250 cm. Einige Arten besitzen hinten im Kiefer verlängerte gefurchte Fangzähne. Bei Angehörigen der asiatischen Gattung *Rhabdophis* ist der Speichel nicht nur für Amphibien tödlich, sondern durchaus auch für den Menschen gefährlich. Die meisten Arten sind jedoch völlig ungefährlich.

Gebänderte Wassernatter
Nerodia fasciata

Größe: 60 – 158 cm
Lebenserwartung: über 10 Jahre
Verbreitung: südliche USA bis Nordkuba
Lebensraum: in offenen Wäldern und Sümpfen; immer am Wasser
Haltung: paarweise im mittelgroßen Terrarium (120 × 50 × 50) mit größerem Wasserbecken; Landteil mit grobem Kies und Steinen muß trocken sein; Kletteräste, Korkrindenstücke als Versteckmöglichkeiten und robuste Pflanzen vervollständigen die Einrichtung
Temperatur: Luft 20 – 28 °C, lokaler Sonnenplatz bis 35 °C, Nachtabsenkung auf Zimmertemperatur
Luftfeuchtigkeit: tags 50 – 60%, nachts 80%
Ernährung: lebende und tote Fische und Würmer; auf Amphibienverfütterung sollte aus Naturschutzgründen verzichtet werden
Zucht: Winterruhe von zehn Wochen bei ca. 10 – 15 °C ist als Zuchtvorbereitung empfehlenswert. Etwa 3 – 4 Monate nach der Paarung bringt das Weibchen bis zu 60, durchschnittlich 10 – 30, 18 – 27 cm messende Jungschlangen zur Welt. 3 – 4 Wochen vor der Geburt stellt sie die Nahrungsaufnahme ein. Die Jungen häuten sich wenige Tage nach der Geburt erstmals und nehmen dann Nahrung zu sich.
Besonderheit: Eingewöhnte Tiere

und Nachzuchten sind nicht bissig und werden sehr zahm. Wassernattern liegen gern im Wasser. Es gibt sechs Unterarten.

Gewöhnliche Strumpfbandnatter
Thamnophis sirtalis

Größe: 46 – 130 cm
Lebenserwartung: über 10 Jahre
Verbreitung: Südkanada über einen Großteil der USA bis nach Nordmexiko
Lebensraum: Alle zwölf Unterarten leben nahe am Wasser, sowohl an Fließ- und Stehgewässern als auch in Feuchtgebieten.
Haltung: im mittelgroßen Terrarium (1,25 × 0,75 × 0,5 GL) mit großem Wasserteil; Einrichtung wie bei *Nerodia fasciata*
Temperatur: 20 – 30 °C; lokaler Sonnenplatz bis 35 °C; nachts Zimmertemperatur
Luftfeuchtigkeit: tags 50 – 60%, nachts 80%
Ernährung: lebende und tote Fische, Regenwürmer, z.T. Insekten; auf Amphibienverfütterung aus Naturschutzgründen verzichten!
Zucht: etwa zehnwöchige Winterruhe bei ca. 10 °C als Zuchtvorbereitung nötig; nach 3 – 4 Monaten werden bis zu 80 Junge geboren, die 13 – 23 cm messen
Besonderheit: pflegeleichte, zahm werdende Art, die auch Terraristikeinsteigern empfohlen werden kann

Von der Strumpfbandnatter *Thamnophis sirtalis* gibt es mehrere unterschiedlich gefärbte Unterarten, die allesamt einfach im Terrarium zu halten sind. (Oben *Thamnophis s. sirtalis*, mitte *Th. s. parietalis*, unten *Th. s. similis*)

WASSERNATTERN

Westliche Hakennatter. Ein idealer Terrarienpflegling, der so zutraulich wird, daß er sogar aus der Hand frißt.

Ungleichzähnige Nattern

Die Unterfamilie *Xenodontinae* umfaßt 27 Gattungen mit 193 Arten von kleiner bis mittlerer Größe. Die vorderen Zähne sind kurz, die hinteren Fangzähne meist länger und bei einigen Arten rückseitig gefurcht (*opisthoglyph*). Bei einigen dieser Arten wirkt der Speichel auf Amphibien giftig, für den Menschen ist ein Biß ungefährlich. Alle Arten scheinen eierlegend zu sein.

Westliche Hakennatter
Heterodon nasicus

Größe: 40 – 90 cm
Lebenserwartung: über acht Jahre
Verbreitung: von Südkanada über den mittleren Westen der USA bis Nordmexiko und Südflorida
Lebensraum: sandige und kiesige Prärieabschnitte und lichte Wälder; oft in Flußebenen
Haltung: kleineres Trockenterrarium (1,0 × 0,5 × 0,5 GL) mit ca. 10 cm hoher Schicht eines lockeren Bodengrundes (z.B. Holzeinstreu) und flachen Rindenstücken als Versteckmöglichkeit sowie einem Wassergefäß
Temperatur: Luft 25 – 30 °C; lokaler Sonnenplatz bis 35 °C; Nachtabsenkung auf Zimmertemperatur
Luftfeuchtigkeit: gering, alle 2 Tage etwas sprühen
Ernährung: In freier Natur Frösche, Kröten, Reptilieneier, Vögel und Echsen, die jedoch aus Naturschutzgründen nicht verfüttert werden sollten. Nimmt im Terrarium aber auch gerne Mäuse.
Zucht: Eine vier- bis fünfmonatige Winterruhe ist als Zuchtvorbereitung nötig. Es werden 3 – 25 Eier vergraben; Schlupf bei 25 – 30 °C nach 46 – 50 Tagen. Die Jungschlangen messen ca. 17 cm; Geschlechtsreife nach zwei Jahren.
Besonderheit: Die westliche Hakennatter ist sehr gut für die Terrarienhaltung geeignet. Sie bleibt klein, ist einfach zu pflegen und wird so zutraulich, daß sie sogar aus der Hand frißt. Sie besitzt vergrößerte hinten stehende, gefurchte Zähne; ihr Speichel ist für den Menschen aber ungefährlich, und zudem sind die friedlichen Schlangen völlig unbissig. Drei Unterarten sind bekannt.

Amphibien

Geschichte der Amphibien

Im Devon vor 400 Mio. Jahren entwickelten sich aus Fischen (Quastenflosser, *Crossopterygier*) die ersten landbewohnenden Wirbeltiere, die Uramphibien. Der *Eusthenopteron* war solch ein devonischer Quastenflosser, der im Süßwasser lebte, vermutlich lungenartige Luftsäcke besaß und mit seinen paarigen Flossen kurze Strecken an Land zurücklegen konnte, z. B. wenn sein Wohngewässer auszutrocknen drohte. Die älteste bekannte Amphibienversteinerung (*Ichthyostega*) stammt aus dem späten Devon, von vor etwa 360 Mio. Jahren. Der *Eusthenopteron* stellt das Bindeglied zwischen Quastenflossern und vierbeinigen Amphibien dar. Der *Ichthyostega* besaß neben einigen fischähnlichen Merkmalen, wie einem mit Knochenplatten belegten Schädeldach, einem Flossensaum am Schwanz und Resten von Kiemdeckelknochen, bereits Gliedmaßen mit fünf Zehen und atmete wahrscheinlich mit „Fischlungen". Trotzdem dürfte er sich nie so weit vom Wasser entfernt haben.

Mit dem Karbon beginnt die Blütezeit der Amphibien, die mit der Trias wieder endet. Die ganz primitiven Vierbeiner des frühen Karbons spalteten sich in unterschiedliche Entwicklungslinien auf. So gibt es die „reptilomorphe" Gruppe, zu der man auch die Anthracosaurier zählt, die Vorfahren der Reptilien, Vögel und Säuger, und die „batrachomorphe" Gruppe, zu der die Vorfahren der heutigen Amphibien zählen. Zu Beginn der Trias erscheint der erste primitive Froschlurch. Sein Alter wird auf ca. 245 Mio. Jahre geschätzt.

Die Klasse der heutigen, modernen Amphibien besteht aus drei Ordnungen: den Froschlurchen (*Anura*), den Schwanzlurchen (*Urodela* oder *Caudata*) und den Blindwühlen (*Gymnophiona*). Das älteste Salamanderfossil ist ca. 150 Mio. Jahre, das älteste Blindwühlenfossil „nur" 65 Mio. Jahre alt.

Merkmale der Amphibien

Der Übergang zum Landleben wurde von den Amphibien zwar begonnen, aber nicht vollkommen abgeschlossen. Sie sind noch stark von Wasser oder Lebensräumen mit hoher Luftfeuchtigkeit abhängig. Ihre nackte, drüsenreiche Haut stellt nur einen unzureichenden Verdunstungsschutz dar, und bis auf wenige, lebendgebärende Arten sind sie zur Eiablage und für die Entwicklung ihrer Larven auf Wasser angewiesen.

Ein schützendes, kräftiges Hautskelett, wie es die ausgestorbenen Panzerlurche besaßen, haben die modernen Lurche nicht mehr. Einige Arten besitzen jedoch Hautverknöcherungen. Bei den Blindwühlen sind kleine Knochenschuppen in der Haut als Reste vom Hautskelett erhalten. Auch Amphibien häuten sich: Die Zellen der obersten Schicht verhornen und werden in regelmäßigen Abständen abgestoßen und anschließend meist aufgefressen.

Amphibien besitzen ursprünglich vier fünfzehige Extremitäten. Es gibt jedoch Arten, die ein oder sogar beide Extremitätenpaare zurückgebildet haben. Die Atmung an Land erfolgt größtenteils mittels primitiver, sackförmiger Lungen. Nur wenige kleine Arten (z. B. lungenlose Salamander) atmen ausschließlich über die Haut, vor allem über die Schleimhäute des Kehl- und Mundinnenraums. Aber auch bei lungenatmenden Arten spielt die Hautatmung eine wichtige Rolle, besonders bei der Überwinterung unter Wasser.

Den Amphibieneiern fehlt eine schützende, feste Schale. Statt dessen sind sie von einer stark quellenden, gelatinösen Hüllschicht umgeben. Die Embryos entwickeln sich meist sehr rasch und schlüpfen bereits nach wenigen Tagen in einem noch relativ undifferenzierten Larvenstadium. Sie heften sich mit einem Haftorgan an eine Unterlage und ernähren sich noch einige Tage lang ausschließlich vom Dottersack. Schwanzlurchlarven tragen bis zur Metamorphose äußere Kiemenbüschel. Bei ihnen entwickeln sich zuerst die Vorderbeine. Bei Froschlurchlarven (Kaulquappen) umwächst eine Hautfalte im Laufe der Entwicklung die Kiemen und bildet einen Kiemenraum mit meist nur einer einseitigen Atemöffnung. Zuerst sieht man bei den Kaulquappen die Hinterbeine. Die Vorderbeine entwickeln sich innerhalb des Kiemenraums und brechen erst viel später nach außen durch. Die Umwandlung von Froschkaulquappen ist eine grundlegende Körperneuorganisation. Sie betrifft u.a. die Skelettumbildung, die Zahnbildung, die Umstellung von meist pflanzlicher auf tierische Kost, die Lungenatmung und die Rückbildung des Schwanzes. Im Aufzuchtaquarium ist der Übergang an Land bei zu hohem Wasserstand nicht ungefährlich. Um die Gefahr des Ertrinkens zu verringern, sollten die fast fertigen „Fröschchen" in schräg gestellte Aquarien mit flachem Wasserstand und vielen Wasserpflanzen überführt werden.

Heute wird leider weltweit eine starke Abnahme der Populationsstärken bzw. das Aussterben von vielen Amphibienarten festgestellt. Als Ursache vermuten Wissenschaftler die fortschreitende Umweltverschmutzung und Klimaveränderungen.

Schwanzlurche

Schwanzlurche trifft man heute hauptsächlich auf der nördlichen Halbkugel und in Süd- und Mittelamerika an. Sie leben stets in feuchtkühlen Lebensräumen. Einige Arten leben fast völlig unabhängig von Gewässern, andere suchen Wasser nur zur Fortpflanzung auf, aber es gibt auch vollständig aquatile Schwanzlurche.

Molch oder Salamander, das ist die Frage? Der Begriff Salamander ließe sich prinzipiell für alle Schwanzlurche anwenden, während der enger eingrenzende Begriff Molch nur die zehn Gattungen von Schwanzlurchen (*Cynops, Euproctus, Neurergus, Notophthalmus, Pachytriton, Paramesotriton, Pleurodeles, Taricha, Triturus* und *Tylotriton*) bezeichnet, die wenigstens während der Paarungszeit im Wasser leben. Das Phänomen der Neotenie – d.h., die Tiere leben als „Dauerlarven", ohne zu metamorphisieren, im Wasser, erreichen die Geschlechtsreife und können sich sogar fortpflanzen – ist vor allem vom Axolotl bekannt, aber auch unter Salamandern weit verbreitet.

Querzahnsalamander der Gattung Ambystoma

Vertreter dieser Gattung stammen aus Nord- und Mittelamerika. Es sind meist kräftig gebaute, große Arten. Der Name stammt von den in Querreihen am Mundhöhlendach stehenden Gaumenzähnen. Während der Paarungszeit suchen sie Gewässer zur Eiablage auf. Die Befruchtung erfolgt an Land. Bei mehreren Arten findet sich neben der normalen Art der Fortpflanzung das Phänomen der Neotenie.

Mein Tip
Amphibien, die Winterruhe machen, müssen, bevor sie im Überwinterungsraum untergebracht werden, wenigstens zwei Wochen fasten, um den Darm restlos zu entleeren. Ansonsten können Zersetzungsprozesse zum Tod der Tiere führen.

Axolotl
Ambystoma mexicanum

Größe: bis knapp 30 cm
Lebenserwartung: 10 – 15 Jahre; max. 25 Jahre
Verbreitung: Kanäle des Xochimilcosees und im Chalpultepecsee nahe Mexiko-Stadt
Lebensraum: Wassergräben und Stehgewässer mit reicher Unterwasservegetation

Haltung: paarweise oder in Gruppen im mittelgroßen Aquarium ab 80 cm Länge; den Boden mit einer dünnen Schicht Flußsand bedecken. Robuste Wasserpflanzen wie Wasserpest (*Elodea*) und Hornkraut (*Ceratophyllum*) bieten Schutz und Ablaichmöglichkeiten.
Temperatur: Vorzugstemperatur 18 °C, Schwankungen zwischen 15 – 28 °C werden problemlos toleriert; auf Dauer nicht über 25 °C; im Winter 8 – 10 °C
Ernährung: maulgerechtes Lebendfutter aller Art, z.B. Fische, Insekten und Würmer, es werden aber auch Fleisch und Fischstreifen, Frostfutter und Fischfuttertabletten gefressen
Zucht: Die Tiere werden nach einem Jahr geschlechtsreif und sind nach 2 – 3 Jahren ausgewachsen. Mehrtägige Haltung bei 10 – 15 °C regt die Fortpflanzung an. Zwei Eiablagen pro Jahr (Frühling, Sommer) sind möglich. Das Weibchen nimmt die vom Männchen abgesetzten Spermienpakete (Spermatophoren) auf und legt

Axolotl, leucistische Form

je nach Größe bis zu 500 Eier einzeln oder in Klumpen an Wasserpflanzen ab. Eier ins Aufzuchtaquarium mit guter Durchlüftung und 16 – 18 °C Wassertemperatur überführen; Schlupf nach zwei Wochen. Etwa nach vier bis fünf Wochen sind die Gliedmaßen ausgebildet.
Besonderheit: Axolotl sind in der freien Natur stark vom Aussterben bedroht. Als Labortier werden sie aber weltweit in vielen Farbvarianten in großer Zahl gezüchtet, so daß ihr Bestand gesichert ist. Sie pflanzen sich als „Larven" fort (Neotenie). Mit Hormongaben, Thyroxin oder Jodthyroxin kann eine Umwandlung zur Landform induziert werden, ebenso durch ein langsames Austrocknen ihres Gewässers. Ferner besitzen Axolotl ein großes Regenerationsvermögen: abgetrennte Glieder werden innerhalb weniger Wochen ohne Mißbildung regeneriert. Das macht sie für Wissenschaftler als Labortier so interessant.

Tigerquerzahnsalamander
Ambystoma tigrinum

Größe: je nach Unterart 15 – 40 cm
Lebenserwartung: bis 25 Jahre
Verbreitung: riesiges Verbreitungsgebiet vom Südwesten Kanadas bis Mittelmexiko
Lebensraum: Besiedlung sehr unterschiedlicher Biotope, von Flachlandweiden über Bergwiesen bis zu Bergwäldern in fast 3400 m Höhe; im Wald an feuchten Stellen unter Laub, Steinen und morschem Holz in Wassernähe
Haltung: zur Fortpflanzungszeit auch im Aquarium (ab 80 cm Länge) mit ca. 25 cm Wasserstand möglich, sonst im größeren Aquaterrarium mit $1/3$ Wasser- und $2/3$ Landteil; die Tiere graben gerne, deshalb Landteil mit einer etwa 20 cm dicken Schicht aus lockerer Garten- oder Walderde versehen; Boden mit Eichenlaub, Moos und Rindenstücken abdecken
Temperatur: Luft und Wasser im Sommer 18 – 20 °C, im Winter um 10 °C; Tiere aus Bergregionen oder nördlichen Gegenden bei 0 – 2 °C überwintern lassen
Luftfeuchtigkeit: 80 – 100%
Ernährung: Insekten, Würmer, Schnecken, aber auch Fleischstreifen
Zucht: Nach vier- bis sechsmonatiger kühler Überwinterung setzt das Männchen Samenpakete (Spermatophoren) ab. Das Weibchen nimmt diese auf und legt einen Tag später bis 1400 Eier einzeln oder in Klumpen an Wasserpflanzen ab. Schlupf der Larven nach zwei bis drei Wochen, Umwandlung zum Jungsalamander nach drei Monaten. Auch beim Tigersalamander tritt Neotenie auf.
Besonderheit: Der Tigersalamander ist die größte landlebende Salamanderart. Sechs bis neun Unterarten sind bekannt.

Salamander

Die Gattung *Salamandra* enthält nur zwei ausschließlich an Land lebende Salamander.

Feuersalamander (A)
Salamandra salamandra

Größe: bis 30 cm
Lebenserwartung: bis 25 Jahre
Verbreitung: Mittel-, Süd- und Osteuropa, Klein- und Vorderasien sowie in Nordafrika in Marokko und Algerien
Lebensraum: feuchte, schattige Hügel- und Bergwälder bis 1000 m Höhe, meist in der Nähe kleiner, sauberer Waldbäche, Tümpel, kleiner, kühler Wiesenbäche und Quellrinnsale. Der Feuersalamander lebt ausschließlich an Land, nur die Weibchen suchen zum Absetzen der Larven das Wasser auf.

Tigerquerzahnsalamander

Feuersalamander

Haltung: einzeln oder in der Gruppe im großflächigen, hellstehenden Feuchtterrarium mit einer Drainageschicht aus Kies oder Blähton, darüber Waldlauberde oder Preßtorfplatten als Bodenschicht; flache Steine, Rindenstücke und eine mittelgroße Wurzel sowie eine größere, flache Wasserschale bilden die Einrichtung; als Bepflanzung Moospolster, Farne oder Efeuranken

Temperatur: um 20 °C, höchstens kurzzeitig wärmer; Überwinterung bei ca. 5 °C in frostfreiem Raum

Luftfeuchtigkeit: 80 – 100%, regelmäßig sprühen

Ernährung: Schnecken, Würmer, Insekten und andere Gliederfüßer. Eingewöhnte Salamander fressen auch am Tag.

Zucht: Nach 4 – 5 Monaten Winterruhe Paarung an Land vom Frühjahr bis in den Spätsommer: Das Weibchen nimmt eine vom Männchen abgesetzte Samenkapsel (Spermatophore) auf und kann die Spermien über ein Jahr lang speichern. Die Entwicklung vom Ei zur Larve erfolgt im Mutterleib, bei der Eiablage sind die bis zu 50 Larven 2 – 3 cm groß und bereits voll entwickelt. Sie verlassen sofort die Eihülle. Weibchen suchen zum Absetzen der Larven kleine, flache, saubere und kühle Fließgewässer auf. Nach ca. drei Monaten messen die Larven um die 6 cm. Nun erscheint auch die Fleckenzeichnung, die die bevorstehende Umwandlung und das Verlassen des Wassers ankündigt. Bei schlechtem Nahrungsangebot wachsen sie langsam und überwintern im Wasser. Nach 3 – 4 Jahren erreichen sie die Geschlechtsreife.

Besonderheit: elf Unterarten. Die nordspanische Unterart *S. s. bernadezi* bringt bereits voll ausgebildete Jungsalamander zur Welt. Bei Gefahr sondert der Feuersalamander ein giftiges Hautsekret ab, Kleinsäuger können daran sterben. Beim Menschen führt es zu Augenentzündungen, wenn man sich unvorsichtigerweise, ohne die Hände zu waschen, die Augen reibt.

Cynops

Die Molche der Gattung *Cynops* sind auf den japanischen Inseln und dem chinesischen Festland beheimatet. Es sind 4 Arten bekannt. Sie halten sich der „Molchdefinition" entsprechend längere Zeit im Wasser auf, *Cynops pyrrhogaster* und *C. orientalis* können auch ganzjährig aquatil gehalten werden.

Schwertschwanzmolch
Cynops ensicauda

Größe: bis 16 cm
Lebenserwartung: über 12 Jahre
Verbreitung: auf mehreren Inseln des zu Japan gehörenden Ryukyu-Archipels; die Nominatform *C. e. ensicauda* kommt u.a. auf Amami, Kakeroma und Tokuno vor, die Unterart *C. e. popei* auf Okinawa und Tokashiki
Lebensraum: stehende Gewässer, Reisfelder, Bewässerungsgräben und Tümpel
Haltung: Aquaterrarium (60 × 40 × 30 cm) mit 2/3 Wasser- und 1/3 Landteil; Landteil mit Kletterfeige, Farnen und Moos bepflanzen; Erde mit grobem Kies oder flachen Steinen abdecken; Rindenstücke oder Wurzelstücke als Verstecke anbieten; Wasserteil mit Hornkraut, Javamoos und Wasserpest bepflanzen
Temperatur: Luft und Wasser im Winter 14 – 19 °C; im Sommer 20 – 25 °C
Luftfeuchtigkeit: 80 – 100%
Ernährung: Würmer, Insekten, deren Larven und kleine Fische
Zucht: Ruhezeit von November bis Februar bei ca. 18 °C. Mit steigender

Schwertschwanzmolch

Temperatur ab 22 – 24 °C beginnen die Paarungsaktivitäten: Balzrituale mit Querstellung des Männchens und schnellem Schwanzwedeln wie bei unseren heimischen Molchen. Einige Tage nach der Aufnahme der Spermatophore legen die Weibchen Eier in zusammengefaltete Wasserpflanzenblätter. Die Eier täglich entfernen und in Aufzuchtbecken mit 24 °C Wassertemperatur überführen, Eltern sind Laichräuber! Nach drei bis vier Monaten erfolgt die Umwandlung der Jungmolche, sie messen dann 4 – 5 cm. Nach 2 – 3 Jahren werden sie geschlechtsreif.
Besonderheit: munterer Molch, der sich oft zeigt und bald jede Scheu vor dem Pfleger ablegt

Notophthalmus

Die Vertreter der Gattung *Notophthalmus* sind von der Ostküste der Vereinigten Staaten bis nach Mittelmexiko beheimatet. Sie halten sich die meiste Zeit, nicht nur während der Fortpflanzung, im Wasser auf. Anders als bei unseren *Triturus*-Arten werden keine Rücken- und Schwanzkämme ausgebildet.

Grüner Wassermolch
Notophthalmus viridescens

Größe: 6,5 – 14 cm
Lebenserwartung: über 8 Jahre
Verbreitung: von Südkanada bis Florida, westwärts von den großen Seen bis hinunter nach Osttexas
Lebensraum: in der Fortpflanzungszeit im stehenden oder träge fließenden Gewässer, ansonsten an Land unter Laub, Steinen und morschem Holz
Haltung: Aquaterrarium (ab 50 cm Länge) wie für den Schwertschwanzmolch *Cynops ensicauda*, in der Fortpflanzungszeit auch im Aquarium
Temperatur: je nach Unterart und Fundort verschieden: nördliche Arten nicht über 20 °C, südliche vertragen bis zu 24 °C; Überwinterung von nördlichen Tieren bei 6 °C, von südlichen bei 10 °C. Die Molche sind z.T. auch im Winter unter Eis noch aktiv.
Luftfeuchtigkeit: 80 – 100%
Ernährung: Würmer, Schnecken, verschiedene Insekten, im Wasser auch Kleinkrebse
Zucht: Als Zuchtvorbereitung kühl überwintern lassen. Die Balz ist rauh und wird von den Pflegern oft als Kampf gedeutet. Das Männchen klettert auf den Rücken des Weibchens und gleitet nach vorn, um sich mit seinen Hinterbeinen im Schulterbereich des Weibchens festzuklammern. Danach wedelt es mit der Schwanzspitze dem Weibchen Duftstoffe zu. Das Weibchen stellt im Verlauf des Paarungsspieles den Schwanz fast senkrecht hoch. Diese Stellung kann

Grüner Wassermolch: geschlechtsreifes Tier

Die Jungen des Grünen Wassermolches, die sog. „Rotmolche", färben sich erst mit Erreichen der Geschlechtsreife grün um.

bis zu zwei Stunden dauern. Der Höhepunkt der Paarung kündigt sich an, wenn das Männchen das Weibchen ruckartig hin- und herzureißen beginnt. Dann springt es herunter und setzt seine Samenkapsel ab, die vom Weibchen aufgenommen wird. Unkundige meinen, ein Molch würde den anderen „erwürgen". Es werden bis zu 400 Eier einzeln in Wasserpflanzenblättern verpackt. Schlupf der Larven nach 3 – 8 Wochen, Umwandlung nach ca. 2 – 3 Monaten. Die Jungen bleiben fast drei Jahre an Land und kehren erst dann – geschlechtsreif – zurück zum Laichgewässer.

Besonderheit: Die jungen Molche sind in der Nominatform, nachdem sie das Wasser verlassen haben, leuchtend orangerot gefärbt. Sie werden „Rotmolche" genannt und nehmen erst nach drei Jahren, beim Erlangen der Geschlechtsreife, die grünliche Erwachsenenfärbung an, die sie dann zeitlebens behalten. Vier Unterarten sind bekannt.

Froschlurche

Froschlurche sind Amphibien ohne Schwanz. Sie haben einen verkürzten Rumpf und zwei Paar Gliedmaßen, deren hinteres Paar meist stark vergrößert ist. Auch heute noch werden immer wieder neue Froscharten entdeckt. Die Zahl der Arten wird in der Literatur auf über 4200 geschätzt. Die Differenzierung in Frösche und Kröten stammt aus Europa, wo sich die wenigen weichhäutigen, langbeinigen Frösche der Gattung *Rana* leicht von den warzigen Kröten der Gattung *Bufo* mit relativ rauher, trockener Haut unterscheiden lassen. In den Tropen ist diese einfache Unterteilung nicht haltbar. Die dortige Artenvielfalt bietet so viele Übergangsformen und Konvergenzen (= Hervorbringen funktionell-morphologisch ähnlicher äußerer Körperformen von unterschiedlichen Tierarten als Anpassung an denselben Lebensraum), daß „Nichtherpetologen" Froschlurche dort oft nicht gleich richtig einordnen können.

Unken

Die Chinesische Rotbauchunke gehört, wie unsere heimischen Gelb- und Rotbauchunken, zur mit nur 15 Arten sehr artenarmen Familie der Scheibenzüngler (*Discoglossidae*). Zusammen mit der nur vier Arten zählenden Familie der Urfrösche (*Leiopelmatidae*) bilden sie die Unterordnung der Altfrösche. Es handelt sich um evolutionsbiologisch sehr ursprüngliche Frösche. Ein Erkennungsmerkmal ist z. B., daß bei den Altfröschen die Wirbel noch nicht mit den Rippen verwachsen sind.

Chinesische Rotbauch- oder Feuerbauchunke (B)
Bombina orientalis

Größe: bis 6 cm
Lebenserwartung: unbekannt, sicher über 10 Jahre
Verbreitung: Ostsibirien, Nordostchina, Nordkorea und die japanischen Inseln Tushima und Kyushu
Lebensraum: während der Fortpflanzungszeit an und in Kleingewässern, z.B. Reisfeldern, Flußläufen, Tümpeln, Teichen, Straßengräben, wassergefüllten Radspuren und großen Pfützen
Haltung: im Aquaterrarium (ab 60 cm Länge und $1/3$ Land- und $2/3$ Wasserteil) mit flach auslaufendem Wasserteil bis 10 cm Tiefe; Rotbauchunken

Chinesische Rotbauch- oder Feuerbauchunke. Die prachtvolle Rotfärbung der Bäuche läßt sich über die Fütterung steuern.

sind wärmeliebende Bodenbewohner, die sich hauptsächlich im Wasser aufhalten, auf dem Landteil ruhen sie; deshalb dort einige Verstecke unter Moorkienwurzeln, Korkplatten oder flachen Steinen als Ruheplätze anlegen; mit einem Strahler einen Wärmeplatz auf dem Landteil schaffen
Temperatur: im Sommer Luft bis 25 °C, kurzzeitig auch darüber; Wasser 22 – 24 °C; Überwinterung bei 3 – 5 °C
Luftfeuchtigkeit: 60 – 100%
Ernährung: Insekten, andere Gliederfüßer, Würmer und kleine Nacktschnecken. Die gierigen Fresser sollten nur alle 2 – 3 Tage gefüttert werden.
Zucht: Eine zwei- bis viermonatige Winterruhe bei 3 – 5 °C erhöht die Fortpflanzungsbereitschaft. Wenn die Männchen ihre Brunftschwielen an den Vorderbeinen ausgebildet haben, einen kompletten Wasserwechsel durchführen und ca. 5 °C kühles Wasser einfüllen. Männchen klammern die Weibchen oft tagelang. Weibchen kleben bis zu 100 Eier, die beim Austritt unmittelbar vom Männchen besamt werden, einzeln oder in Klümpchen an Wasserpflanzen. Schlupf der Quappen nach 3 – 6 Tagen, danach hängen sie noch einige Tage an den Scheiben oder Wasserpflanzen, bevor sie frei schwimmen. Aufzucht mit Fischfutter. Je nach Wassertemperatur wandeln sich die ersten Quappen nach 4 – 6 Wochen um, bei 18 – 22 °C nach 12 Wochen. Die jungen Unken messen ca. 1,5 cm und werden mit Obstfliegen und Springschwänzen aufgezogen. Gelaicht wird während des ganzen Sommers, Weibchen sollten aber Ruhepausen gegönnt werden.
Besonderheit: Nachzuchten haben als Mangelerscheinung oft nur gelbe statt rote Bäuche. Durch Verfütterung von Bachflohkrebsen, Wasserflöhen oder hochwertigen Futtertabletten an die Quappen, aber auch von Kanariencolor oder mit edelsüßem Paprika eingestäubten Insekten kann dies behoben werden.

Pipide Frösche
Pipoidea

Pipide Frösche haben flache Körper und besitzen keine Zunge! Alle 27 Arten leben aquatil und verlassen das Wasser fast nie. Ihre großen Füße besitzen daher gut ausgebildete Schwimmhäute. Außer der Gattung *Pipa* tragen alle Krallen an ihren Zehen.

Krallenfrösche

Krallenfrösche der Gattungen *Xenopus*, *Hymenochirus* und *Pseudhymenochirus* sind rein aquatische, d.h. ausschließlich im Wasser lebende Frösche. Neben dem als Labor- und Aquarientier bekannten *X. laevis* wird der Zwergkrallenfrosch (*Hymenochirus boettgeri*) noch regelmäßig im Handel angeboten.

Glatter Krallenfrosch
Xenopus laevis

Größe: Männchen bis 7 cm, Weibchen bis 10 cm
Lebenserwartung: bis 30 Jahre
Verbreitung: Afrika südlich der Sahara
Lebensraum: in verschiedenen Stehgewässern in Steppengebieten
Haltung: ausschließlich im Wasser, im mittelgroßen Aquarium (ab 60 × 40 cm Grundfläche) mit Kies als Bodengrund, Moorkienholzwurzeln als Versteckmöglichkeit und robusten Wasserpflanzen
Wassertemperatur: Im Sommer sind 25 – 28 °C ideal, während der Ruhezeit 10 – 16 °C. Die Frösche sind sehr an-

Glatter Krallenfrosch

passungsfähig, sie überleben sogar Extremtemperaturen von 2 – 40 °C.
Ernährung: gieriger Fresser, der neben Würmern, Mückenlarven und Krebstieren auch Frostfutter und Rinderherzstreifen nicht verschmäht
Zucht: Im Labor wird die Fortpflanzung durch Hormoninjektionen (Prolan) in den Rückenlymphsack vorbereitet und ausgelöst. Für die natürliche Nachzucht ist eine Winterruhe von 8 – 12 Wochen bei 10 – 16 °C nötig, die stimulierend auf die Fortpflanzungsbereitschaft wirkt. Bei langsam ansteigenden Temperaturen verstärken sich die Balzaktivitäten der Männchen, sie rufen trillernd und versuchen, das Weibchen in der Lendengegend zu umklammern. Ab ca. 25 °C kommt es zum Ablaichen, wobei das Paar saltoartige Überschlagsbewegungen vollführt und das Weibchen seine Eier ausstößt, die sogleich vom Männchen befruchtet werden. Die bis zu 2000 klebrigen Eier werden im Aquarium belassen und die laichräubernden Eltern entfernt; Schlupf der Larven nach ca. zwei Tagen. Die gläsernen Kaulquappen besitzen zwei Fühler und sehen aus wie kleine Welse. Sie schweben im Wasser und filtrieren nur feinste Partikel wie z.B. Infusorien, Hefesuspension, Algen oder Brennesseltee aus dem Wasser. Eine gute Durchlüftung und regelmäßiger Wasserwechsel sind notwendig. Bei 22 – 25 °C beginnt die Metamorphose nach 35 – 50 Tagen und ist etwa 10 Tage später beendet. Die Jungfrösche erreichen nach etwa 10 – 14 Monaten die Geschlechtsreife.
Besonderheit: Früher wurden Krallenfrösche zum Schwangerschaftstest benutzt. Der Urin schwangerer Frauen enthält ebenfalls das Hormon Prolan. Der Urin wurde in den Rückenlymphsack gespritzt und löste bei positivem Befund innerhalb weniger Stunden eine Eiablage beim Froschweibchen aus. Fünf Unterarten sind bekannt.

Neufrösche oder Neobatrachia

Zur Unterordnung der weiter entwickelten Neufrösche zählen mehr als 4000 Arten bzw. 96% aller lebenden Froscharten, darunter die Familien der Kröten, der Pfeilgiftfrösche und der Laubfrösche.

Kröten

Die Familie der Kröten (*Bufonidae*) zählt etwa 400 Arten, davon gehören über die Hälfte zur Gattung der *Bufo*, so z.B. unsere heimische Erdkröte (*Bufo bufo*). Neben der meist rauhen, warzigen Haut zeichnen sich die Kröten durch den Besitz von Parotoiden aus, drüsenreichen Hautverdickungen im Nackenbereich über dem Ohr. Kröten sind meist recht kurzbeinig und leben überwiegend an Land. Neben der Gattung der *Bufo* zählen noch 30 weitere Gattungen zur Familie der Kröten, so auch die bunten Atelopusarten aus Mittel- und Südamerika und die farblich ebenfalls sehr ansprechenden Baumkröten aus der Gattung der *Pedostibes*.

Agakröte
Bufo marinus

Größe: 10 – 15 cm, maximal 24 cm
Lebenserwartung: unbekannt, vermutlich über 20 Jahre
Verbreitung: ursprünglich Süd- und Mittelamerika bis Südtexas, heute weltweit in vielen tropischen Ländern und Inseln verbreitet, da sie früher oft als biologischer Schädlingsbekämpfer ausgesetzt wurde
Lebensraum: offene Wälder, vor allem an den Waldrändern; als Kulturfolger auch in Gärten und in Parks, tagsüber unter Steinen und Wurzeln oder im Boden vergraben. Wegen der Temperaturansprüche gehen die Flachlandbewohner selten über 1000 m Höhe.
Haltung: Terrarium ab 80 × 50 cm Grundfläche mit eher trockenem Bodengrund (Torfplatten eignen sich

Agakröte

z.B. gut, da sie abgewaschen werden können); Korkrindenröhren und Wurzeln dienen als Versteckmöglichkeiten. Ein der Tiergröße entsprechendes Wassergefäß sowie robuste Pflanzen komplettieren die Einrichtung.

Temperatur: Luft und Boden 20 – 30 °C, Nachtabsenkung auf Zimmertemperatur; Temperaturen unter 10 °C werden nicht vertragen.

Luftfeuchtigkeit: tags 50 – 70%, nachts ansteigend

Ernährung: Gierige Fresser, die alles fressen, was sie überwältigen können, v.a. Insekten, auch hartschalige Käfer und Ameisen, Würmer, Schnecken, Babymäuse, aber auch Rinderherzstreifen. Die dämmerungs- und nachtaktiven Tiere lassen sich mit Futter auch am Tage aus ihren Verstecken locken.

Zucht: Gelingt nur im großen Gehege, z.B. im Gewächshaus. In freier Natur legen Agakröten in der Trockenzeit eine Ruhephase ein. Während der Regenzeit sammeln sie sich im flachen Wasser stehender Gewässer. Temperaturen von 25 – 30 °C sind für die Laichentwicklung ideal, und die Männchen beginnen mit ihrem weithin zu hörenden Rufkonzert. Sobald ein Weibchen erscheint, klammert sich das Männchen auf seinem Rücken fest. Die beim Ablaichen vom Weibchen in langen Schnüren abgegebenen Eier werden beim Austritt vom Männchen sofort besamt. Große Agakröten-Weibchen sollen bis 35 000 Eier jährlich ablegen. Beim Schlupf nach 2 – 5 Tagen messen die Larven 5 mm. Sie entwickeln sich in 1 – 3 Monaten zu 1,5 cm großen Miniaturkröten. Nach etwa zwei Jahren werden die Männchen mit 8,5 cm Körperlänge und die Weibchen mit 9 – 10 cm geschlechtsreif.

Eichenkröte

Besonderheit: Die milchigen Drüsensekrete der Agakröte sind sehr giftig, sie können Hunde und Katzen töten. Beim Menschen lösen sie Haut- und Augenreizungen aus. Allerdings geben die Tiere das Sekret erst bei massiver Belästigung ab. Die Tiere werden schnell zahm und fressen dann aus der Hand.

Eichenkröte
Bufo quercicus

Größe: Männchen 2 – 3 cm, Weibchen bis 3,3 cm

Lebenserwartung: über 5 Jahre

Verbreitung: südöstliches Nordamerika von Nordcarolina über Florida bis Louisiana

Lebensraum: in Kiefern- und Eichenwäldern mit locker-sandigem Boden unter Laub und Fallholz

Haltung: kleineres Terrarium (ab 60 × 40 cm Grundfläche) mit Sand-Laub-Erde-Mischung, Steinplatten und Rindenstücken als Versteckmöglichkeit und kleiner, flacher Wasserschale

Temperatur: Luft im Sommer 25 – 28 °C, Nachtabsenkung auf Zimmertemperatur

Luftfeuchtigkeit: tags 60 – 70%, nachts ansteigend

Ernährung: kleine Insekten

Zucht: Als Zuchtvorbereitung ist eine zweimonatige Winterruhe bei Temperaturen von 10 – 12 °C empfehlenswert. Nach Temperaturerhöhung und Steigerung der Luftfeuchtigkeit, in freier Natur besonders nach warmem Gewitterregen, beginnen die Männchen (gut an der schwarzen Kehle zu erkennen) mit piepsigen Rufen die Weibchen anzulocken. Kommen die Weibchen zu den Laichgewässern, klammern sich die Männchen, die keine Brunftschwielen besitzen, auf deren Rücken fest. Die Eier werden in Laichschnüren abgegeben; die Quappen schlüpfen nach ca. drei Tagen. Nach zwei Monaten wandeln sich die ersten in Miniaturkröten um und gehen an Land. Nach 18 Monaten erreichen die Jungkröten die Geschlechtsreife.

Besonderheit: Die drollige, tagaktive Eichenkröte ist die kleinste Krötenart überhaupt.

Südliche Kröte. Wie bei der heimischen Erdkröte tragen die Weibchen die Männchen bis zur Eiablage huckepack.

Südliche Kröte
Bufo terrestris

Größe: um 7 cm, maximal 11 cm
Lebenserwartung: unbekannt, sicher über 10 Jahre
Verbreitung: von Südostvirginia entlang der Küste über Florida, westwärts bis Louisiana
Lebensraum: bevorzugt sandige Böden auch trockenerer Gebiete; auch auf Kulturflächen und in Vorstadtgärten
Haltung: im mittelgroßen, trockenen bis halbfeuchten Terrarium (ab 60 × 40 cm Fläche); über einer Drainageschicht eine kräftige Laub-Erde-Sand-Mischung einfüllen. Korkrindenstücke und Wurzeln als Versteckmöglichkeiten sowie eine kleine Wasserschale vervollständigen die Einrichtung.
Temperatur: Luft tagsüber 25 °C; Nachtabkühlung auf Zimmertemperatur; lokaler Sonnenplatz bis 35 °C
Luftfeuchtigkeit: tags 60 – 70%; nachts ansteigend, einmal täglich etwas sprühen
Ernährung: Insekten, Würmer, Schnecken
Zucht: Im Terrarium bisher scheinbar noch nicht gelungen. Winterruhe bei 12 – 15 °C von Oktober bis März mit geringer Feuchtigkeit scheint das Wachstum der Keimzellen zu fördern. In freier Natur dauert die Laichzeit von März bis September. Die Männchen (an der dunklen Kehle zu erkennen) warten an Stehgewässern auf die Weibchen. Es werden 2000 – 3000 Eier in Schnüren abgelegt; Schlupf nach 2 – 4 Tagen; Metamorphose nach ca. zwei Monaten.
Besonderheit: nachtaktive Kröte, die als Kulturfolger oft auch nahe der Häuser und bei Lichtquellen auf Insektenjagd geht

Pfeilgiftfrösche

Die Vertreter der Familie der Pfeilgiftfrösche (*Dendrobatidae*) mit ihren ca. 180 Arten zählen zu den beliebtesten Terrarientieren. Das verdanken sie ihrer geringen Größe (je nach Art 1 – 7 cm), der z.T. sehr attraktiven Färbung, ihrer tagaktiven Lebensweise sowie ihrer interessanten Fortpflanzungs- und Brutbiologie.

In den letzten Jahren war viel Bewegung in die Systematik der Pfeilgiftfrösche gekommen. Immer wieder wurden die einzelnen Gattungen überarbeitet, Arten umbenannt und neue Gattungen erstellt. Zur Zeit zählt man folgende Gattungen zur Familie: *Allobates, Aromobates* (nur eine Art, als einzige nachtaktiv), *Colostethus, Dendrobates, Epipedobates, Nephelobates, Mannophryne, Minyobates, Phobobates* und *Phyllobates.*

Die Heimat der Pfeilgiftfrösche sind die feuchtwarmen Tropenwälder Mittel- und Südamerikas. Besonders während der Regenzeit oder nach Regenschauern zeigen sie eine gesteigerte Aktivität. Nicht alle Pfeilgiftfrösche sind, wie der Name vermuten ließe, für den Menschen lebensbedrohend giftig. Die fünf Vertreter der Gattung *Phyllobates* produzieren jedoch eines der stärksten Gifte der Natur. Das Gift eines einzigen *Ph. terribilis*, intravenös injiziert, reicht aus, um 20 000 Mäuse oder 10 Menschen zu töten. Die Frösche benützen ihr Gift aber nicht aktiv zum Beuteerwerb, z. B. mittels Stachel oder Giftzähnen, sondern sie lagern es zur Abwehr von Freßfeinden in ihrer Haut ein. Das Gift erzeugt beim Schlucken ein Brennen in der Mundhöhle und Brechreiz. Zudem schützt es die Haut der Frösche vor der Besiedlung durch Mikroorganismen und Pilze.

Obwohl Pfeilgiftfrösche, darunter auch der *Ph. terribilis,* in der Terraristik weit verbreitet sind und in großen Stückzahlen gepflegt werden, ist noch kein Fall einer Vergiftung bekannt geworden. Dies liegt daran, daß die Hautgifte (Alkaloide) der Dendrobatiden hauptsächlich von kleinen, mit der Nahrung aufgenommenen Ameisen stammen, wie DALY et al inzwischen nachweisen konnten. Die Frösche lagern die Alkaloide der Ameisen einfach in ihre Haut ein. Deshalb verlieren Wildfänge aufgrund der anderen Futtertiere im Ter-

Goldbaumsteiger. Das abgebildete Tier entstammt einer Population der Karibik-Küste Mittelamerikas.

Blauer Pfeilgiftfrosch

rarium schnell ihre Giftigkeit, und Nachzuchten sind kaum bzw. gar nicht mehr giftig. Dennoch ist im Umgang mit den „Juwelen" der Terraristik Vorsicht geboten.

Goldbaumsteiger (B)
Dendrobates auratus

Größe: 2,5 – 4 cm, selten größer
Lebenserwartung: über 10 Jahre
Verbreitung: Südnicaragua über Costa Rica und Panama bis nach Nordkolumbien
Lebensraum: ursprünglich im Laub- und Wurzelbereich der Regenwaldbäume in 0 – 800 m Höhe; inzwischen auch in der Laubschicht verlassener Plantagen; Bodenbewohner, der aber gut klettert
Haltung: paarweise oder in kleinen Gruppen im mittelgroßen Regenwaldterrarium (ab 50 × 40 cm Grundfläche) mit dicker Eichenlaubschicht (eine Ecke immer trocken halten), einer Moorkienholzwurzel, kleinem Wasserteil sowie einer Laichhöhle; als Laichhöhle werden halbierte Kokosnußschalen bzw. Blumentöpfe mit einem Schlupfloch über eine Petrischale oder einen Blumenuntersetzer gestellt. Die Fröschchen nehmen auch schwarze Filmdosen bereitwillig als Laichplatz an.
Temperatur: Luft und Boden tagsüber 24 – 28 °C; Nachtabsenkung auf Zimmertemperatur
Luftfeuchtigkeit: hoch, tagsüber 70 – 80%; nachts ansteigend auf 90 – 100%; regelmäßig sprühen
Ernährung: Kleininsekten wie Springschwänze, Fruchtfliegen, kleine Wachsraupen und Läuse
Zucht: Die Geschlechter sind nur schwer zu unterscheiden, ausgewachsen sind Weibchen größer und fülliger als Männchen. Die Frösche laichen das ganze Jahr über ab. Die Männchen locken die Weibchen mit leisen, schnarrenden Rufen. Paarungswillige Weibchen folgen dem Männchen zum Ablaichplatz, neben glatten Flächen wie z.B. Bromelienblättern werden auch gern Laichhöhlen wie oben beschrieben angenommen. Die Gelege umfassen 4 – 12 Eier und werden normalerweise vom Männchen regelmäßig bewässert. Nach 10 –15 Tagen haben sich die Kaulquappen so weit entwickelt, daß sie die gallertartige Eihülle verlassen können. Nun transportiert der Vater sie auf dem Rücken zu einer Wasserstelle, wo er sie sich selbst überläßt. Man kann die Gelege auch künstlich erbrüten. Dazu überführt man das Gelege in flache Schalen und gibt nur soviel Wasser zu, daß die Eier gerade umspült, nicht aber völlig bedeckt werden. Die geschlüpften Quappen werden in größere Aufzuchtbecken umgesetzt. Sie fressen Fischfutter, Frostfutter und ertrunkene Kleininsekten, fallen aber bei Futtermangel in zu kleinen Wasserschalen auch übereinander her, weshalb Einzelaufzucht ratsam ist. Nach 80 – 100 Tagen erfolgt die Metamorphose. Die Jungfrösche sind mit Vitamin-Kalk-bestäubten Obstfliegen und Springschwänzen leicht aufzuziehen und erreichen nach etwa einem Jahr die Geschlechtsreife.
Besonderheit: Es gibt verschiedene Farbvarianten und Populationen unterschiedlicher Körpergröße. Einige, z.B. die blaue Form, leben sehr versteckt.

Blauer Pfeilgiftfrosch (B)
Dendrobates azureus

Größe: Männchen knapp 4 cm, Weibchen bis 4,5 cm, max. 6 cm
Lebenserwartung: über 15 Jahre
Verbreitung: Surinam

Lebensraum: nur in Regenwaldresten im Süden Surinams in der Sipaliwini-Savanne entlang von Bachläufen
Haltung: am besten paarweise, da auch Weibchen untereinander aggressiv sein können, im mittelgroßen Regenwaldterrarium (ab 60 × 40 cm Grundfläche) mit Eichenlaubschicht, einer Wurzel als Versteck, einer trockenen Ecke, einem kleinen Wasserteil und einer Ablaichgelegenheit (wie bei *D. auratus* beschrieben)
Temperatur: tagsüber 22 – 28 °C; Nachtabsenkung auf Zimmertemperatur; zur Zucht Temperaturen auf 26 – 28 °C erhöhen
Luftfeuchtigkeit: hoch, tags 70 – 80%, nachts bis 100%, regelmäßig sprühen
Ernährung: Obwohl die Frösche recht groß werden, fressen sie hauptsächlich kleine Futtertiere, bevorzugt Springschwänze.
Zucht: Die Geschlechter lassen sich gut unterscheiden, die Weibchen sind fülliger, die Männchen besitzen im Vergleich mit den Weibchen um ca. $1/3$ größere Haftscheiben an den 2., 3. und 4. Zehen der Vorderbeine. Die Weibchen legen 3 – 12 Eier ab. Die Kaulquappen schlüpfen bei 24 – 26 °C nach etwa 15 – 18 Tagen; Einzelaufzucht ist hier unbedingt anzuraten. Bei 21 – 24 °C Wassertemperatur benötigen die Quappen 90 – 100 Tage zur Umwandlung zum Jungfrosch. Nach zwei Tagen nehmen sie erstmals Springschwänze zu sich. Bei guter Ernährung erreichen sie nach 1 – 1,5 Jahren die Geschlechtsreife.
Besonderheit: Wenig scheue Art, die sich gut beobachten läßt. Der Blaue Pfeilgiftfrosch ist nahe verwandt mit *D. tinctorius* und kann sich mit anderen Arten der *Dendrobates tinctorius*-Gruppe kreuzen. Bei Terrarianern sehr beliebte Art.

Gelbgebänderter Pfeilgiftfrosch

Gelbgebänderter Pfeilgiftfrosch (B)
Dendrobates leucomelas

Größe: bis 4 cm, Männchen etwas kleiner und schlanker
Lebenserwartung: über 10 Jahre
Verbreitung: Venezuela südlich des Orinoco, im angrenzenden Guyana und Brasilien
Lebensraum: in der Laubschicht, zwischen Steinen und Wurzeln am Boden von Regenwäldern bis in 800 m Höhe
Haltung: paarweise oder in kleinen Zuchtgruppen im mittelgroßen Regenwaldterrarium (ab 50 × 40 cm bzw. 80 × 50 cm Grundfläche) mit mehreren Ebenen; Eichenlaub als Bodenabdeckung; Kletterwurzeln, Wasserteil und Ablaichhöhlen wie bei *D. auratus*
Temperatur: 26 – 30 °C, Nachtabsenkung auf Zimmertemperatur
Luftfeuchtigkeit: tagsüber um 70%, nachts bis 100%, regelmäßig sprühen
Ernährung: Kleininsekten, s. *D. auratus*
Zucht: In freier Natur während der Regenzeit von Mai bis Oktober. Die Geschlechter lassen sich nur schwer unterscheiden, die Haftscheiben an den Fingerkuppen der Vorderbeine sind beim Männchen etwas größer als beim Weibchen, welches in der Regel etwas fülliger ist. Das Männchen lockt das Weibchen durch trillernde kurze Rufe an. Paarungswillige Weibchen folgen dem Männchen zur Laichhöhle und setzen dort bis zu 13 Eier ab. Da die Art auch hin und wieder ihren Laich auffrißt, sollte das Gelege, wie bei *D. auratus* beschrieben, separat erbrütet werden. Bei 25 °C schlüpfen die ersten Quappen nach 12 – 15 Tagen. Bei den kannibalischen Quappen ist Einzelaufzucht empfehlenswert (wie bei *D. auratus*). Nach ca. zwölf Wochen gehen die Jungfrösche an Land, sie sind sehr schnellwüchsig und bei guter Ernährung nach einem knappen Jahr ausgewachsen.
Besonderheit: Die Art gehört zur *D. tinctorius*-Gruppe und kreuzt sich mit anderen Arten der Gruppe. Die Weibchen sind untereinander recht aggressiv. Sie führen regelrechte Ringkämpfe durch, bei denen im äußersten Fall Verluste auftreten können, deshalb nicht zu große Gruppen pflegen!

Färberfrosch (B)
Dendrobates tinctorius

Größe: 4 – 5 cm, manche Populationen bis 7 cm
Lebenserwartung: über 20 Jahre
Verbreitung: auf dem gesamten Guyanaschild, von Guyana bis nach Brasilien hinein

Färberfrosch: Nominatform, Graubeiner-Variante (unten)

mig vergrößerte Haftscheiben. Die Tiere pflanzen sich im Terrarium das ganze Jahr über fort, es sollten aber durch künstliche Trockenzeiten gelegentlich Ruhephasen eingelegt werden. Paarungswillige Weibchen folgen dem rufenden Männchen und legen ihre 3 – 20 Eier auf glatten Stellen am Boden ab. Laichhöhlen, wie bei *D. auratus* beschrieben, werden ebenfalls willig angenommen. Das Männchen bewässert das Gelege und trägt die nach etwa 10 – 20 Tagen geschlüpften Kaulquappen zur Wasserstelle. Die Quappen sind getrennt aufzuziehen, sie fressen verschiedene Fischfutterarten (siehe *D. auratus*) und verlassen nach 75 – 100 Tagen als Jungfrösche das Wasser. Nach etwa einem Jahr werden sie geschlechtsreif.

Besonderheit: Der Färberfrosch ist eine in Größe und Färbung sehr variable Art, von der immer wieder neue Populationen mit abweichender Färbung entdeckt wurden.

Dreistreifenblattsteiger (B)
Epipedobates tricolor

Größe: bis knapp 3 cm
Lebenserwartung: über 5 Jahre
Verbreitung: Ecuador
Lebensraum: mittlere Höhenlagen zwischen 1200 und 1800 m auf der Pazifikseite der Anden; die Fröschchen leben in der Nähe kleiner Fließgewässer an feuchten Stellen, z. B. unter Steinen, Pflanzen usw.; trockenerer Lebensraum mit starker Sonneneinstrahlung
Haltung: paarweise im mittelgroßen Terrarium (ab 50 × 40 × 40 cm) mit dicker Laubschicht, einer Wurzel, dichter Bepflanzung und kleinem Wasserteil

Lebensraum: Bodenbewohner im Wurzelbereich und zwischen Steinen im Regenwald
Haltung: paarweise in kleineren Regenwaldterrarien (ab 60 × 40 × 50 cm) mit Kletterwurzel, Eichenlaub als Bodenabdeckung, einem Wasserteil, Laichhöhlen und mehreren Versteckhöhlen
Temperatur: 23 – 28 °C; Nachtabsenkung auf Zimmertemperatur
Luftfeuchtigkeit: hoch, am Tage 80 – 90%, nachts ansteigend; häufig sprühen
Ernährung: Kleininsekten, trotz ihrer Größe am liebsten Springschwänze und kleine Obstfliegen
Zucht: Die Geschlechter sind gut zu unterscheiden: Männchen besitzen an den Zehen der Vorderbeine herzför-

Temperatur: Luft um 24 °C, Nachtabsenkung auf Zimmertemperatur
Luftfeuchtigkeit: hoch, tagsüber 70 – 80%, nachts bis 100% ansteigend
Ernährung: Kleininsekten
Zucht: Ganzjährig möglich, ab und zu durch eine trockenere Haltung eine Laichpause einlegen. Die Geschlechter sind nur schwer zu unterscheiden, das Weibchen wird größer und fülliger. Das Männchen lockt die Weibchen mit hellem, trillerndem Ruf. Gelegegröße bis über 40 Eier; das Männchen bewässert das Gelege; die Quappen schlüpfen nach 9 – 15 Tagen und werden vom Vater rücklings zu einer Wasserstelle transportiert. Larven können zusammen aufgezogen werden, Fütterung siehe *D. auratus*; Umwandlung zu Jungfröschen nach 6 – 8 Wochen. Geschlechtsreife nach etwa neun Monaten
Besonderheit: sehr produktiver, gut halt- und züchtbarer Einsteiger-Pfeilgiftfrosch mit an Kanarienvogelgesang erinnerndem, „trillerndem" Balzruf

Dreistreifenblattsteiger

Gestreifter Blattsteiger

Gestreifter Blattsteiger
Phyllobates vittatus

Größe: bis knapp über 3 cm
Lebenserwartung: unbekannt, wohl um 10 Jahre
Verbreitung: entlang fast der gesamten Pazifikküste Costa Ricas bis in den Norden Panamas hinein
Lebensraum: Bodenbewohner in Tieflandwäldern entlang kleiner Bäche, meist versteckt zwischen Felsen, Baumwurzeln oder unter Laub
Haltung: in kleinen Zuchtgruppen (1 Männchen, 2 – 3 Weibchen) in Terrarien ab 80 x 50 x 50 cm, in größeren Terrarien auch mit mehreren Männchen möglich. Die Seitenwände können mit Xaxim oder Kork verkleidet werden. Der Bodengrund, z.B. aus Torfplatten, wird mit einer dicken Schicht Eichenlaub abgedeckt, eingestellte Wurzeln, auf die auch Aufsitzerpflanzen gebunden werden können, dienen als Kletter- und Versteckmöglichkeiten. Vorteilhaft für die Haltung und Nachzucht ist der Einbau eines kleinen Bachlaufes, eines Eckwasserfalles oder eines Zimmerbrunnens.
Temperatur: am Tage 26 – 29 °C, nachts 21 – 25 °C
Luftfeuchtigkeit: am Tage um 80%, nachts bis fast 100% ansteigend
Ernährung: Kleininsekten bis zur Größe von Stubenfliegen
Zucht: Die Geschlechter sind kaum zu unterscheiden, ausgewachsene Weibchen sind etwas größer und fülliger als die Männchen. Gut genährte Tiere sind bei hoher Luftfeuchtigkeit ganzjährig in Fortpflanzungsstimmung. Die Männchen rufen oft den ganzen Tag lang mit trillerndem Ruf, um Weibchen anzulocken. Ist ein Weibchen paarungsbereit, klettert es auf den erhöhten Rufplatz des Männchens und folgt ihm zum Laichplatz, wobei es zwischendurch immer wieder seinen Rücken mit ihren Vorderbeinen berührt. Haben beide einen geeigneten Laichplatz, z.B. eine halbierte Kokosnußschale, gefunden, kommt es ohne Amplexus zur Eiablage. Das Weibchen legt bis zu 25 Eier und verläßt dann den Laichplatz. Das Männchen besamt nun die Eier, es bewacht das Gelege bis zum Schlupf der Quappen und bewässert es täglich. Nach 9 – 17 Tagen schlüpfen die Quappen. Das Männchen setzt sich oft auf das Gelege und hilft durch Drücken den Schlupf zu unterstützen. Die Quappen schlängeln sich auf seinen Rücken, und es transportiert sie zu einer geeigneten Wasserstelle. Teilweise werden die Quappen erst nach 3 Tagen abgesetzt, dann ist jedoch auch seine Fürsorge beendet. Zur Aufzucht werden die Quappen einfach zusammen in ein kleines Aquarium überführt, denn sie sind nicht kannibalisch untereinander.

Die Ernährung ist einfach, es können verschiedene Fischfutterflocken, -tabletten und Frostfuttersorten verfüttert werden, wobei so abwechslungsreich wie möglich gefüttert werden sollte. Bei 25 °C Wassertemperatur gehen die Jungfrösche nach ca. 75 – 80 Tagen an Land. Sie bewältigen sofort kleine Fruchtfliegen und werden nach 10 – 12 Monaten geschlechtsreif.
Besonderheit: einer der ersten Pfeilgiftfrösche im Terrarium, der auch Terraristikneulingen empfohlen werden kann

Laubfrösche

Die Familie *Hylidae* zählt 43 Gattungen mit über 700 Arten. Ein typischer Laubfroschvertreter ist z. B. der europäische Laubfrosch (*Hyla arborea*).

Rotaugenlaubfrosch
Agalychnis callidryas

Größe: Männchen bis 5,5 cm, Weibchen bis 7 cm
Lebenserwartung: unbekannt, über 5 Jahre
Verbreitung: Karibikseite Mittelame-

Rotaugenlaubfrosch

rikas, von Mexiko bis nach Costa Rica/Panama, auch auf Pazifikseite
Lebensraum: auf epiphytenbewachsenen Bäumen am Rande von Gewässern im Regenwald; vom Tiefland bis hinauf in knapp 1000 m Höhe
Haltung: hochformatiges Regenwaldterrarium (ab 60 × 50 × 80 cm) mit großem Wasserteil, Kletterästen und großblättrigen Pflanzen (Dieffenbachie, Philodendron)
Temperatur: während der Regenzeit tags 24 – 28 °C, nachts 16 – 20 °C; während der Trockenzeit tags bis 32 °C, nachts 18 – 22 °C
Luftfeuchtigkeit: während der Trockenzeit tags 50 – 70 %, nachts etwas ansteigend; während der Regenzeit tags 80 – 90 %, z.T. bis 100 %
Ernährung: verschiedene Insekten
Zucht: Die Tiere pflanzen sich in der Regenzeit fort. Als Zuchtvorbereitung den Wasserteil bis auf einen kleinen Rest leeren, für 2 – 3 Monate werden die Luftfeuchtigkeit und Temperatur tagsüber etwas niedriger gehalten; Fütterung nur ein- bis zweimal wöchentlich. Nach dieser Ruhephase erhöht man die Luftfeuchtigkeit durch tägliches Sprühen und Beregnen auf fast 100 % und füttert jeden Abend kräftig. Zur Beregnung setzt man am besten einen Motorfilter mit Heizung ein, der das Wasser auf 22 – 23 °C, aber nicht höher als 24 °C erwärmt, da sonst die Eier leicht verpilzen können. Mittels Pumpen oder Sprühanlagen wird das Terrarium „beregnet". Meist beginnen die Männchen dann sofort zu quaken und versuchen die Weibchen zu klammern. Findet das Männchen ein laichreifes Weibchen, wird dieses bis zur Eiablage nicht mehr losgelassen. Das Weibchen heftet z. T. mehrere Laichpakete mit 40 – 70 Eiern auf der Unterseite von über dem Wasser hängenden, großblättrigen Pflanzen an. Nach ca. einer Woche schlüpfen die Larven und lassen sich ins Wasser fallen. Dort zehren sie noch ca. 2 – 3 Tage von ihrem Dottersack, bevor sie erstmals fressen. Die Larven sind Filtrierer und nehmen anfangs Staubfutter, z.B. Brennesselteepulver oder Mikrozell auf, später auch gröbere Fisch- und Frostfuttersorten. Temperaturabhängig erfolgt nach 80 – 100 Tagen die Umwandlung. Wenn die Vorderbeine durchgebrochen sind, setzt man die Tiere am besten in ein schräggestelltes Aquarium mit nur wenig Wasser und einigen Wasserpflanzen, da die Jungfrösche sonst leicht ertrinken. Etwa eine Woche nach dem Landgang ist die Umwandlung beendet und die Jungfrösche beginnen zu fressen. Sie sind bedächtige Fresser und müssen im Futter stehen. Nach ca. zwei Jahren erreichen sie die Geschlechtsreife.
Besonderheit: Bei unhygienischer Haltung (zu hohe Keimzahl) sind die Frösche sehr hinfällig.

Amerikanischer, Karolina- oder Gestreifter Laubfrosch
Hyla cinerea

Größe: Weibchen bis 6,5 cm, Männchen bis 5 cm
Lebenserwartung: über 6 Jahre
Verbreitung: Feuchtgebiete im Südosten der USA, von Delaware bis Florida, im mittleren Westen von Tennessee, Arkansas; Illinois bis Texas
Lebensraum: in der Nähe von Gewässern auf Bäumen, Sträuchern und an hohen Sumpfpflanzen; schläft tagsüber auf der Blattunterseite an feuchten, schattigen Plätzen
Haltung: hochformatiges Terrarium (ab 40 × 40 × 60 cm) mit großem

Amerikanischer-, Karolina- oder Gestreifter Laubfrosch

Wasserteil; Äste, Bambusstäbe und großblättrige Pflanzen dienen als Aufenthaltsorte
Temperatur: tagsüber 24 – 30 °C, Nachtabsenkung auf Zimmertemperatur
Luftfeuchtigkeit: tags 60 – 80 %, nachts ansteigend, regelmäßig sprühen
Ernährung: verschiedene Insekten bis zur Größe einer ausgewachsenen Grille
Zucht: Eine Winterruhe von 6 – 8 Wochen stimuliert die Fortpflanzungsbereitschaft. Dazu zwei Wochen bei Zimmertemperatur die Beleuchtungszeit verkürzen und die Tiere fasten lassen, bis der Verdauungstrakt völlig entleert ist. Danach sollten die Frösche bei 4 – 8 °C bis zu acht Wochen kühl gehalten werden, z.B. in einer luftdurchlässigen Plastikdose mit feuchtem Moos im Kühlschrank. Dann die Beleuchtungszeit wieder schrittweise verlängern und die Temperatur erhöhen; die Tiere kräftig füt-

tern und durch Beregnung die Luftfeuchtigkeit erhöhen. Balzrufe sind schon bald darauf zu hören. Zur Eiablage kommt es erst Wochen später bei Temperaturen von bis 28 – 30 °C und einer Luftfeuchtigkeit von fast 100%. Es sollen bis zu 1000 Eier häufchenweise abgelegt werden, aus denen bei 25 °C Wassertemperatur innerhalb von 2 – 3 Tagen 2 – 3 mm lange, schwarzgraue Larven schlüpfen. Nach 9 – 18 Wochen verlassen die Jungfrösche das Wasser und nehmen nach ca. drei Tagen erstmals Nahrung zu sich.
Besonderheit: Die Frösche werden bei Futtergaben auch am Tage aktiv.

Bellender Laubfrosch
Hyla gratiosa

Größe: 5–7 cm
Lebenserwartung: über 7 Jahre
Verbreitung: Südostvirginia bis Florida und Ostlouisiana
Lebensraum: auf Bäumen und Büschen in Feuchtgebieten, Sümpfen und Sumpfwäldern, nachtaktive Art
Haltung: hochformatiges, schwach beheiztes Terrarium (ab 60 × 50 × 80 cm) mit Kletterästen und größerem Wasserteil; als Bepflanzung z.B. Spathiphyllum- und Rippenfarnarten sowie Efeu
Temperatur: Luft tagsüber bis 25 °C, Nachtabsenkung auf Zimmertemperatur; Wasser bis 23 °C
Luftfeuchtigkeit: tags 60 – 80%, nachts ansteigend
Ernährung: verschiedene Insekten, z.B. Heimchen, Stubenfliegen und Falter
Zucht: Die Männchen sind an ihrer gelb bis grün gefärbten Kehle gut zu erkennen. Als Zuchtvorbereitung eine etwa zwei- bis dreimonatige, kühle und relativ trockene Winterruhe bei 10 – 15 °C und verkürzter Beleuchtungsdauer einlegen. Die Tiere vergraben sich während dieser Zeit in feuchter Erde oder im Laub, auch bei zu hohen Temperaturen ziehen sie sich in kühle, feuchte Bodenverstecke zurück. Mit der Temperaturerhöhung, Verlängerung der Beleuchtungsdauer, dem Sprühen mit warmem Wasser und guter Fütterung wird die Fortpflanzungsperiode eingeleitet. Die Männchen sammeln sich am Gewässerrand und warten auf die laichreifen Weibchen, die dann umklammert werden. Ein Weibchen setzt bis zu 700 Eier in mehreren Klumpen ab, die zu Boden sinken und an Wasserpflanzen hängenbleiben. Die Quappen schlüpfen nach ca. drei Tagen und benötigen etwa 50 Tage bis zur Umwandlung.
Ernährung: siehe *H. cinerea*
Besonderheit: Die Kaulquappen erreichen fast 5 cm und sind mit die größten unter den amerikanischen Laubfröschen.

Grauer oder veränderlicher Laubfrosch
Hyla versicolor

Größe: 3,5 bis max. 6 cm
Lebenserwartung: über 6 Jahre
Verbreitung: Südosten bis mittlerer Westen der USA, von Maine bis Florida und westwärts bis Osttexas
Lebensraum: auf Bäumen und Sträuchern in Wäldern, immer in der Nähe von stehenden Gewässern; dämmerungs- und nachtaktive Art
Haltung: im ungeheizten bis schwach beheizten, hochformatigen, mittelgroßen Terrarium (ab 40 × 40 × 60 cm) mit Ästen mit rissig-borkiger und flechtenbewachsener Rinde; Boden mit Farnen und Efeu sowie großen Wasserteil mit Spathiphyllum-Arten bepflanzen
Temperatur: Tiere aus südlichen Gebieten können wie *Hyla cinerea* gehalten werden, nördliche Populationen kühler bei Lufttemperaturen um 23 °C; Nachtabsenkung auf Zimmertemperatur
Luftfeuchtigkeit: tags 50 – 70%, nachts ansteigend
Ernährung: diverse Insekten
Zucht: Die Männchen besitzen eine dunkelgrau gefärbte, faltige Kehle. Als Zuchtvorbereitung von November bis Januar eine dreimonatige Winterruhe bei Temperaturen von 10 – 15 °C einlegen und die Beleuchtungsdauer auf 6 – 8 Stunden verkürzen. Eine Temperatur- und Beleuchtungsdauererhöhung und warmer Regen

Bellender Laubfrosch: Männchen mit gelb gefärbter Schallblase

Grauer oder veränderlicher Laubfrosch

(24 °C warmes Wasser versprühen) wirken als Paarungsauslöser. Zudem reichlich füttern. Männchen beginnen ab 20 – 22 °C mit dem Rufen, sie warten am Gewässerrand auf die Weibchen. Schwimmt ein Weibchen im Wasser, steigt das Männchen hinunter und versucht es zu umklammern. Es werden insgesamt bis zu 1800 Eier in Klumpen mit ca. 40 Stück an Wasserpflanzen befestigt. Die Quappen schlüpfen nach etwa fünf Tagen, fressen Fisch- und Frostfutter und wandeln sich nach ca. zwei Monaten um. Die Jungfrösche werden mit zwei Jahren geschlechtsreif.

Besonderheit: Die Art ist äußerlich nicht vom ähnlich gefärbten *Hyla chrysocoelis* zu unterscheiden. Sie besitzt jedoch doppelt so viele Chromosomen, und die Männchen rufen langsamer, mit weniger Impulsen pro Sekunde.

Australischer oder Neuguinea-Riesenlaubfrosch
Litoria infrafrenata

Größe: über 10 cm
Lebenserwartung: unbekannt, wohl aber über 10 Jahre
Verbreitung: Papua-Neuguinea, umliegende Inseln und Nordostaustralien
Lebensraum: Regenwälder, auf Bäumen und Palmen in der Nähe von Wasserstellen
Haltung: großes, hochformatiges Terrarium (ab 60 × 50 × 100 cm) mit Kletterästen, Korkröhren und robusten, großblättrigen Pflanzen. Ein Wasserteil darf nicht fehlen.
Temperatur: Luft tagsüber 24 – 30 °C; Nachtabsenkung auf Zimmertemperatur
Luftfeuchtigkeit: tagsüber um 70%, nachts ansteigend
Ernährung: Vielfraß; erbeutet in der Natur oft andere Frösche und kleinere Artgenossen; im Terrarium verschiedene Insekten, Regenwürmer und nackte Mäuse; Fütterung ein- bis zweimal wöchentlich, um Verfettung zu vermeiden; Jungtiere etwas öfter
Zucht: einfach, mit Beginn der Regenzeit laichen die Frösche ab. Simulation der Regenzeit und Vorgehensweise wie beim Korallenfinger. Die Frösche laichen mehrfach ab, so daß schnell etliche hundert Quappen den Pfleger vor ernsthafte Platzprobleme stellen können. Die Jungfrösche wachsen schnell und werden nach gut zwei Jahren geschlechtsreif.
Besonderheit: Die Art ist weitaus lebendiger und aktiver als der Korallenfinger.

Australischer oder Neuguinea-Riesenlaubfrosch

Korallenfinger

Korallenfinger
Pelodryas (Litoria) caerulea

Größe: 11 cm, max. 15 cm
Lebenserwartung: bis 23 Jahre
Verbreitung: in Australien in jedem Bundesstaat anzutreffen
Lebensraum: ursprünglich in Regenwäldern; besiedelt als Kulturfolger von Menschen geschaffene, wasser- oder feuchtigkeitsspeichernde Bauwerke, z.B. Wasserreservoirs und Sanitäreinrichtungen (Toiletten!) in trockenen bis wüstenartigen Gebieten
Haltung: in Gruppen im hochformatigen, größeren Terrarium (ab 60 × 50 × 100 cm) mit großem Wasserteil; großblättrige, stabile Pflanzen, Korkröhren und ein Kletterast genügen als Einrichtung, da größere Frösche erhebliche Kotmengen erzeugen und das Terrarium leicht zu reinigen sein sollte. Die Frösche sind nachtaktiv und verschlafen den Tag meist an schattigen Stellen.
Temperatur: tagsüber 24 – 30 °C; lokaler Sonnenplatz bis 35 °C; nachts Abkühlung auf Zimmertemperatur
Luftfeuchtigkeit: von Februar bis Oktober tagsüber 50 – 60%, nachts leicht ansteigend; während der Regenzeit (November – Februar) 80 – 100%
Ernährung: Vielfraß, der Insekten, Würmer, kleine Amphibien, auch Artgenossen, kleine Reptilien und nackte Mäuse nicht verschmäht; Erwachsene nur ein- bis zweimal wöchentlich füttern, um Verfettung vorzubeugen
Zucht: In Australien setzt die Fortpflanzung mit Beginn der Regenzeit ab Dezember ein und erreicht ihren Höhepunkt im Februar. Deshalb nach relativ trocken-warmer Haltung von Februar bis September die Temperatur, die Beleuchtungsdauer sowie die Fütterung bis Mitte Oktober allmählich reduzieren. Nach 2 Wochen Futterpause ab Anfang November die Beleuchtungsdauer auf ca. 6 Stunden verkürzen, gleichzeitig die Luftfeuchtigkeit durch Sprühen auf 80% erhöhen bei Temperaturen von tagsüber um 15 °C und nachts um 10 °C. Ab Anfang Dezember die Frösche ins Ablaichterrarium mit gänzlich wasserbedecktem Boden und warmer Beregnung überführen. Die Weibchen sollen bis zu 2000 Eier produzieren, die in Portionen bis 200 Stück als kleine Ballen abgelegt werden. Der Laich entwickelt sich schnell, die Larven schlüpfen innerhalb der ersten 48 Stunden und schwimmen bei 25 °C Wassertemperatur nach 5 – 6 Tagen frei; Aufzucht mit Fisch- und Schildkrötenfutter, Algen und welkem Salat. Die Quappen können sich bei zu dichtem Besatz im Wachstum hemmen. Die Umwandlung zu Fröschen erfolgt bei schnellwüchsigen Quappen bereits nach 4 – 8 Wochen. Die Zuchtstimulation ist nicht ganz einfach. Interessanterweise scheint ein Luftdruckabfall (Gewitter) bei Beregnung stets das Ablaichen auszulösen. Im Labor wird mit Hormoninjektionen die Ei- und Spermienabgabe ausgelöst. Die Jungfrösche müssen steril aufgezogen werden und können bereits nach einem Jahr die Geschlechtsreife erreichen.
Besonderheit: Korallenfinger sind sehr ortstreu und suchen ihren Stammplatz immer wieder auf. Sie können sogar frei im Blumenfenster gehalten werden. Nach Eingewöhnung fressen sie auch tagsüber.

Lemuren-Greiffrosch
Phyllomedusa hypochondrialis

Größe: Männchen bis 4,5 cm, Weibchen bis über 5 cm
Lebenserwartung: über 7 Jahre
Verbreitung: Venezuela, Surinam, Guayana und Brasilien
Lebensraum: nachtaktive Art, die in der Vegetation am Rande stehender Gewässer und am Rande von Restwassern im Überschwemmungsgebiet von Flüssen lebt
Haltung: im hochformatigen Regenwaldterrarium (ab 60 × 40 × 80 cm)

Lemuren-Greiffrosch

Goldfröschchen

Madagaskar-Buntfröschchen (*M. madagascariensis*). Die Haltung entspricht der des Goldfröschchens.

mit dichter, großblättriger Bepflanzung, Kletterästen, Moorkienholzwurzel und größerem Wasserteil
Temperatur: tagsüber Luft 24 – 28 °C; die Frösche suchen oft Schlafplätze auf der Unterseite von Blättern direkt unter der Beleuchtung auf, dort z.T. Temperaturen über 30 °C; Nachtabsenkung auf Zimmertemperatur
Luftfeuchtigkeit: tagsüber 60 – 80%, nachts bis 100% ansteigend
Ernährung: verschiedene Insekten, bevorzugt Fliegen
Zucht: Als Zuchtvorbereitung muß eine Trockenruhezeit von etwa dreimonatiger Dauer eingelegt werden. Dazu wird der Wasserstand bis auf wenige Millimeter gesenkt, das Sprühen reduziert und nur 1–2mal wöchentlich gefüttert. Die Luftfeuchtigkeit sollte dennoch bei 60 – 80% liegen. Die Regenzeit wird durch Wasserstandserhöhung, tägliche Fütterungen und mehrere Stunden anhaltende Regengüsse simuliert. Schon einen Tag nach dem „Regenzeitbeginn" hört man die ersten Rufe der Männchen. Die Weibchen werden geklammert und wenige Tage, manchmal auch erst 2 – 3 Wochen nach dem Beginn der Beregnung erfolgt die Eiablage in zu Tüten zusammengerollten Blättern über dem Wasserteil. Es werden mehrere Gelege abgesetzt. Ein Gelege umfaßt 40 – 70, max. 120 Eier. Nach ca. 10 Tagen beginnt sich die Gallerte des Geleges zu verflüssigen, die Quappen schlüpfen und fallen ins Wasser. Die Larven sind Filtrierer und werden mit verschiedenen fein zerriebenen Fischfuttersorten gefüttert, später benagen sie auch Fischfuttertabletten. Bei Wassertemperaturen von 24 – 26 °C wird die Umwandlung zum Jungfrosch ca. 10 – 12 Wochen nach der Eiablage abgeschlossen. Etwa nach 5 – 7 Tagen erste Futteraufnahme; Junge sind ungeschickt und sollten deshalb im Futter „stehen". Geschlechtsreife nach etwa einem Jahr
Besonderheit: bei Haltung und Zucht auf äußerste Sauberkeit achten

Madagaskar-Buntfröschchen

Sie wurden früher zur Familie der „echten" Frösche gezählt. Heute werden sie aber auch oft als eigene Familie – *Mantelidae* – betrachtet. Auch bei Mantelliden wurden giftige Hautalkaloide nachgewiesen. Diese stammen wie bei den Dendrobatiden von mit der Nahrung aufgenommenen Ameisen.

Goldfröschchen (B)
Mantella aurantiaca

Größe: Weibchen bis 2,3 cm, Männchen 2,0 cm
Lebenserwartung: unbekannt, mehrere Jahre
Verbreitung: bisher nur aus den Toroto-Sotsy-Sümpfen bei Andasibe bekannt
Lebensraum: dunkle Verstecke unter Ästen, Blättern, Moos und anderer Vegetation am Rande des Sumpfes und im angrenzenden Wald
Haltung: im Regenwaldterrarium (ab 50 × 40 × 40 cm) in Zuchtgruppen; abfallendes Ufer aus Torfplatten mit zahlreichen Höhlen nachbauen; Boden mit Eichenlaub abdecken; als Bepflanzung Kletterfeige und Efeutute

Temperatur: tagsüber 24 °C, nicht auf Dauer wärmer; Nachtabsenkung auf Zimmertemperatur; Temperatur des flachen Wasserteils um 22 °C. Im Winter – in Madagaskar von April bis Oktober – erreicht die Tagestemperatur nur 15 – 20 °C, nachts um 10 °C, sie kann aber auch bis zum Nullpunkt abfallen, wobei in der Laubschicht und im Boden etwas höhere Temperaturen herrschen.

Luftfeuchtigkeit: tagsüber 80 – 90%, nachts auf fast 100% ansteigend, abends kräftig sprühen

Ernährung: kleine Insekten bis Stubenfliegengröße, bevorzugt jedoch kleine Futtertiere

Zucht: Im Terrarium nicht an natürliche Laichzeit gebunden. Zur Vorbereitung die Fröschchen einige Wochen bei 15 – 20 °C trockener halten. Temperatur- und Feuchtigkeitserhöhung verstärkt die Rufaktivität des Männchens (klickendes Zirpen). Abgelaicht wird in Höhlen, das Weibchen setzt 20 – 60 weißliche Eier ab. Über Lichtempfindlichkeit der Gelege wird verschiedentlich berichtet, ist aber nicht der Fall. Die Quappen schlüpfen bei 20 – 22 °C nach ca. 1 – 2 Wochen und schlängeln sich dann ins Wasser. Metamorphose nach ca. neun Wochen. Die Jungfrösche sind anfangs hellbraun und färben sich erst nach etwa 3 – 6 Monaten um. Sie erreichen die Geschlechtsreife nach ca. einem Jahr.

Mein Tip:
Kaulquappen nach dem Durchbrechen der Beinpaare am besten in einem flachen, schräggestellten Aquarium mit Wasserpflanzen die Metamorphose vollenden lassen, um ein Ertrinken der Jungfrösche zu verhindern.

Gliederfüßer

Der Stamm der Gliederfüßer (*Arthropoda*) ist mit Abstand der erfolg- und artenreichste Tierstamm der Welt (ca. $^4/_5$ aller Tierarten der Erde). Er wird in fünf Unterstämme aufgeteilt: 1. die bereits im Perm ausgestorbenen Trilobitenartigen (*Trilobitomorpha*), 2. die Fühlerlosen oder Chelicerentiere (*Chelicerata*), dazu gehören Spinnen und Skorpione, 3. die Krebse (*Crustacea*), 4. die Tracheentiere (*Tracheata*), wozu die Tausendfüßler und Insekten gehören, und 5. die Zungenwürmer (*Pentastomida*).

Spinnentiere

Zu den Spinnentieren (Klasse *Arachnida*) zählen elf Ordnungen, z.B. Spinnen, Weberknechte, Skorpione und Milben, um nur einige zu nennen. Die nächsten Verwandten der landlebenden Spinnen sind die meeresbewohnenden Schwertschwänze (*Xiphosura*) und die Asselspinnen (*Pantopoda*), die zusammen mit den Spinnentieren den Unterstamm der Spinnentierartigen (*Chelicerata*) bilden.

Spinnentiere besitzen einen zweigeteilten Körper: den extremitätentragenden Vorderkörper (*Prosoma*) und den extremitätenlosen Hinterkörper (*Opisthosoma*). Der Vorderkörper trägt sechs Beinpaare, ferner enthält er den Saugmagen, das Nervensystem und die Augen. Der Hinterkörper enthält das Herz, die Spinndrüsen, die Verdauungs-, Ausscheidungs-, Atem- und Geschlechtsorgane. Das 1. Beinpaar (*Cheliceren*) dient als Mundwerkzeug zum Packen, Töten und Zerkleinern der Beute, trägt die Giftklauen oder ist bei parasitischen Milben zu Stechorganen umgewandelt. Das 2. Beinpaar, die Pedipalpen, können bei Spinnentieren mit kleinen Cheliceren (u.a. Skorpione und Geißelspinnen) als große Scheren zum Zerlegen von Beute ausgebildet sein. Bei Spinnen mit großen, kräftigen Cheliceren (z.B. eigentliche Spinnen) dienen sie meist als Taster, die Geschmackshaare zur Nahrungserkennung tragen. Bei Spinnenmännchen werden sie als Begattungsorgan zur Spermaübertragung eingesetzt.

Die weiteren vier Beinpaare, unterteilt in jeweils sieben Glieder, dienen der Fortbewegung und tragen ebenfalls Sinnesorgane.

Alle Spinnentiere besitzen eine sehr enge Speiseröhre. Aus diesem Grund können sie nur durch Verdauungssäfte verflüssigte Nahrungsbestandteile mittels ihres Saugmagens aufnehmen. Ein Großteil der Verdauung findet deshalb außerhalb des Körpers statt. Typisch für Spinnentiere sind die ausschließlich bei ihnen vorkommenden Fächerlungen. Zudem besitzen sie Tracheen, röhrenförmige, weit in den Körper hineinragende Hauteinstülpungen, die die Luft direkt in den Körper führen, während in den Fächerlungen Sauerstoff mit Hilfe der Körperflüssigkeit aufgenommen und in den Körper transportiert wird. Weberknechte, Walzenspinnen und Pseudoskorpione besitzen nur Tracheen. Bei kleinen Formen wie z.B. Milben fehlen die Atemorgane; sie atmen über die Körperfläche. Ferner haben Spinnentiere eine einzige Geschlechtsöffnung am Hinterkörper und Spaltsinnesorgane. Diese dienen der Spinne zur Feststellung der Gelenkstellung, als Schwerkraftrezeptoren, zur Wahrnehmung von Vibrationen und von Schallwellen.

Das aus Chitin bestehende, feste Außenskelett läßt Spinnentieren nur wenig Spielraum, um an Größe zunehmen zu können. Sie müssen sich häuten und bilden dazu unter dem alten Panzer eine neue, zusammengefaltete Hülle. Der alte, zu eng gewordene Panzer platzt an Sollbruchstellen auf und wird abgestreift. Die neue Haut ist zunächst noch weich und dehnungsfähig; bis zu ihrem Aushärten können die Tiere wachsen. Die Häutung ist eine kritische Phase im Leben einer Spinne, denn während des Aushärtens ist sie wehrlos; Störungen führen häufig zum Tode der Tiere. Bei der Häutung werden verlorengegangene Gliedmaßen ersetzt und auch die Lungen und die inneren Geschlechtsorgane mitgehäutet, weshalb nach einer Häutung die Weibchen stets neu verpaart werden müssen. Jungspinnen häuten sich alle 2 – 4 Wochen, später alle 2 – 3 Monate, im Alter verlängern sich die Abstände auf bis zu zwei Jahre.

Webspinnen (echte Spinnen)

Das übereinstimmende Kennzeichen aller „Echten" oder Webspinnen (Ordnung *Aranae*) ist die große Anzahl von Spinnwarzen am Ende des Hinterleibes. Damit werden nicht nur Fangnetze gebaut, Fallstricke gezogen und Beute eingesponnen, sondern auch Wohnröhren ausgekleidet, Häutungsunterlagen angefertigt, Abseilleinen und Kokons gesponnen. Die Ordnung umfaßt etwa 35 000 Arten und wird in drei Unterordnungen aufgeteilt: Gliederspinnen (*Mesothelae*), Vogelspinnen (*Mygalomorphae*) und eigentliche Webspinnen (*Araneomorphae*).

Alle Spinnen, außer den Kräuselradnetzspinnen, besitzen ein Paar Giftdrüsen, die über einen Verbindungsgang in den Chelicerenspitzen münden, d.h., daß grundsätzlich alle Spinnen giftig sind. Die Drüsen produzieren ein Gemisch, das u.a. Gifte und Enzyme enthält, die gewebs- und blutauflösend wirken und der Verflüssigung der Nahrung dienen. Das Gift ist auf die jeweilige Beute abgestimmt. Der Mensch zählt nicht dazu, weshalb Spinnenbisse meist harmlos verlaufen. Die Giftmenge ist meist zu gering, und viele Spinnen können die menschliche Haut mit ihren Chelicerenklauen nicht durchdringen.

Von den 35 000 Spinnenarten weltweit können nur Bisse von ca. 50 Arten dem Menschen gefährlich werden, von einigen allerdings sind Bisse mit tödlichem Ausgang bekannt. Die Giftwirkung hängt jedoch vom Alter und Geschlecht der Spinnen sowie der injizierten Giftmenge ab, außerdem vom gesundheitlichen Zustand, dem Alter und Gewicht des Opfers sowie einer eventuellen allergischen Reaktion auf Spinnengifte.

Eigentliche Vogelspinnen

Die Familie der Vogelspinnen (Familie *Theraphosidae*) zählt inzwischen über 900 Arten, ständig werden neue Arten beschrieben. Die ersten Vogelspinnenfunde stammen aus dem Karbon, ihr Alter wird auf ca. 300 Mio. Jahre geschätzt. Der Körperbau von Vogelspinnen ist relativ einfach, auffällig sind ihre recht kräftigen, mit langen Haaren versehenen Beine und ihr dicht behaartes Hinterteil (*Abdomen*).

Baumbewohnende Vogelspinnen besiedeln hauptsächlich die feuchtwarmen Tropen, bodenbewohnende Arten können auch in trockenen Wüstengebieten und kühleren, feuchten Bergwäldern leben. Sie sind dämmerungs- oder nachtaktive Einzelgänger. Die größten Arten können Körperlängen von 12 cm und eine Beinspannweite von fast 30 cm erreichen.

Vogelspinnen töten ihre Beute mit ihren kräftigen Cheliceren, weniger mit Giftstoffen im Speichel. Das Gift der meisten Vogelspinnen wirkt nur schwach auf den Menschen, vergleichbar mit der Stärke eines Bienenstichs (Allergiker allerdings sind gefährdeter!). Für Kleinsäuger unter 500 g Körpergewicht, v. a. aber für Reptilien und Amphibien kann ein Biß tödlich enden. Die bis 1,7 cm langen Klauen der Vogelspinne können große, tiefe Wunden verursachen, die, um Sekundärinfektionen zu vermeiden, desinfiziert werden müssen. Einige Arten streifen bei Bedrohung widerhakenbesetzte Reizhaare zielgenau gegen den Störenfried ab, die unangenehme Juck- und Hustenreize auslösen können. Gegen Raubinsekten ist das allerdings eine wirkungslose Verteidigungsstrategie.

Jungtiere sind oft anders gefärbt als erwachsene Spinnen. Vogelspinnenweibchen erreichen ein Alter von bis zu 20 Jahren, im Extremfall sogar 30 Jahren. Männchen werden meist nur wenige Jahre alt, einige bringen es aber auch auf zwölf Jahre. Weibchen häuten sich mit zunehmendem Alter oft nur noch alle zwei Jahre. Männchen häuten sich nur ganz selten nach der Geschlechtsreifehäutung ein weiteres Mal, meist sterben sie wenige Wochen bzw. innerhalb eines Jahres nach ihrer letzten Häutung. Eine vollgefressene Vogelspinne kann bis zu einem Jahr fasten. Adulten Tieren genügt eine Futtergabe pro Woche, Zwergspinnen können auch öfter gefüttert werden. Verschmähte Futtertiere sind nach einiger Zeit wieder zu entfernen, um Unfälle, z.B. das

Anfressen gehäuteter Spinnen, zu vermeiden.

Allgemeine Haltungstips

- Eine 15 – 25 Watt starke Leuchte genügt in der Regel, um ein kleines Terrarium auf eine Temperatur von 24 – 28 °C zu erwärmen.
- Einige Arten suchen gerne warme Stellen auf ("sonnen sich"), oft direkt unter den Leuchten. Dennoch sollte die Temperatur auch bei "wärmeliebenden" Arten nicht auf Dauer 30 °C überschreiten. Hochlandarten genügt Zimmertemperatur, höhere Temperaturen können bei ihnen schnell zu Verlusten führen.
- Bodenbewohner sollten vorsichtshalber nicht in Terrarien mit einer Höhe über 30 cm gehalten werden, um Verletzungen durch Stürze zu vermeiden.
- Die Luftfeuchtigkeit sollte auch bei Arten aus Trockengebieten trotz der trockenen Substratoberfläche zwischen 60 – 80% liegen. Deshalb gelegentlich etwas sprühen und eine Ecke feucht halten.

Rotfuß-Baumvogelspinne

Avicularia metallica

Größe: Körperlänge 6 – 7 cm
Lebenserwartung: Weibchen über 15 Jahre
Verbreitung: Mittelamerika bis Equador
Lebensraum: Baumbewohner, der in Spalten und Höhlen von Bäumen in feuchtwarmen Gebieten sein Nest baut, oft auch in Bananenplantagen
Haltung: einzeln oder paarweise im größeren, hochformatigen Terrarium (ab 30 × 30 × 40 cm) mit feuchtem Bodengrund sowie Korkröhren oder

Rotfuß-Baumvogelspinne

Avicularia avi, zu unterscheiden von der sehr ähnlichen *Avi. metallica* an den weißen Haarspitzen

Avicularia versicolor von Martinique. Gut unterscheidbare Inselart. Sie entspricht in der Haltung *Avi. metallica.*

Wurzeln, zwischen denen die Spinne ihre röhrenförmigen Wohnnetze befestigen kann. Es werden auch Vogelhäuschen als Wohnhöhle angenommen.

Temperatur: Luft tagsüber 24 – 28 °C, lokal bis 30 °C; Nachtabsenkung auf 22 – 24 °C

Luftfeuchtigkeit: 80 – 90%; regelmäßig sprühen, da die Tiere mit dem Sprühwasser ihren Durst löschen

Ernährung: Insekten

Zucht: vogelspinnentypisch, wie bei *Brachypelma smithi* beschrieben. Da ein gutgenährtes Weibchen dem Männchen gegenüber nicht aggressiv ist, können beide mehrere Wochen im gleichen Terrarium gehalten werden. Etwa zehn Wochen nach der Paarung beginnt das Weibchen mit dem Bau des Kokons, in den es bis zu 200 Eier ablegt. Die Spinnen wachsen schnell und können bereits nach 1,5 – 2 Jahren die Geschlechtsreife erreichen.

Besonderheit: sehr ruhige, friedliche Art, die oft von Angebern auf die Hand genommen wird, da sie nicht zubeißt, sondern nur ihren Hinterleib hochstreckt

Als Rotfußvogelspinne werden mehrere nur schwer unterscheidbare *Avi.*-Arten bzw. -Formen importiert, die sich alle miteinander kreuzen. Aufgrund der fehlenden geographischen Trennung im Amazonasbecken kam es nicht wie bei der gut unterscheidbaren Inselart *Avi. versicolor* zur Ausbildung deutlich erkennbarer Artmerkmale. Deshalb ist es fraglich, ob es sich bei den nur leicht unterschiedlich gefärbten Rotfußvogelspinnen, u.a. *A. avicularia, A. metallica, A. spec. Peru* oder *A. spec. Equador* tatsächlich um „gute" Arten oder nur um Unterarten bzw. um einen Artenkomplex handelt.

Mexikanische Rotbeinvogelspinne (B)
Brachypelma smithi

Größe: Körperlänge bis 7 cm
Lebenserwartung: über 25 Jahre
Verbreitung: in Mexiko weit verbreitet
Lebensraum: Bodenbewohner in trockenen Gebieten, Halbwüsten und Wüsten

Haltung: einzeln im kleineren Terrarium mit mind. 40 × 30 cm Grundfläche und 20 – 30 cm Höhe; als Bodengrund 5 – 10 cm hoch Terrarienerde oder Erde-Sand-Torf-Mischung einfüllen; eine Versteckmöglichkeit, z.B. ein gewölbtes Korkstück, eine kleine Wurzel, ein *Ficus pumila* als Dekoration und eine flache Wasserschale genügen als Einrichtung; eine Terrarienecke immer feucht halten

Mexikanische Rotbeinvogelspinne. Unter Terrarienbedingungen kreuzen sich unterschiedliche *Brachypelma*-Arten.

Die Haltung der Orangebein-Vogelspinne (*Br. emilia*) entspricht in etwa der von *Brachypelma smithi*. Sie verträgt es etwas trockener. Friedliche Spinne, nur gelegentlich launische Exemplare bekannt.

Temperatur: tagsüber 25 – 30 °C, Nachtabsenkung auf Zimmertemperatur
Luftfeuchtigkeit: 60 – 80%, gelegentlich etwas sprühen; Substrat darf oberflächlich antrocknen
Ernährung: einmal wöchentlich der Körpergröße entsprechende Insekten, hin und wieder ein nacktes Mäusebaby
Zucht: Findet man im Terrarium des Männchens ein Samennetz, was oft erst 6 – 10 Wochen nach der letzten Reifehäutung zum Füllen der Bulben gesponnen wird, kann man es zur Zucht ansetzen. Adulte Männchen mit samengefüllten Bulben werden frühestens zwei Wochen nach der letzten Häutung des Weibchens, besser erst nach sechs Wochen in das Terrarium des Weibchens gesetzt – vorausgesetzt, es ist groß genug, damit sich das Männchen dem Weibchen notfalls entziehen kann. Andernfalls richtet man ein spezielles Paarungsterrarium ab 50 cm Kantenlänge ein. Die Verpaarung sollte unter Aufsicht erfolgen, um dem Männchen notfalls helfen zu können. Das Männchen nähert sich bedächtig dem Weibchen, beginnt zu zittern und zu zucken, danach mit den Beinen und den Tastern zu trommeln, was das Weibchen aus seinem Bau lockt. Paarungsbereite Weibchen erwidern meist das Trommeln, worauf das Männchen sich weiter nähert und beginnt, das Weibchen vorsichtig abzutasten. Die Paarung selbst ist eine schnelle Angelegenheit: Das Weibchen stellt sich auf und klappt seine Cheliceren nach vorn, was den Eindruck erweckt, die letzte Stunde des Männchens hätte geschlagen. Dieses stemmt jedoch plötzlich in einer ruckartigen Ringereinlage das verharrende Weibchen hoch und führt einen Bulbus in die Geschlechtsöffnung ein. Nach nur zehn Sekunden lösen die Spinnen ihre „Umarmung" und mit einem Satz entfernt das Männchen sich rasch. Die Paarung gelingt nicht immer, und vor allem ältere, schon mehrfach verpaarte Männchen enden gelegentlich als Hochzeitsmahl ihrer Angebeteten. Erfolgreich verpaarte Weibchen zeigen einen größeren Appetit und fressen sich einen dicken Hinterleib an. Der Kokonbau kündigt sich meist durch Nahrungsverweigerung an, 6 – 8 Wochen nach der Paarung legt das Weibchen mehrere 100 Eier im Kokon ab. Es können aber auch einige Monate vergehen, bis der Kokonbau beginnt, da die Samen gespeichert werden können. Bis zum Schlupf vergehen 7 – 12 Wochen, kurz davor beginnt das Weibchen den Kokon zu lockern, wodurch er flauschiger wird. Nun kann er aus dem Terrarium entnommen werden, um die Spinnenbabys nicht mühsam aus Mutters Terrarium klauben zu müssen. Als Schlupfhilfe schneidet man den Kokon vorsichtig auf, um die sehr kleinen, nur 5 mm messenden Jungspinnen nicht zu verletzen. Anfangs können sie zusammen aufgezogen werden. Am besten verfüttert man Obstfliegen, da diese ihnen nicht gefährlich werden. Diese Art wächst sehr langsam und erreicht meist erst nach 5 – 7 Jahren die Geschlechtsreife.
Besonderheit: In der Regel ist *B. smithi* friedlich, es gibt aber auch aggressive Exemplare. Die prächtigen Spinnen zeigen sich oft außerhalb ihres Baues.

Rote Chile-Vogelspinne
Grammostola spatulata

Größe: Körperlänge 5 – 6 cm
Lebenserwartung: über 12 Jahre
Verbreitung: Argentinien, Bolivien und Chile
Lebensraum: in Chile in der Region um Valparaiso in Strauchsteppen, wo sich die bodenbewohnende Art flache Wohnhöhlen gräbt
Haltung: Terrarium ab einer Grundfläche von 30 × 30 cm und 20 cm Höhe, mit mindestens 10 cm hoher Bodengrundschicht aus leicht feuchtem Lehm-Sand-Gemisch
Temperatur: Zimmertemperatur, lokal bis max. 25 °C
Luftfeuchtigkeit: 60 – 75%

Rote Chile-Vogelspinne

Ernährung: verschiedene Insekten
Zucht: vogelspinnentypisch, wie bei *B. smithi* beschrieben; Männchen werden bereits nach 2 Jahre geschlechtsreif; die Jungen schlüpfen nach 6 – 10 Wochen
Besonderheit: Die *G. spatulata* ist eine häufig angebotene Einsteiger-Vogelspinne mit sehr friedlichem Wesen. Alle aus Chile als „Rote Chile-Vogelspinne" exportierten Tiere gehören wohl der gleichen Art, höchst wahrscheinlich *G. spatulata*, an, auch wenn sie leichte Färbungsunterschiede aufweisen können. Häufig werden die Spinnen auch unter den Namen *G. cala*, *G. rosea* oder *Phrixotrichus roseus* angeboten, die jedoch wohl nur Synonyme darstellen. Dies muß aber durch neue gründliche Forschungen (ähnlich wie bei *A. metallica*) erst noch eindeutig bestätigt werden.

„Sri Lanka"-Vogelspinne
Poecilotheria fasciata

Größe: Körperlänge bis 7 – 9 cm
Lebenserwartung: über 15 Jahre
Verbreitung: Indien
Lebensraum: Baumbewohner auf Urwaldriesen im Regenwald
Haltung: im hochformatigen Terrarium mit einer Grundfläche ab 40 × 30 cm und einer Mindesthöhe von 40 cm, besser höher; der Boden kann bepflanzt werden, an der Rückwand ein Korkröhrenstück mit Öffnung, ein Wurzelstück oder sogar ein kleines Vogelhäuschen einbringen, denn die Art lebt in Baumhöhlen und baut geräumige Wohngespinste in die Terrarienecken.
Temperatur: Luft tagsüber bis 27 °C; lokal bis 30 °C; Nachtabsenkung auf Zimmertemperatur (20 – 24 °C)

„Sri Lanka"-Vogelspinne

Luftfeuchtigkeit: 80 – 90%, regelmäßig sprühen
Ernährung: Insekten, gelegentlich Mäusebabys
Zucht: vogelspinnentypisch, siehe *B. smithi*. Der Kokon enthält bis zu 150 Junge.
Besonderheit: Sehr schön gefärbte, flinke und leicht aggressive Vogelspinne, die bei guter Fütterung auch in Gruppen in größeren Terrarien gehalten werden kann. Die Arten *P. regalis*, *P. subfusca* und *P. ornata* sehen der *P. fasciata* sehr ähnlich und sind nur durch die Färbung der Unterseite – bei *P. fasciata* einfarbig dunkel – zu unterscheiden.

Riesenvogelspinne
Theraphosa leblondi

Größe: bis 12 cm Körperlänge
Lebenserwartung: über 20 Jahre
Verbreitung: Französisch Guayana, Venezuela, nördliches Brasilien
Lebensraum: im tropischen Regenwald oft in Flußnähe
Haltung: im Terrarium mit einer Grundfläche von mindestens 60 × 40 cm; als Bodengrund eine etwa 10 cm hohe Schicht aus Terrarien- oder Torferde einbringen, die immer leicht feucht gehalten werden muß; mit Eichenlaub abdecken (Staunässe führt zu Verpilzungen!); ein gewölb-

Riesenvogelspinne

tes Stück Korkrinde als Versteck sowie ein größeres Wassergefäß genügen als Einrichtung; größere Terrarien können auch bepflanzt werden.
Temperatur: tagsüber bis 30 °C; Nachtabsenkung auf Zimmertemperatur
Luftfeuchtigkeit: 80 – 95%
Ernährung: der Körpergröße entsprechende Insekten und später auch junge Mäuse
Zucht: Balz und Paarung vogelspinnentypisch. Weibchen legt bis zu 100 Eier in den Kokon, Schlupf der mit 1,5 – 2 cm schon „riesigen" Jungen temperaturabhängig nach 8 – 10 Wochen. Die Jungen sind schnellwüchsig.
Besonderheit: aggressive Bombardierspinne, die bei Störungen Zischlaute von sich gibt oder sofort blitzschnell zubeißt. Bei zu trockener Haltung trocknen die Tiere schnell aus und sterben innerhalb weniger Tage.

Skorpione

Skorpione sind die wohl urtümlichsten Spinnentiere überhaupt. Die ersten Skorpione lebten bereits vor etwa 400 Mio. Jahren im Silur und ähnelten im Körperbau schon sehr den heutigen Skorpionen. Am Beginn ihrer Stammesgeschichte lebten Skorpione im Wasser, heute sind viele Arten besonders erfolgreich in trockenen Gebieten, obwohl sie beim Gang an Land kaum morphologische Veränderungen erfuhren.

Skorpione sind auf allen Kontinenten vertreten. Von den ca. 1500 Arten leben die meisten in den Tropen und Subtropen. Die Angst vor Skorpionen ist bei den meisten Menschen sehr groß, jedoch sind nur etwa 25 Arten für den Menschen gefährlich giftig. Skorpionstiche sind vor allem für Kleinkinder sehr gefährlich, bei Erwachsenen liegt die Sterberate ohne Serumbehandlung bei unter 2%. Skorpione greifen den Menschen niemals aktiv an, sie stechen nur zu ihrer Verteidigung, wenn sie bedrängt werden.

Das soll Skorpione und ihre Haltung nicht verniedlichen, aber die panische Angst, die vielen ungiftigen Skorpionen das Leben kostet, ist genauso überzogen und unnötig wie der leichtsinnige Umgang mit giftigen Skorpionarten.

Skorpione sind getrenntgeschlechtlich und lebendgebärend. Sie häuten sich im Verlauf ihres Lebens vier- bis siebenmal. Sind sie ausgewachsen, findet, anders als bei Vogelspinnen, keine weitere Häutung mehr statt. Nach der letzten Häutung sind die Skorpione geschlechtsreif, einige Arten schon nach einem halben Jahr, andere erst nach sieben Jahren.

Wie Spinnen verflüssigen sie ihre Nahrung vor der Mundöffnung.

Skorpione sind rein äußerlich meist nur schwer auf ihre Art und damit auf ihre Giftigkeit hin zu bestimmen. Als Faustregel gilt: Arten mit dünnen Scheren und dicker Giftblase sind giftiger als Arten mit dicken, kräftigen Scheren und kleiner Giftblase. Stiche giftiger Arten müssen mit einem Antiserum behandelt werden; am wirkungsvollsten ist dies innerhalb der ersten zwei Stunden. Bei diffuser Bezeichnung und unbekannter Herkunft der Tiere besser nicht kaufen.

Kaiserskorpion, Großer Waldskorpion (B)
Pandinus imperator

Größe: bis knapp 25 cm
Lebenserwartung: über 13 Jahre
Verbreitung: Zentralafrika
Lebensraum: v.a. im tropischen Regenwald unter umgestürzten Bäumen; in trockenen Gebieten bevorzugt in ebenerdigen Lüftungsschächten von Termitenbauten
Haltung: einzeln oder in Gruppen; bei der Gruppenhaltung von vier Tieren sollte die Mindestfläche 80 × 40 cm betragen; als Bodengrund wird Terrarienerde oder ein Walderde-Sand-Gemisch 5 – 15 cm hoch eingefüllt; einige Korkrindenstücke als Versteckmöglichkeiten, Eichenlaub, Moospolster und ein flaches Wasser-

Kaiserskorpion oder Großer Waldskorpion

gefäß bilden die wichtigsten Einrichtungsbestandteile

Temperatur: Luft tagsüber 25 – 28 °C; Nachtabsenkung auf 22– 24 °C; lokal bis 30 °C; in kalten Wohnräumen kann der Einsatz einer schwachen Heizmatte nötig werden, jedoch ist dann Vorsicht vor Bodenüberhitzung geboten, besser Wärme von oben oder den Seitenscheiben zuführen

Luftfeuchtigkeit: um 70 – 80%; zwischen Mai und Juni und im Oktober Regenzeit durch tägliches Sprühen simulieren, außerhalb dieser Zeit nur zweimal wöchentlich sprühen; die untere Substratschicht sollte immer leicht feucht sein; Staunässe unbedingt vermeiden

Ernährung: ein- bis dreimal die Woche, je nach Tier- bzw. Futtergröße; Spinnen, verschiedene Insekten und Kleinwirbeltiere, z. B. Mäusebabys

Zucht: Männchen besitzen auf der Unterseite ein größeres Kammorgan als Weibchen. Nach dem oft stundenlangen Paarungstanz setzt das Männchen eine auf einem Stiel sitzende Samenkapsel (Spermatophore) ab. Dann zieht es das Weibchen über die Spermatophore, und diese nimmt den Kopf der Samenkapsel auf, der Stiel (beim Kaiserskorpion über 1 cm lang) bleibt übrig. Die Spermien reichen für mehrere Bruten, die Monate auseinanderliegen können. Mehrere Monate nach der Paarung, beim Kaiserskorpion manchmal auch erst nach über 412 Tagen, gebiert das Weibchen 10 – 30, im Schnitt um 20 relativ große Jungtiere – die sog. Larven. Bei den weißen, bis auf die schwarzen Augen pigmentlosen Babyskorpionen sind weder die Scheren noch der Giftstachel voll entwickelt, sie nehmen keine Nahrung zu sich und ernähren sich noch von ihrem Dottervorrat. Heruntergefallene Junge bzw. von der Mutter entfernte Junge gehen bei isolierter Haltung schnell ein. Bis zur ersten Häutung, temperaturabhängig nach bis zu drei Wochen, trägt sie die Mutter auf ihrem Rücken und beschützt sie. Danach werden die Jungskorpione als Nymphen bezeichnet, verlassen den Rücken der Mutter, werden aber von ihr noch mit Nahrung versorgt. Erst nach der dritten Häutung beginnen sie, sich selbst Futter zu fangen. Bei hoher Luftfeuchtigkeit und Temperaturen um 27 °C gelingt die Häutung in der Regel ohne Schwierigkeiten, bei Störungen führen Häutungsprobleme oft zum Tode. Während frischgehäutete, weiche Artgenossen für viele Skorpionarten einen Leckerbissen darstellen, behelligen gut genährte Kaiserskorpione ihre frischgehäuteten Artgenossen nicht, im Gegenteil, sie scheinen sie sogar zu beschützen.

Besonderheit: Der Kaiserskorpion ist die größte Skorpionart. Er kann in Gruppen gehalten werden (in Großgruppen über 5 Tieren kommt es kaum zu Kannibalismus) und ist mit seinem hochentwickelten Sozialverhalten ein sehr interessanter Pflegling. Er ist friedlich; zwickt eher, als daß er zustricht, sein Giftstich entspricht einem Bienenstich.

Schwarzer Asien- oder Thaiskorpion
Heterometrus scaber

Größe: bis 15 cm
Lebenserwartung: über 8 Jahre
Verbreitung: ganz Südostasien, China bis zu den Philippinen
Lebensraum: typischer Bodenbewohner der Regenwälder, lebt unter morschem Holz und unter Steinen
Haltung: einzeln oder in Gruppen; bei einer Gruppenhaltung von fünf Tieren mindestens 80 × 40 cm als Grundfläche; als Bodengrund Walderde-Sand-Gemisch oder Terrarienerdmischung, die mit etwas Eichenlaub und Moos abgedeckt wird. Rindenstücke, flache Steine und eine Wurzel sowie eine flache Wasserschale komplettieren die Einrichtung.
Temperatur: Luft tagsüber um 26 °C; Nachtabsenkung auf 22 – 24 °C; nur geringe Temperaturschwankungen; lokal bis 30 °C
Luftfeuchtigkeit: 70 – 80%, täglich etwas sprühen, Staunässe vermeiden
Ernährung: je nach Tier- bzw. Futter-

Der Schwarze Asien- oder Thaiskorpion ähnelt äußerlich stark dem Kaiserskorpion, bleibt aber deutlich kleiner und besitzt eine andere Scherenbeborstung.

Skolopender: *Scolopendra spec.* Peru und ein weiterer, farblich sehr schöner Scolopender unbekannter Herkunft

größe ein- bis dreimal wöchentlich verschiedene Futterinsekten und nackte Mäusebabys

Zucht: Wie bei *Pandinus imperator.* Weibchen gebären bis zu 30 Jungtiere. Die Mütter können ihre Jungen von Nahrungsinsekten unterscheiden.

Besonderheit: Bei dieser Art können immer wieder Verluste durch Kannibalismus auftreten.

Tracheentiere

Die Tracheentiere (*Tracheata*) sind mit über 1 Mio. Arten der erfolgreichste Unterstamm der Gliederfüßler (*Arthropoda*). Sie besitzen nur ein Antennenpaar. Den Namen verdanken die Tracheentiere ihren Atemorganen: die Tracheen sind stark verzweigte Luftröhren, die den Sauerstoff direkt bis an die Organe transportieren. Tracheentiere sind fast ausschließlich Landbewohner, nur wenige Arten sind sekundär ins Wasser eingewandert.

Hundertfüßer
(Chilopoda)

Ihr Rumpf ist langgestreckt und besteht aus vielen gleichartigen Segmenten, die nur ein Beinpaar tragen. Diese Tiergruppe wird in fünf Ordnungen unterteilt, die ca. 2800 Arten zählen. Hundertfüßer sind bodenbewohnende Räuber, die von den Tropen bis zu den Wüsten nahezu in allen Lebensräumen der Erde vertreten sind. Für die Terraristik von Bedeutung sind vor allem die großen tropischen, teilweise recht farbenprächtigen und giftigen Skolopender, die zum Teil ein ausgeprägtes Brutpflegeverhalten besitzen.

Skolopender
Scolopendra spec.

Größe: 15 – 25 cm
Lebenserwartung: unbekannt, vermutlich über 10 Jahre
Verbreitung: weltweit in tropischen Regenwäldern
Lebensraum: Regenwald
Haltung: einzeln im Terrarium ab 40 cm Kantenlänge mit leicht feuchtem Bodengrund, z.B. Terrarienerde oder Erde-Sand-Gemisch; den Boden mit Moospolstern und Eichenlaub abdecken und ein Stück Korkrinde als Versteck sowie eine Trinkschale anbieten
Temperatur: Luft tagsüber 25 – 28 °C; lokal bis 30 °C; Nachtabsenkung auf 22 – 25 °C; immer für ein Temperaturgefälle im Becken sorgen
Luftfeuchtigkeit: 80 – 100%
Ernährung: Insekten von geeigneter Größe
Zucht: Bislang ist noch kein Nachzuchtbericht veröffentlicht. Vom Mittelmeerskolopender ist bekannt, daß sich die Tiere zur Fortpflanzungszeit zufällig treffen und sich, einen ovalen Kreis bildend, mit ihren Fühlern gegenseitig am Hinterleib betrillern. Das Männchen setzt eine Spermatophore ab, die vom Weibchen aufgenommen wird. Das Weibchen legt die Eier in einer Höhle ab, legt sich um das Gelege und bewacht es. Auch die frisch geschlüpften Jungen werden noch mehrere Monate lang bewacht.

Besonderheit: Sehr aggressive und flinke Tiere. Das erste Beinpaar ist bei Skolopendern zu zangenartigen Kiefernfüßen umgebildet, in die Giftdrüsen münden. Ein Biß kann, je nach injizierter Giftmenge, bei einem gesunden Erwachsenen schwere Kreislaufprobleme mit Atmungsbeschleunigung, Schweißausbrüchen, Gleichgewichtsstörungen, Erbrechen und in schweren Fällen lokale Lähmungen und Krämpfe verursachen. Für Kleinsäuger wirkt das Gift innerhalb kurzer Zeit tödlich. Es ist im Umgang mit den flinken Tieren also äußerste Vorsicht geboten. Die Männchen spinnen ein Samennetz und sollen anhand der in der Geschlechtsöffnung zwischen dem hinteren Beinpaar liegenden zwei Spinngriffeln vom Weibchen unterschieden werden können.

Insekten

Die *Insecta* oder *Hexapoda* sind die artenreichste Tierklasse. Trotz mannigfaltiger Abwandlungen im einzelnen bleibt der Insektengrundbauplan meist deutlich erkennbar. Der Körper gliedert sich immer in drei Abschnitte: Kopf, Brustkorb und Hinterleib. Der Kopf (*Caput*) besteht aus dem Akron und sechs Segmenten. Dort sitzen Komplex- oder Facettenaugen, Einzelaugen und vier Paar umgebildete Extremitäten: ein Paar Antennen, ein Paar Mandibeln, ein Paar Maxillen und ein unpaares Labium, das durch die Verschmelzung des zweiten Maxillenpaares entstand. Der Brustkorb (*Thorax*) besteht aus drei Segmenten, die je ein Beinpaar tragen. Die zwei hinteren Brustsegmente können Flügel tragen. Der Hinterleib (*Abdomen*) setzt sich bei Insekten ursprünglich aus elf Segmenten zusammen. Ihre Zahl ist jedoch bei vielen Arten im erwachsenen, geschlechtsreifen Stadium bis auf minimal sechs Hinterleibsringe reduziert. Der Körper ist von einem Chitin-Proteinpanzer umhüllt. Die Atmung erfolgt über ein weitverzweigtes Röhrensystem, die Tracheen. Die Entwicklung der Insekten ist eine Umwandlung (Metamorphose) von einer oft einfach gebauten Larve zum geschlechtsreifen Vollinsekt. Trotz unterschiedlichem Verlauf bei einzelnen Insektengruppen gibt es im Prinzip zwei Formen der Verwandlung. Bei der unvollkommenen Verwandlung (Hemimetabolie) ähneln die frisch geschlüpften Larven bereits den Erwachsenen, und die Ähnlichkeit nimmt mit jeder Häutung zu. Bei der vollkommenen Verwandlung (Holometabolie) hat die Larve während des Wachstums ein völlig anderes Aussehen als das Insekt. Während einer Puppenruhe ohne Nahrungsaufnahme findet der totale Umbau zum Vollinsekt statt. Als Erwachsene (*Imago*) häuten sich Insekten bis auf wenige Ausnahmen nicht mehr, sie wachsen dann auch nicht mehr.

Totes Blatt, Dead Leaf

Insekten sind in der Regel getrenntgeschlechtlich; ungeschlechtliche Fortpflanzung kommt in seltenen Fällen als Embryonenteilung (Polyembryonie) vor. Die Entwicklung aus unbefruchteten Eiern (Parthenogenese) ist dagegen weit verbreitet.

Gottesanbeterinnen

Die Ordnung der *Mantoptera* umfaßt 16 Familien mit 2 309 Arten (in Litt. Ehrmann 4/98). Gottesanbeterinnen sind Lauerjäger und besitzen zu Fangarmen umgewandelte Vorderbeine, mit denen sie ihre Beute blitzschnell ergreifen. Die Weibchen legen die Eier in ein an der Luft erhärtendes, schaumiges Hinterleibssekret ab. Aus den Eikokons, den sog. Ootheken, schlüpfen die Larven mit schlängelnden Bewegungen und häuten sich dabei gleich das erste Mal. Gottesanbeterinnen benötigen als tagaktive Bewohner tropischer Gefilde meist gut belüftete, helle und warme Terrarien, zum Teil mit hoher Luftfeuchtigkeit.

Totes Blatt, Dead Leaf
Deroplatys lobata

Größe: Weibchen bis 8 cm, Männchen bis 7 cm
Lebenserwartung: über 8 Monate
Verbreitung: in ganz Südostasien weit verbreitet
Lebensraum: im tropischen Regenwald auf Wurzeln und Ästen, seltener in der Laubschicht
Haltung: erwachsene Weibchen einzeln im kleinen Terrarium ab 30 cm Kantenlänge; Männchen oder Jungtiere können gemeinsam im Terrarium mit größerer Grundfläche gehalten werden; als Bodengrund eine leicht feuchte Erde-Sand-Mischung, die mit einer Laubschicht bedeckt wird. Aus dem Laub herausragende Äste und Wurzelstücke dienen den Tieren als Ansitzplätze.
Temperatur: Luft tagsüber 25 – 28 °C; lokal bis 30 °C; Nachtabsenkung auf Zimmertemperatur
Luftfeuchtigkeit: 70 – 80%, täglich etwas sprühen, da die Tiere die Wassertropfen aufnehmen
Ernährung: verschiedene, der Körpergröße entsprechende Insekten
Zucht: Die Weibchen sind etwa einen Monat nach der Reifehäutung paarungsbereit. Nun kann ein Männchen dazugesetzt werden, die Paarung findet nicht immer sofort statt, sondern teilweise erst Wochen später. Einige Wochen nach der Paarung setzt das Weibchen in engen Spalten die erste von bis zu drei Ootheken ab, die je ca. 40 Eier enthalten. Schlupf der Larven bei ca. 30 °C nach 6 – 8 Wochen. Anfangs werden die Jungen mit Drosophila gefüttert. Nach knapp vier Monaten erreichen sie die Geschlechtsreife.

Blumenmantis

Gottesanbeterin (*S. lineola*) bei der Paarung

Blumenmantis
Creobroter meleagris

Größe: bis 5 cm
Lebenserwartung: über 8 Monate
Verbreitung: Ostasien; Vietnam
Lebensraum: sowohl auf blühenden als auch auf nichtblühenden Sträuchern
Haltung: erwachsene Weibchen einzeln im kleineren Terrarium (20 × 20 × 25 cm); Jungtiere können anfangs zusammen aufgezogen werden (ab 30 × 30 × 30 cm); Terrarium mit Ästen und reichlich Pflanzen ausstatten
Temperatur: Luft tagsüber 25 – 30 °C; lokal bis 35 °C; Nachtabsenkung auf Zimmertemperatur
Luftfeuchtigkeit: 70 – 80%, abends etwas sprühen
Ernährung: kleinere Insekten
Zucht: Weibchen legen wenige Tage nach der Paarung an einem Zweig die erste von bis zu 6 länglichen, dunkelbraunen Oothken ab, die ca. 30 – 60 Eier enthalten. Die Oothek gelegentlich besprühen! Schlupf der Larven bei 30 °C nach 5 – 6 Wochen. Die jungen Blumenmantis können nach weniger als drei Monaten die Geschlechtsreife erreichen. Jungtiere bis zur vierten Häutung mit Drosophila füttern.
Besonderheit: Aus bisher ungeklärten Gründen sterben z.T. alle Larven eines Geleges kurz nach dem Schlupf ab. Um erfolgreich zu züchten, empfiehlt sich der Ansatz mehrerer Weibchen.

Gottesanbeterin
Sphodromantis lineola

Größe: Weibchen bis 8 cm, Männchen 7 cm
Lebenserwartung: über 10 Monate
Verbreitung: West- und Ostafrika
Lebensraum: auf Sträuchern und Bäumen, Larven auch im Gras
Haltung: Erwachsene am besten einzeln (20 × 20 × 25 cm), bei guter Fütterung auch paarweise im größeren Terrarium (ab 30 × 30 × 25 cm); Terrarium gut bepflanzen (v.a. bei Paarhaltung und um Rückzugsmöglichkeiten zu schaffen) und mit Kletterästen ausstatten
Temperatur: Luft tagsüber 25 – 30 °C; lokal bis 35 °C; Nachtabsenkung auf Zimmertemperatur
Luftfeuchtigkeit: 60 – 80%, einmal täglich etwas sprühen
Ernährung: verschiedene, der Größe entsprechende Insekten
Zucht: Das Männchen springt auf den Rücken des Weibchens, die Kopulation kann mehrere Stunden dauern. Das Weibchen legt bis zu vier Oothken, die 80 – 150 Eier enthalten. Bei 30 °C schlüpfen die Larven nach ca. sechs Wochen und erreichen bei guter Fütterung innerhalb von 3,5 Monaten die Geschlechtsreife. Die ersten Wochen können sie gemeinsam aufgezogen werden, mit zunehmendem Alter und knappem Futterangebot beginnen sie sich zu dezimieren.
Besonderheit: Die anfangs braunen Larven können sich hellgrün färben.

Gespenst- oder Stabschrecken

Die Ordnung der Gespenst- oder Stabschrecken (*Phasmida*) zählt über 2 500 Arten, die eine enorme Formenfülle besitzen. Die häufig nachtaktiven Schrecken verlassen sich tagsüber auf ihre perfekte Tarnung, oft imitieren sie Pflanzenteile wie z.B. Blätter oder Äste. Es gibt schlanke stabförmige Arten (Stabschrecken); bizarre Arten mit massigem Körper (Gespenstschrecken) und Blattimitatoren (Wandelnde Blätter). Bei Phasmiden tritt häufig Parthenogenese auf.

Annam-Stabschrecke
Baculum extradentatum

Größe: Weibchen 9 – 11 cm, Männchen bis 7 cm
Lebenserwartung: 9 – 12 Monate
Verbreitung: äußerster Südosten Indochinas, das ehemalige Südvietnam
Lebensraum: Strauchvegetation des tropischen Waldes
Haltung: im kleinen, hochformatigen Terrarium ab 40 × 30 cm Kantenlänge mit großen Lüftungsflächen im Deckel; die Tiere benötigen nicht sehr viel Licht, aber um den Tag-Nacht-Rythmus zu gewährleisten und das Terrarium zu beheizen, empfiehlt sich eine kleine Lampe; der Boden wird mit einer bis zu 3 cm dicken Schicht Kokos- oder Terrarienerde bedeckt, die ständig leicht feucht ge-

Annam-Stabschrecke

halten wird; die oberste Bodenschicht darf antrocknen; ist sie zu feucht, schimmeln die Kotballen der Tiere. Die Futterpflanzen werden in Vasen ins Terrarium gestellt und dienen auch als Kletter- und Aufenthaltsmöglichkeit.
Temperatur: tagsüber bis 25 °C; Nachtabsenkung auf Zimmertemperatur
Luftfeuchtigkeit: 60 – 80%, gelegentlich mit lauwarmem Wasser sprühen
Ernährung: Blätter von Brombeeren, Erdbeeren, Heckenrosen, Johannisbeeren, Feuerdorn und Eiche
Zucht: Beide Geschlechter sind flügellos, die Weibchen besitzen über den Augen zwei kleine Hörnchen. Die Weibchen beginnen ca. 14 Tage nach der Reifehäutung mit der Eiablage und legen im Lauf ihres Lebens bis zu 200 Eier. Die Eier werden einfach fallengelassen und entwickeln sich auch dann, wenn sie relativ trocken auf dem Boden liegen. Bei 28 °C vermehren sich die Tiere am stärksten, bei unter 10 °C stellen sie die Eiablage ein. Die Art kann sich auch durch Jungfernzeugung, d.h. ohne Männchen, fortpflanzen. Aus unbefruchteten Eiern schlüpfen jedoch nur Weibchen.
Besonderheit: Die Stabschrecken sind nachtaktiv und hängen tagsüber regungslos zwischen den Zweigen. Bei hoher Luftfeuchtigkeit gehaltene Tiere werden grün; normalerweise sind sie in verschiedenen Brauntönen gefärbt.

Australische Gespenstschrecke
Extatosoma tiaratum

Größe: Weibchen bis 15 cm, Männchen bis 9 cm
Lebenserwartung: bis zu einem Jahr
Verbreitung: nördliches Australien und Neuguinea
Lebensraum: Baum- und Strauchvegetation des tropischen Trockenwaldes
Haltung: im hochformatigen, luftigen Kleinterrarium (40 × 30 × 40 cm), eingerichtet und ausgestattet wie bei *Baculum*. Die Erwachsenen sind sehr anspruchslos.
Temperatur: tagsüber 20 – 25 °C, nachts Zimmertemperatur
Luftfeuchtigkeit: 50 – 70%; täglich etwas lauwarmes Wasser versprühen
Ernährung: Blätter von Eichen, Buchen, Brombeeren, Wildrose und Weißdorn
Zucht: Männchen sind schlank und geflügelt, die stummelflügeligen Weibchen sind größer und plumper gebaut. Diese Art kann sich ohne Männchen parthenogenetisch fortpflanzen, allerdings entstehen aus nicht befruchteten Eiern immer nur weibliche Tiere. Die Weibchen beginnen ca. vier Wochen nach der Reifehäutung mit der Eiablage, die bis ans Lebensende fortgesetzt wird. Die Larven schlüpfen nach etwa sechs Monaten. Die Jungen benötigen im ersten Monat etwas höhere Temperaturen (um 25 – 28 °C) und erhöhte Luftfeuchtigkeit (mehrmals täglich sprühen). Die Entwicklung zum geschlechtsreifen Tier dauert ca. vier Monate.
Besonderheit: Die sehr gut haltbare, nachtaktive Art ist wenig empfindlich gegenüber Temperatur- und Feuchtigkeitsschwankungen.

Australische Gespenstschrecke. Während das Weibchen unbeflügelt ist, kann das Männchen fliegen.

Wandelndes Blatt
Phyllium bioculatum

Größe: Weibchen bis 8,5 cm, Männchen bis 5 cm
Lebenserwartung: Weibchen über 12 Monate, Männchen nur 6 – 8 Monate
Verbreitung: Mauritius, Seychellen, Ceylon, Ostindien, Sumatra, Java und Borneo
Lebensraum: sonnige Kraut-, Strauch- und Baumvegetation tropischer und subtropischer Trocken- und Regenwälder
Haltung: im mittelgroßen Terrarium (50 × 40 × 40 cm) mit bis zu 5 cm dicker, ständig leicht feuchter Bodenschicht aus Terrarienerde oder Torf; Brombeerranken oder Eichenzweige in Vasen als Futter und Aufenthaltsplätze anbieten
Temperatur: tagsüber um 25 °C, Nachtabsenkung auf 20 – 22 °C
Luftfeuchtigkeit: 50 – 70%, einmal täglich (am besten nachmittags) mit lauwarmem Wasser sprühen, ohne die Tiere direkt anzusprühen
Ernährung: Die erwachsenen Schrecken nehmen Brombeer- und Eichenblätter an, die ersten Larvenstadien benötigen unbedingt Eichenblätter zur erfolgreichen Aufzucht.

Zucht: Die Art kann sich auch durch Jungfernzeugung fortpflanzen. Es werden fast keine Männchen angeboten, da sie früher geschlechtsreif werden und nicht sehr lange leben. Die Weibchen schleudern ihre Eier mit dem Hinterleib weit fort; sie bleiben bis zum Schlupf auf dem Boden liegen. Nach 6 – 8 Monaten schlüpfen die feuerroten, fast 2 cm langen Larven. Sie streben nach oben und färben sich erst nach einigen Tagen grün. Mit etwa 6 – 8 Monaten erreichen die Larven die Geschlechtsreife. Um beide Geschlechter zur Zucht zu erhalten, subadulte Männchen etwas kühler (bei ca. 18 °C) halten. Bei zu hoher Besatzdichte fressen sich die Insekten gegenseitig an, was zu vorzeitigen Häutungen, aber auch zu Verlusten führen kann.

Feldheuschrecken

Die formenreiche Familie der Feldheuschrecken (*Acrididae*) umfaßt über 8 000 Arten. Der Körperbau entspricht dem unserer heimischen Grashüpfer. Vor allem aus den Tropen sind große, sehr bunte Formen bekannt. Etliche Arten werden nicht nur als Futtertiere, sondern wegen ihrer Schönheit gezüchtet.

Schaumschrecke
Aularches milliaris

Größe: Weibchen bis 7 cm, Männchen bis 5 cm
Lebenserwartung: über $1/2$ Jahr
Verbreitung: im gesamten Indomalaiischen Archipel weit verbreitet
Lebensraum: in der Strauchvegetation trockenwarmer Gebiete
Haltung: mittelgroßer, gut durchlüfteter Gazebehälter oder Terrarium (40 × 30 × 30 cm) mit Kletterästen und Futterpflanzen in Vasen
Temperatur: Luft tagsüber 25 – 30 °C; Nachtabsenkung auf 23 – 25 °C
Luftfeuchtigkeit: 50 – 70%
Ernährung: Brombeerblätter; in den Tropen Seidenpflanzengewächse
Zucht: Die Paarung findet auf den eingestellten Futterpflanzen und im Geäst statt. Sie dauert mehrere Stunden, wobei das Männchen auf dem Rücken des Weibchens sitzt. Danach begeben sich die Weibchen auf den Boden, bohren den Hinterleib tief ins lockere Substrat (Erde-Sand-Torf-Gemisch) und legen mehrere Eier in ein schaumiges Sekret ab, das sich mit der umliegenden Erde zu einer schützenden Kapsel verbindet. Um die Zucht und Aufzucht kontrollieren zu

Ausgewachsenes Wandelndes Blatt

Schaumschrecke

können, stellt man kleine, bis 10 cm hoch mit lockerem Substrat gefüllte Schalen ins Terrarium, die von den Weibchen gern angenommen werden. Bei 22 – 25 °C und ständiger leichter Bodenfeuchtigkeit schlüpfen die Larven nach ca. vier Monaten, sie wachsen rasch und erreichen nach etwa drei Monaten die Geschlechtsreife.
Besonderheit: Die farbenfrohe, auffällige Art schützt sich durch ein widerlich schmeckendes, faulig riechendes Sekret vor Freßfeinden.

Käfer

Blumenkäfer
Eudicella smithii

Größe: Männchen bis 4 cm, Weibchen bis 3 cm
Lebenserwartung: Larve bis zur Puppe bis sechs Monate, Puppenruhe bis zwei Monate, Käfer über drei Monate
Verbreitung: südliches Afrika, von Natal bis Mosambique
Lebensraum: Waldränder und sonnige Lichtungen
Haltung: in Gruppen im kleinen Kunststoff- oder Glasterrarium (30 × 20 × 20 cm) mit dicker Bodenschicht aus stets leicht feuchter Laubwalderde mit hohem Anteil an morschem Holz; Boden mit Laub und Rindenstücken abdecken
Temperatur: Luft tagsüber 25 – 27 °C; Nachtabsenkung auf Zimmertemperatur
Luftfeuchtigkeit: 60 – 80%; täglich etwas sprühen
Ernährung: Larven fressen verrottendes Holz, Hundeflockenfutter, Fischfutter, Haferflocken, Obst- und Salatreste; die Käfer überreifes Obst, gern Bananenscheiben.
Zucht: Die Männchen sind größer und tragen ein Geweih. Die Weibchen vergraben die Eier einzeln im lockeren Boden. Die Engerlinge schlüpfen nach einem Monat und durchwühlen den Boden nach Freßbarem. Die Verpuppung erfolgt temperaturabhängig nach 3 – 6 Monaten, die Puppenruhe dauert bis zu zwei Monate. Etwa eine Woche nach Verlassen des Kokons werden die Käfer geschlechtsreif, verpaaren sich, und eine Woche später beginnen die Weibchen mit der Eiablage.

Kongo-Rosenkäfer
Pachnoda marginata

Größe: bis 2,5 cm
Lebenserwartung: über 12 Monate
Verbreitung: Senegal, Guinea, Kamerun, Angola und im Kongogebiet
Lebensraum: sonnige Waldlichtungen und Waldränder
Haltung: in Gruppen im kleinen Terrarium (30 × 20 × 20 cm) mit dicker Schicht aus Walderde und morschem Holz
Temperatur: Luft tagsüber 25 – 30 °C; Nachtabsenkung auf Zimmertemperatur
Luftfeuchtigkeit: 60 – 80%
Ernährung: Larven fressen u.a. verrottendes Holz, Obst- und Gemüse-

Kongo-Rosenkäfer. Erwachsenes Tier und Larve.

reste, die Käfer süßes Obst.
Zucht: Männchen besitzen in der Mitte der Unterseite des Hinterleibes eine Furche, die den Weibchen fehlt. Mehrere Tage nach der Paarung vergraben sich die Weibchen im Substrat und legen die Eier einzeln am Beckenboden ab. Die Aufzucht ist stark temperaturabhängig: Bei 18 °C kann die gesamte Entwicklungszeit vom Ei zum geschlechtsreifen Käfer über neun Monate dauern; bei 30 °C ist sie bereits nach weniger als drei Monaten abgeschlossen.
Besonderheit: Die Engerlinge können bis zu 5 cm lang werden und eignen sich gut als Futter. Allerdings sollte die Kopfkapsel vorher zerdrückt werden, da Tiere, die ihre Nahrung am Stück verschlingen, sonst unter Umständen innere Verletzungen erleiden können.

Krebse

Krebse (*Crustacea*) unterscheiden sich von den anderen Gliedertieren durch den Besitz von zwei Antennenpaaren und durch die Kiemenatmung. Die meisten Krebsarten leben im Meer, einige im Süßwasser und nur sehr wenige an Land. Der Körper ist deutlich segmentiert, zwischen dem Kopflap-

Blumenkäfer. Bei *Eudicella smithii* tragen die Männchen im Gegensatz zu den Weibchen ein „Geweih".

pen (*Acron*) und dem Schwanzlappen (*Telson*) können bis über 50 Segmente liegen, die jeweils ein Paar Körperanhänge tragen.

Man unterteilt die Krebse in zehn Klassen, wobei die ersten neun meist als Unterklasse der „niederen" Krebse (*Entomostraca*) zusammengefaßt werden. Die zehnte Klasse (*Malacostraca* oder „höhere" Krebse) hat bis auf wenige Ausnahmen stets 19 Körpersegmente. Hierzu zählt die Ordnung der Zehnfußkrebse (*Decapoda*). Bei diesen entwickelten sich die ersten drei Beinpaare zu Kieferfüßen, das vierte trägt in der Regel eine mehr oder weniger stark ausgebildete Schere, und die folgenden vier Beinpaare dienen der Fortbewegung.

Der gesamte Körper der Krebse wird von einem festen Panzer umgeben, einem Chitin-Arthropodin-Häutchen, in das Kalksalze eingelagert sind. Der Krebspanzer dient außer zum Schutz auch den Muskelfasern als Ansatzstelle, es handelt sich um ein Außenskelett. Um wachsen zu können, müssen Krebse ihren starren Panzer abstreifen und sich – in der Jugend mehrmals, im Alter nur noch ein- bis zweimal jährlich – häuten. Bei der Häutung werden zudem verlorene Gliedmaßen ersetzt. Der Verlust von mehreren Gliedmaßen kann zu außerplanmäßigen Häutungen führen.

Die Vermehrung erfolgt meist über planktische Larvenstadien, nur bei einigen Süßwasserkrebsen, z.B. den Flußkrebsen oder den Süßwasserkrabben, entwickeln sich die Larven im Ei zum fast vollständigen Jungkrebs. Die Weibchen dieser Arten tragen ihren Nachwuchs nach dem Schlüpfen noch bis zur endgültigen Reifehäutung, nach der sämtliche Segmente und Gliedmaßen ausgebildet sind, schützend unter ihrem Hinterleib.

Landeinsiedlerkrebs

Landeinsiedlerkrebs
Coenobita sp.

Größe: je nach Art 4 – 8,5 cm
Lebenserwartung: unbekannt, vermutlich mehrere Jahre
Verbreitung: weltweit in allen tropischen Küstenländern
Lebensraum: am Strand, in strandnahen Waldungen, aber auch mehrere Kilometer weiter landeinwärts im Bereich von Lagunen und gezeitenbeeinflußten Gewässern
Haltung: einzeln oder in Gruppen im kleineren Terrarium oder im ausbruchssicher abgedeckten Aquarium (40 × 30 × 30 cm); als Bodengrund eignen sich Flußsand oder feiner Kies, in dem sich die Krebse gern vergraben (wichtig vor allem nach der Häutung!). Wurzeln, Rindenstücke und Steine dienen als Klettermöglichkeit und bieten Verstecke; es sollte auch eine völlig trockene Ecke vorhanden sein. Robuste Pflanzen im Topf einstellen, Boden mit Moos abdecken und flache Wasserschale einbringen. Mindestens einmal wöchentlich eine flache Schale mit Salz- bzw. Meerwasser anbieten, damit die Krebse gegebenenfalls ihren Salzhaushalt ergänzen können.

Temperatur: Wasser bis 28 °C; Luft 25 – 30 °C; Nachtabsenkung auf Zimmertemperatur
Luftfeuchtigkeit: 70 – 90%; täglich mehrmals kräftig sprühen
Ernährung: Allesfresser, die als Gesundheitspolizei auch verrottende Pflanzenteile und Aas nicht verschmähen; im Terrarium Obst, Gemüse und Salatreste füttern, nur gelegentlich Fisch- oder Rindfleischstückchen; Sepiaschale für den Kalkbedarf anbieten
Zucht: Gelingt im Terrarium kaum. Die Weibchen tragen ihre Eier unter dem Hinterleib, wo sie sich bis zur Schlupfreife entwickeln. In der Natur wandern die Weibchen dann zum Meer, um die Larven ins Wasser zu entlassen. Die Zoea-Larven leben als Plankton und ähneln den ausgewachsenen Krebsen nicht. Nach mehreren Larvenstadien erfolgt die Umwandlung zum Jungkrebs, der dann ans Land zurückkehrt.
Besonderheit: ausdauernde, genügsame nachtaktive Tiere, die nur wenig Nahrung aufnehmen. Es sollten immer mehrere leere Schneckenhäuser als Ersatzwohnungen angeboten werden. Ca. 11 – 14 Arten bekannt

Zum Weiterlesen

Zeitschriften

DATZ, Die Aquarien- und Terrarienzeitschrift. Ulmer Verlag, Wollgrasweg 41, 70599 Stuttgart.

Elaphe und Salamandra, DGHT-Geschäftsstelle, Postfach 1421, 53351 Rheinbach.

Herpetofauna. Herpetofauna Verlags-GmbH, Römerstr 21, 71384 Weinstadt.

Reptilia. Natur- und Tier-Verlag, An der Kleinmannbrücke 39, 48157 Münster.

Bücher

Bellmann, H: Kosmos-Atlas Spinnentiere Europas. Kosmos, Stuttgart 1997.

Bosch/Werning: Leguane. Herpetologischer Fachverlag, Münster 1991.

Brünner, G.: Terrarienpflanzen – richtig gepflegt. Kosmos, Stuttgart 1981.

Cogger, H.G. et al: Reptilien und Amphibien. Jahr-Verlag, Hamburg 1992.

Conant/Collins: Reptiles and Amphibians Eastern/Central North Amerika. Houghton Mifflin Company, New York 1998.

Eidenmüller, B.: Warane. Verlag Elke Köhler, Offenbach 1997.

Flaschendräger/Wijffels: Anolis. Natur und Tier-Verlag, Münster 1996.

Friederich/Volland: Futtertierzucht. Ulmer, Stuttgart 1992.

Fröhlich, F.: Wunderschöne Schmuckschildkröten. Kosmos, Stuttgart 1995.

Gruber, U.: Die Schlangen Europas. Kosmos, Stuttgart 1989.

Habermehl, G.: Gift-Tiere und ihre Waffen. Springer-Verlag, Berlin 1997.

Hackbarth, R.: Krankheiten der Reptilien. Kosmos, Stuttgart 1992.

Hallmann/Krüger/Trautmann: Faszinierende Taggeckos. Natur und Tier-Verlag, Münster 1997.

Hesselhaus, R.: Tropische Laubfrösche. Ulmer, Stuttgart 1992.

Kallas/Meyer/Schmidt/Lippe: Kleintiere im Terrarium. Landbuch, Hannover 1996.

Kirsche, W.: Die Landschildkröten Europas. Mergus 1997.

Köhler, G.: Der Grüne Leguan. Verlag Elke Köhler, Offenbach 1998.

Köhler, G.: Krankheiten der Amphibien und Reptilien. Ulmer Verlag, Stuttgart 1996.

Köhler,G.: Inkubation von Reptilieneiern. Verlag Elke Köhler, Offenbach 1997.

Lötschert/Beese: Pflanzen der Tropen. BLV, München 1989.

Manthey/Schuster: Agamen. Herpetologischer Fachverlag, Münster 1992.

Mertens, J.M.: Schlangen der Welt. Kosmos, Stuttgart 1993.

Müller, J.: Handbuch ausgewählter Klimastationen der Erde. Universität Trier, Trier 1996.

Necas, P.: Chamäleons, bunte Juwelen der Natur. Edition Chimaira, Frankfurt 1995.

Nietzke, G.: Die Terrarientiere 1. Ulmer, Stuttgart 1989.

Rimpp, K.: Salamander und Molche. Ulmer, Stuttgart 1985.

Rogner, M.: Meine Schmuckschildkröten. Kosmos, Stuttgart 1999.

Rogner, M.: Paludarien. Kosmos, Stuttgart 1994.

Sander, N.: Aquarientechnik. Ulmer, Stuttgart 1998.

Sauer, K.H.: Richtige Aquarien- und Terrarienbeleuchtung. E. Pfriem, Wuppertal 1989.

Schlüter, A.: Mythos Schlange. Staatliches Museum für Naturkunde Stuttgart, Serie C Nr. 41.

Schmidt/Henkel: Geckos. Ulmer, Stuttgart1991.

Schmidt/Henkel: Pfeilgiftfrösche im Terrarium. Landbuch, Hannover 1995.

Stebbins, R.: Western Reptiles and Amphibians. Hougthon Mifflin Company, New York 1985.

Stettler, P.H.: Handbuch der Terrarienkunde. Kosmos, Stuttgart 1986.

Tinter, A.: Erfolg mit Vogelspinnen. Bede, Ruhmannsfelden 1994.

Trutnau, L.: Schlangen 1. Ulmer, Stuttgart 1979.

Wengler, W.: Riesenschlangen. Hesselhaus und Schmid, Münster 1994.

Wirth, V.: Vogelspinnen. Gräfe und Unzer, München 1996.

Wolf, J.: Kursbuch Zimmerpflanzen. Kosmos, Stuttgart 1996.

Nützliche Adressen

Deutsche Gesellschaft für Herpetologie und Terrarienkunde e. V. (DGHT)
Postfach 1421
Wormersdorfer Str. 46–48
D-53351 Rheinbach
Tel.: 02225-70 33 33
Fax: 02225-70 33 38

GeVo-Diagnostik, Gesellschaft für medizinische und biologische Untersuchungen mbH
Jakobstr. 65
D-70794 Filderstadt
Tel.: 07158-6 06 60
Fax: 07158-6 05 60

Institut für Zoologie, Fischereibiologie und Fischkrankheiten der tierärztlichen Fakultät der Universität München
Dr. med. vet. Petra Kölle
Kaulbachstr. 37
D-80539 München
Tel.: 089-21 80 22 83

Veterinärmedizinische Fakultät der Universität Gießen
Frankfurter Str. 87
D-35392 Gießen

Register

Abgottschlange 107
Abszesse 58
Abwärme der Beleuchtung 21
Acheta domesticus 47
Adiantum pedatum 69
Aechmea 70
Agakröte 126
Agalychnis callidryas 132
Agamen 92
Aglaonema commutatum 72
Ägyptische Wanderheuschrecken 47
Aktivitätszeit 15
Aloe 77
Alter 37
Ambystoma mexicanum 120
Ambystoma tigrinum 121
Amerikanischer Laubfrosch 133
Amphibien 12, 119
Annam-Stabschrecke 148
Anolis carolinensis 91
Anolis equestris 91
Anolis roquet summus 91
Anolis sagrei 92
Anthurium-Hybriden 72
Apothekerskink 103
Aquarium 7
Aquaterrarium 7
Askariden 57
Asplenium 69
Augenfleck-Taggecko 102
Aulrches milliaris 150
Außenparasiten 56, 63
Australische Gespenstschrecke 149
Australischer Riesenlaubfrosch 135
Austrocknung 59
Avicularia avi 140
Avicularia metallica 140
Avicularia versicolor 140
Axolotl 120

Baculum extradentatum 148
Bahama-Anolis 92
Bakterielle Erkrankungen 56, 62
Bakterien 63
Bandwürmer 57
Bartagame 94
Basiliscus plumifrons 90
Basilisken 90
Baumfreund 76
Behältergröße 11
Beleuchtung 21 f.
Beleuchtungsbeispiele 28
Beleuchtungsdauer 68
Beleuchtungskörper 26
Bellender Laubfrosch 134
Bitterschopf 77
Blauer Pfeilgiftfrosch 129
Blaukopf-Schönechse 92
Blumenkäfer 151
Blumenmantis 148
Boa constrictor 107
Bodengrund 31
Bodenheizung 19

Bogenhanf 79
Bombina orientalis 124
Brachypelma smithi 141
Brauner Anolis 92
Bromelien 69
Bufo marinus 126
Bufo quercicus 127
Bufo terrestris 128
Bunter Haiti-Maskenleguan 89
Buntwurz 73

Caladium-Bicolor-Hybriden 73
Calotes mystaceus 92
Carex brunnea 77
Chamaeleo calyptratus 96
Chamäleons 12, 96
Chinemys reevesi 84
Chinesische Dreikielschildkröte 84
Chinesische Rotbauchunke 124
Chrysemys picta dorsalis 86
Chuckwalla 87
Codiaeum variegatum 73
Coenobita sp. 152
Columnea 73
Cordyline fruticosa 73
Cordylus jonesii 104
Crassula 78
Creoboter meleagris 148
Crotaphytus collaris 88
Crustacea 151
Cryptanthus 70
Ctenosaura similis 87
Cuora flavomarginata flavomarginata 83
Cynops ensicauda 122
Cyrtodactylus pulchellus 100

Darmnematoden 57
Darmverschluß 61
Darmvorfälle 58
Dead Leaf 147
Dendrobates auratus 129
Dendrobates azureus 129
Dendrobates leucomelas 130
Dendrobates tinctorius 130
Deroplatys lobata 147
Dickblatt 78
Dieffenbachia-Hybriden 74
Dieffenbachie 74
Dipsosaurus dorsalis 88
Dracaena 74
Drachenbaum 74
Drachenlilie 74
Dreimasterblume 77
Dreistreifenblattsteiger 131
Drosophila 48
Düngen 69
Dunkler Tigerpython 108

Echeverie 78
Echsen 12
Efeutute 74
Eiablage 52
Eichenkröte 127
Einblatt 77
Elaphe guttata 111
Elaphe obsoleta 112

Elaphe obsoleta lindheimeri 112
Endoparasiten 56
Epipedobates tricolor 131
Epipremnum pinnatum 74
Erde 32
Erde-Sand-Mischungen 32
Erdnatter 112
Erdstern 70
Erkältung 59
Essigfliegen 48
Eublepharis macularius 99
Eudicella smithii 151
Euphorbia 78
Extatosoma tiaratum 149

Färberfrosch 130
Farne 69
Feigenbäume, tropische 74
Feldheuschrecken 150
Fensterblatt 76
Fetthenne 79
Feuchtigkeit 29
Feuchtterrarium 8
Feuerbauchunke 124
Feuersalamander 121
Feuerskink 104
Ficus spp. 74
Flamingoblume 72
Flammendes Schwert 71
Frauenhaarfarn 69
Freilandgehege 10
Froschlurche 124
Furcifer pardalis 97
Futtertiere 47
Futtertips 46
Fütterung 44

Galleria mellonella 48
Gasterie 78
Gebänderte Wassernatter 116
Gefleckte Efeutute 76
Gekko gecko 100
Gekkonidae 99
Gelbgebänderter Pfeilgiftfrosch 130
Gelbrand-Scharnierschildkröte 83
Geschlechtsunterschiede 39
Gespenstschrecken 148
Gestreifter Blattsteiger 132
Gestreifter Laubfrosch 133
Gewächshäuser 11
Gewöhnliche Königsnatter 113
Gewöhnliche Moschusschildkröte 85
Gewöhnliche Strumpfbandnatter 116
Giftschlagen 6
Glattechsen 103
Glatter Krallenfrosch
Glattstirnkaimane 12
Gliederfüßer 138
Glühlampen 26
Goldbaumsteiger 129
Goldfröschchen 137
Goldstaub-Taggecko 101
Gonocephalus chamaeleontinus 93

Gottesanbeterinnen 147 f.
Grammostola spatulata 142
Graptemys (pseudogeographica) kohni 85
Grauer Laubfrosch 134
Großer Madagaskar-Taggecko 102
Großer Waldskorpion 144
Großklima 14
Großterrarien 10, 21
Grüner Leguan 86
Grüner Wassermolch 123
Gryllus assimilis 47
Gryllus bimaculatus 47
Gürtelschweife 104
Guzmanie 70

Halogen-Glühlampen 26
Halsbandleguan 88
Häutung 38
Häutungsschwierigkeiten 60
Haworthie 78
Heimchen 47
Heizäste 20
Heizkabel 20
Heizmatten 20
Heizsteine 20
Heterodon nascius 118
Heterometrus scaber 145
Hexapoda 146
Hölzer 34
Holzprodukte 32
Hoya 75
HQI-Lampen 25, 27
HQL-Lampen 25, 27
Hundertfüßer 146
Hyla cinerea 133
Hyla gratiosa 134
Hyla versicolor 134

Iguana iguana 86
Infrarot-Wärmelampen 21
Inkubation 52
Insekten 146

Jahreszeitenklima 14
Jemenchamäleon 96
Jones-Zwerggürtelschweif 104

Käfer 151
Kaiserskorpion 144
Kaladie 73
Kalifornische Kettennatter 113
Kalifornische Königsnatter 113
Karolina-Laubfrosch 133
Keimlinge 49
Kielschwanzleguane 89
Kies 32
Kleinklima 14
Kletteräste 34
Kletternattern 111
Klimaansprüche 15
Klimabedürfnisse 13
Kohn's Höckerschildkröte 85
Kolbenfaden 72
Kongo-Rosenkäfer 151
Königsnattern 112
Königspython 109

Korallenfinger 136
Kornnatter 111
Körpergröße 37
Krallenfrösche 125
Krankheiten 53
Krankheitsübertragung 53
Krebse 151
Kröten 126
Kroton 73
Kükennatter 112

Lampropeltis 112
Lampropeltis getulus 113
Lampropeltis triangulum 114
Landeinsiedlerkrebs 152
Landschildkröten 83
Lanzenrosetten 70
Laubfrösche 132
Lebende Steine 79
Lebensraum 15
Leberverfettung 60
Legenot 60
Leguane 86
Leiocephalus personatus 89
Leiocephalus schreibersi 89
Lemuren-Greiffrosch 136
Leopardgecko 99
Leuchtstofflampen 27
Licht 66
Lichtansprüche 67
Lichtbedarf 22
Lichtfarbe 23
Lidgeckos 99
Lithops 79
Litoria infrafrenata 135
Locusta migratoria 47
Luftfeuchtigkeit 30, 68
Luftnelke 70
Lüftung 30
Lungenentzündung 59
Lygosoma (Mochlus) fernandi 104

Madagaskar-Buntfröschchen 137
Madagassische Taggeckos 101
Madenwürmer 57
Malachit-Stachelleguan 89
Malayischer Bogenfinger 100
Mantella aurantiaca 137
Mantella madagascariensis 137
Mantoptera 147
Maranta leuconeura 75
Martinique-Anolis 91
Mäusebabys 48
Mehlwürmer 48
Mexikanische Rotbeinvogelspinne 141
Milchschlangen 114
Mississippi-Höckerschildkröte 85
Mittagsblume 79
Molchpest 62
Monstera deliciosa 76
Moose 32
Musca domestica 48

Nahrungsverweigerung 61
Natricinae 116
Nattern 111

Nematoden 57
Neobatrachia 126
Nerodia fasciata 116
Nestfarn 69
Neuguinea-Riesenlaubfrosch 135
Nordafrikanische Dornschwanzagame 95
Notophthalmus viridescens 123

Opheodrys aestivus 115
Orangebein-Vogelspinne 141
Orchideen 71

Pachnoda marginata 151
Paleosuchus palpebrosus 12
Palmlilie 79
Paludarium 8
Pandinus imperator 144
Pantherchamäleon 97
Panzerechsen 12
Pelodryas (Litoria) caerulea 136
Penisvorfälle 58
Pentastomiden 57
Peperomia 76
Perlite 32
Pfauenaugen-Taggecko 102
Pfeilgiftfrösche 128
Pfeilwurz 75
Pflege 41
Pflegekalender 43
Phasmida 148
Phelsuma laticauda 101
Phelsuma madagascariensis grandis 102
Phelsuma quadriocellata 102
Philodendron 76
Phyllium bioculatum 150
Phyllobates vittatus 132
Phyllomedusa hypochondrialis 136
Physignathus cocincinus 94
Pilotnatter 112
Pilzerkrankungen 57, 63
Poecilotheria fasciata 143
Pogona vitticeps 94
Prachtskink 104
Python molurus bivittatus 108
Python regius 109

Querzahnsalamander 120

Rauhe Grasnatter 115
Reptilien 81
Riesenschlangen 106
Riesenvogelspinne 143
Risse am Körper 63
Ritteranolis 91
Rotaugenlaubfrosch 132
Rote Chile-Vogelspinne 142
Rotfuß-Baumvogelspinne 140
Rotkehlanolis 91
Rotwangen-Schmuckschildkröte 84
Rückenstreifen-Zierschildkröte 86
Rückwände 33

Salamander 121
Salamandra salamandra 121

Sand 32
Sandfisch 103
Sanseveria 79
Säuberung 41
Sauromalus obesus 87
Sceloporus malachiticus 89
Schaben 48
Schaumschrecke 150
Schildkröten 12, 82
Schlangen 12, 106
Schnelläufer 105
Schwanzlurche 120
Schwarzer Asienskorpion 145
Schwarzer Leguan 87
Schwarzkäferlarven 48
Schwertschwanzmolch 122
Scincus scincus 103
Scindapsus pictus 76
Scolopendra spec. 146
Sechsstreifige Langschwanzechse 105
Sedum 79
Segge 77
Seitenwände 33
Seramis 32
Serpentes 106
Sinaloa-Milchschlange 114
Skinke 103
Skolopender 146
Skorpione 144
Spathiphyllum-Arten 77
Sphodromantis lineola 148
Spinnentiere 138
„Sri Lanka"-Vogelspinne 143
Stabschrecken 148
Stachelleguane 88
Standort des Behälters 11
Steppengrillen 47
Steppenwaran 98
Sternotherus odoratum 85
Stirnlappenbasilisk 90
Strahler 21
Strauchige Keulenlilie 73
Streichholzbeinchen 63
Streifenfarn 69
Stubenfliegen 48
Substrate 32
Südliche Kröte 128
Südliche Zierschildkröte 86
Sumpfschildkröten 83 ff.

Tageszeitenklima 14
Takydromus sexlineatus 105
Temperatur 68
Temperaturansprüche 17
Tenebrio molitor 48
Testudo hermanni 83
Texas-Kükennatter 112
Thaiskorpion 145
Thamnophis sirtalis 117
Theraphosa leblondi 143
Tigerquerzahnsalamander 121
Tillandsien 70
Tokeh 100
Torfmoos 32
Totes Blatt 147
Trachemys scripta elegans 84

Tradeskantie 77
Trapelus mutabilis 94
Trinkgefäße 34
Trockenruhe 51
Trockenterrarium 9
Tropidurinae 89

Überwinterung 49
Unken 124
Urlaubszeit 43
Uromastyx acanthinura 95
UV-Licht 24

Varanus exanthematicus 98
Vegetarische Futtermittel 48
Veränderliche Dornschwanzagame 95
Veränderlicher Laubfrosch 134
Verbrennungen 58
Vergesellschaftung 40
Verletzungen 58 f., 63
Vermiculite 32
Verstecktblüte 70
Verstopfung 61
Viren 63
Virusinfektionen 58
Vitaminmangel 61
Vitaminüberdosierung 62
Vogelspinnen 12, 139
Vriesea 71

Wachsblume 75
Wachsmotten 48
Wachstum 37
Wandelndes Blatt 150
Warane 98
Wärmeregulation
– durch Farbwechsel 19
– durch Sonnenlicht 17
– durch Verhaltensweisen 18
Wasseragame 94
Wasserbecken 34
Wassernattern 116
Wasserversorgung 68
Webspinnen 139
Westliche Hakennatter 118
Wildkräuter 49
Winkelkopfagame 93
Wirbellose 12
Wolfsmilch 78
Wunderstrauch 73
Würgeschlangen 106
Würmer 62
Wüstenagame 94
Wüstenheuschrecke 47
Wüstenleguan 88

Xenodontinae 118
Xenophus laevis 125

Yucca-Palme 79

Zoophobas morio 48
Zucht 52
Zungenwürmer 57
Zweifleckgrillen 47
Zwergpfeffer 76

Danksagung

Herzlich danken möchte ich Dr. Andreas Schlüter (Staatl. Museum für Naturkunde Stuttgart) für die Durchsicht des Tierkapitels und die Hilfe bei Nomenklaturfragen; Volker Schad und Gerd Kern (GeVo Diagnostik) für die vielen Diskussionen über Krankheitserreger, ihre Übertragung und Behandlung sowie die kritische Durchsicht des Krankheitenkapitels. Reinhard Ehrmann vom Staatl. Museum für Naturkunde in Karlsruhe danke ich für die Durchsicht des Insektenkapitels. Herrn Sontag vom Regierungspräsidium Stuttgart gilt mein Dank für die Durchsicht und Korrektur des Textes über die rechtlichen Bestimmungen.

Herrn Kern von der Firma Osram danke ich für Auskünfte und Unterlagen zu den Leuchtmitteln. Des weiteren möchte ich mich bei Michael Bullmer, Volker von Wirth und Thomas Fritsche für Hinweise zur Vogelspinnendetermination bedanken.
Dank gebührt auch dem Kosmos-Verlag, insbesondere Angela Beck und Christiane Müller für die viele Arbeit durch die ständig nachgereichten „Verbesserungen".
Nicht zuletzt danke ich meiner Familie für die nicht immer leicht aufzubringende Geduld und das Verständnis für die „Vernachlässigung" wegen der vielen allein am PC verbrachten Stunden während der Bucherstellung.
Esslingen, im August 1999 *Uwe Dost*

Bildnachweis
Mit 211 Farbfotos und einer farbigen Vignette.

Farbfotos von Peter Beck (8: S. 20, 33, 34, 66, 71u, 78or, 79ol, 79u), Burkard Kahl (5: S. 5, 36, 37, 39o, 81), Reinhard Tierfoto (1: S. 80) und Ralf Roppelt, Sahara Werbeagentur (31: S. 65, 67, 68, 69 (2), 70, 71o (2), 72, 73 (3), 74 (2), 75 (5), 76 (3), 77 (4), 78 (3), 79 (2)). Alle übrigen Aufnahmen vom Autor.

Farbige Vignette von Marianne Golte-Bechtle.

Umschlaggestaltung von eStudio Calamar unter Verwendung von 7 Farbaufnahmen von Burkard Kahl.

Alle Angaben in diesem Buch sind sorgfältig geprüft und geben den neuesten Wissensstand bei der Veröffentlichung wieder. Da sich das Wissen aber laufend weiterentwickelt und vergrößert, muß jeder Anwender selbst prüfen, ob die Angaben nicht durch neuere Erkenntnisse überholt sind. Dazu muß er z.B. bei Behandlungsvorschlägen den Tierarzt konsultieren, Beipackzettel zu Medikamenten lesen, Gebrauchsanweisungen und Gesetze befolgen.

Bibliografische Information Der Deutschen Bibliothek
Die Deutsche Bibliothek verzeichnet diese Publikation in der Deutschen Nationalbibliografie; detaillierte bibliografische Daten sind im Internet über http://dnb.ddb.de abrufbar.

2., aktualisierte Auflage 2005
© 2000, 2005, Franckh-Kosmos Verlags-GmbH & Co. KG, Stuttgart
Alle Rechte vorbehalten
ISBN 3-440-10129-0
Lektorat: Angela Beck und Christiane Müller
Herstellung: Lilo Pabel
Grundlayout: Atelier Reichert, Stuttgart
Gestaltung und Satz: TypoDesign, Kist
Printed in Italy/Imprimé en Italie

Bücher · Kalender · Experimentierkästen · Kinder- und Erwachsenenspiele
Natur · Garten · Astronomie · Hunde & Heimtiere · Pferde & Reiten
Tauchen · Angeln & Jagd · Golf · Eisenbahn & Nutzfahrzeuge · Kinderbücher

KOSMOS Postfach 10 60 11
D-70049 Stuttgart
TELEFON +49 (0)711-2191-0
FAX +49 (0)711-2191-422
WEB www.kosmos.de
E-MAIL info@kosmos.de